压力管理

轻松愉悦生活之道

主　编◎陈树林　　副主编◎魏艳萍

STRESS MANAGEMENT

THE WAY TO AN EASY AND ENJOYABLE LIFE

ZHEJIANG UNIVERSITY PRESS
浙江大学出版社
·杭州·

图书在版编目（CIP）数据

压力管理：轻松愉悦生活之道 / 陈树林主编. —
杭州：浙江大学出版社，2023.11
ISBN 978-7-308-24299-8

Ⅰ．①压… Ⅱ．①陈… Ⅲ．①心理压力－心理调节
Ⅳ．①B842.6

中国国家版本馆CIP数据核字(2023)第196474号

压力管理：轻松愉悦生活之道

YALI GUANLI: QINGSONG YUYUE SHENGHUO ZHI DAO

主　编　陈树林　　副主编　魏艳萍

责任编辑　王　波

责任校对　吴昌雷

封面设计　雷建军

出版发行　浙江大学出版社
　　　　　（杭州市天目山路148号　　邮政编码　310007）
　　　　　（网址：http://www.zjupress.com）

排　　版　杭州林智广告有限公司

印　　刷　杭州高腾印务有限公司

开　　本　787mm×1092mm　1/16

印　　张　16

字　　数　314千

版 印 次　2023年11月第1版　2023年11月第1次印刷

书　　号　ISBN 978-7-308-24299-8

定　　价　48.00元

前　言

FOREWORD

　　提笔写前言，总有些畏首畏尾。每看一本新书，总是先看前言，这是我的习惯。最近一次认真读书，是拜读王重鸣教授的《管理心理学（精要版）》。我看完王老师写的前言之后，着手写自己这本书的前言，但迟迟不能下笔。于是，把王老师的前言又仔细认真地拜读了3遍，决定回到小学生的写作模式，用叙事的方法来跟大家介绍我和我的团队写的这本书——《压力管理：轻松愉悦生活之道》。

　　本书的首要目标是作为一本教材，使用者是从事专兼职心理健康教育的工作者，帮助他们教授压力管理技能。因此，本书在每章后都设置了思考题，并列出了重要的心理评估量表，还详细陈列重要的参考文献，帮助教材使用者布置作业和延伸阅读。次要目标是作为一本通俗易懂的心理健康读物，把压力管理的相关理论和策略介绍给读者，读者能够看到一些有可操作性的方法，能够学到一些实用的招数，帮助自己管理压力。因此，本书每章都用案例作为引入，读者能产生有生活场景的代入感，有助于消化吸收相关的知识点；大部分章节都有具体的操作方法，读者能够跟着进行练习。

　　就具体的内容而言，在第一章，我们试图以清晰、简洁的语言介绍压力的定义、常见的压力源和分类，让读者对压力有更全面的认识。在第二章，我们对压力感知、压力源以及压力预防等知识点进行了详细讲解，并提供了实践建议。第三章的正念觉察练习，我们试图帮助读者培养对当前体验的敏感和接纳能力，让读者能够更好地管理自己的情绪和思维，减轻压力的影响。第四章的问题解决训练，我们试图教会读者如何系统地分析和解决问题。第五章的睡眠教育则提供有用的策略来改善睡眠质量，解决入睡困难、睡前杂念多的问题。从第六章开始，我们把积极心理训练作为重点，第六章的品味能力训练、第七章的优势训练和第八章的意义训练都为积极心理训练提供了具体的实践方法。最后，第九章将前面所学的各种方法综合起来，帮助读者发展出适合自己的压力管理模式。

　　本书的写作者是我们实验室的博士生、硕士生，已毕业和在读的都有，他们分别是第一章的干若晨和魏艳萍、第二章的王宣懿、第三章的张柳依、第四章的邓旭、

第五章的朱婷飞、第六章的朱月平、第七章的万子薇、第八章的魏艳萍和第九章的翁文其。写作者们对压力管理的研究都投入了很大的精力，并且在实际操作中也都有很深的感受。我们团队仍然很稚嫩，文笔和研究都有很多要改进的地方，还请读者多多包涵。

我们期待读者通过这本书的学习和实践，逐渐建立更健康、更积极的压力管理方式，有效地应对生活中的压力，提高自我调节和心理抵抗的能力。我们也期待同行们能够在使用中多给我们提供反馈，多提宝贵意见，让我们有机会再版，完善。

陈树林

2023 年 9 月 13 日

于浙江大学紫金港校区海纳苑 3 幢

目 录
CONTENTES

第九章　形成自己的压力管理模式

作者：干若晨　魏艳萍

第一章
压力从哪里来

引入

2019年4月，一则"小伙骑车逆行被拦后号啕大哭"的新闻冲上了热搜。新闻中，小伙被交警拦下后，情绪激动，冲到桥边，崩溃地喊着："我疯了，我压力好大，每天加班到十一二点，我女朋友没带钥匙，要我去送钥匙，我其实真的不想这样的，我真的好烦啊，自己都不会带钥匙。我每天加班到这么晚，抓紧去送钥匙吧，我只是想哭一下。"而后蹲在桥边，抱头痛哭了好几分钟。

许多网友看到这则新闻，纷纷留言表示"仿佛看到了自己""隔着屏幕都觉得小伙压力大"。而这背后其实折射了当代成年人普遍的压力现状。《职业人压力报告2020》调研数据结果显示，职场人士的平均压力达到了近两年的峰值，经济压力、工作压力、人际压力等成为压力的主要来源。

可见，压力是一个全民性的话题。认识压力，理解压力，预防压力，无论是对个人还是对社会而言，都是极为重要的内容。在本章中，我们将一起初步认识压力，了解压力的定义、类型、产生的原因以及影响。

一、压力的定义

压力是什么？课程论文或期末考试属于压力吗？学期开学或暑期放假属于压力吗？工作晋升或岗位调动属于压力吗？伴侣争吵或结婚生子属于压力吗？……为了明白哪些事件属于压力，我们首先需要知道压力的定义是什么。

压力（stress）这个词，其实最开始是物理学中提出的概念，是指施加给某一物体的一种外力。后来，这个概念由加拿大生理心理学家汉斯·谢利（Hans Selye）于1936年引入了医学和心理学，他认为在人这个系统上，也存在类似的压力，提出压力是由生态系统应对刺激反应所引发的非特定变化而表现出某种特殊症状的一种状态。

随着科学的发展，研究者们对压力也越来越了解。目前心理学对压力较为普遍的看法认为，压力是指个体在觉知到（真实存在或想象中）自身心理、生理、情绪及精神受到威胁时产生的一系列生理性反应以及适应过程，即个体面对威胁或挑战时伴随有心理活动变化和机体躯体反应的一种身心紧张状态，也称为应激状态。

应激状态的存在，本意是为了帮助我们更好地适应环境。想象一下，在很久很久以前，人类祖先们过着茹毛饮血的生活，还在艰难适应各种外在环境的变化，每当遇到可能的危险，例如地震或者野兽的时候，他们马上就会进入应激状态，激活"战斗或逃跑"系统，让身体能够最快地进行战斗或者逃跑，从而提高生存率。

到了现代社会，没有了需要时时警惕的野兽和环境危险，但是压力却变成了当代社会中人们普遍存在的心理体验。不论是上台演讲、面试求职还是工作变动、亲友离世，我们每天都在承受由外界或内在产生的各种刺激。这些刺激可能令人产生愉悦放松或紧张不安等心理反应，而这些刺激使个体产生的心理压迫感，便称为心理压力，简称压力。

因此，压力本质上是人与环境系统互动过程中的应激反应。适应良好的心理应激能够激发个体的潜能，帮助个体克服困难，达到预期目标，同时也可以锻炼个体的韧性和毅力。例如，在迫近考试的时间压力之下，个体能够更加集中注意力和时间进行复习。相反，适应不良的心理应激可能导致急性或者慢性应激反应，例如突然的惊恐发作或者长期的神经衰弱。在这种情况下，心理应激被过度放大，可能将抑制个体潜能的发挥，阻碍个体取得预期成果，使其无法完成布置的任务等。例如，同样在迫近考试的时间压力之下，如果这种压力过大，会导致个体坐立不安、焦虑紧张，反而无法集中注意力复习。所以说，个体遭遇的刺激事件越突然或重大，其所产生的心理压力强度则越高，心理应激程度越强；在一定水平内的心理应激能够提高个体的环境适应能力，而不适当的心理应激水平则会降低个体的环境适应能力。

总之，只要人与环境系统发生互动，并面对相应事件产生了一系列的心理活动和身体反应，那么这些反应和感受都称为压力，而这些事情都可以算压力事件。下面我们将简要介绍一些用于评估压力源的量表，它们可以帮助你更好地认识什么是压力事件。

（一）评估：社会再适应量表

社会再适应量表（Social Readjustment Rating Scale, SRRS）由托马斯·霍尔姆斯（Thomas Holmes）和雷希（R.H. Rahe）于1967年创编，主要用于测量人们在日常活动中所遭遇的紧张性生活事件。

该量表共包含43个条目，内容包括人际关系、学习和工作方面的问题，生活中的问题，健康问题，婚姻问题，家庭和子女方面的问题，意外事件和幼年时期的经历等多个维度。这些生活事件是从5000多例美国病人的病史中筛选出来的，可能是愉快或不愉快的，所用的度量单位为生活改变单位（life change unit，LCU）。

在SRRS中包括了表1-1所示的43个压力事件（完整的量表见本章附录）。

表1-1　社会再适应量表所包括的压力事件

编号	生活事件	LCU	编号	生活事件	LCU
1	配偶死亡	100	23	子女离家	29
2	离婚	73	24	姻亲间的纠纷	29
3	分居	65	25	个人有杰出的成就	28
4	入狱	63	26	配偶开始或停止工作	26
5	亲人死亡	63	27	开始或停止上学	26
6	自己受伤或生病	53	28	居住环境改变	25
7	结婚	50	29	个人习惯改变	24
8	被解雇	47	30	与上司有纠纷	23
9	婚姻复合	45	31	工作时间或状况改变	20
10	退休	45	32	搬家	20
11	家人健康或行为状况改变	44	33	转校	20
12	怀孕	40	34	改变休闲生活方式	19
13	性方面的困难	39	35	教堂活动改变	19
14	家庭增添新成员	39	36	社会活动改变	18
15	工作上的调适	39	37	小额贷款或抵押	17
16	经济状况改变	38	38	睡眠习惯改变	16
17	好友死亡	37	39	家人相聚次数改变	15
18	职业改变	36	40	饮食习惯改变	15
19	和配偶争执的次数改变	35	41	休假或度假	13
20	大额抵押或贷款	32	42	过圣诞节	12
21	丧失抵押物赎取权	30	43	轻度违法	11
22	工作职务的改变	29			

在这些事件中，SRRS将"结婚"这一生活事件的LCU定义为50，其他重要的生活事件如配偶死亡、离婚和分居，其LCU的平均值分别被定义为100、73和65，而较为普通的生活事件如休假或度假、过圣诞节和轻度违法，其LCU的平均值分别被定义为13、12和11。个体对其在一年内所遭遇的重要生活事件的LCU进行加和得到总分，其中分数在150～199范围为轻度生活危机组，分数在200～299范围为中度生活危机组，分数高于300（包含300）则为重度生活危机组[7]60。

（二）评估：生活事件量表

由于文化和时代的差异，SRRS中的许多事件可能不适用于我们中国人的日常生活，但是其用于评估和比较压力事件的思路值得学习。因此，我国学者杨德森和张亚林于1986年在社会再适应量表的基础上根据我国的实际情况重新修订了生活事件量表（Life Event Scale, LES）[7]60-65。

LES包含48个条目（见表1-2），内容涉及家庭生活方面、工作学习方面和社交及其他方面（具体量表见本章附录）。

表1-2　生活事件量表中的压力事件

家庭有关问题	工作学习中的问题	社交与其他问题
1. 恋爱或订婚 2. 恋爱失败、破裂 3. 结婚 4. 自己（爱人）怀孕 5. 自己（爱人）流产 6. 家庭增添新成员 7. 与爱人父母不和 8. 夫妻感情不好 9. 夫妻分居（因不和） 10. 夫妻两地分居（工作需要） 11. 性生活不满意或独身 12. 配偶一方有外遇 13. 夫妻重归于好 14. 超指标生育 15. 本人（爱人）做绝育手术 16. 配偶死亡 17. 离婚 18. 子女升学（就业）失败 19. 子女管教困难 20. 子女长期离家 21. 父母不和 22. 家庭经济困难 23. 欠债500元以上 24. 经济情况显著改变 25. 家庭成员重病或重伤 26. 家庭成员死亡 27. 本人重病或重伤 28. 住房紧张	29. 待业、无业 30. 开始就业 31. 高考失败 32. 扣发奖金或惩罚 33. 突出的个人成就 34. 晋升、提级 35. 对现职工作不满意 36. 工作、学习中压力大（如成绩不好） 37. 与上级关系紧张 38. 与同事、邻居不和 39. 第一次远走他乡异国 40. 生活规律重大改变（饮食睡眠规律改变） 41. 本人退休、离休或未安排具体工作	42. 好友重病或重伤 43. 好友死亡 44. 被人误会、错怪、诬告、议论 45. 介入民事法律纠纷 46. 被拘留、受审 47. 失窃、财产损失 48. 意外惊吓、发生事故、自然灾害

你可以回顾一下自己的生活经历，看一看自己经历过上述的哪些压力事件，哪一个方面的压力事件比较多呢？你心中又会担心自己经历哪些事件呢？认识你的压力源，可以更好地帮助自己识别压力的产生与变化。

二、压力的类型

如上文所述，压力是一种应激反应，压力的产生包括了个体的一系列生理和心理过程。因此，根据对于压力的关注点不同，可以把压力分成不同的类型，以帮助我们更好地理解压力这个概念。

（一）根据产生的来源：外在压力和内在压力

根据来源不同，压力可以分为外在压力和内在压力。外在压力是指使个体产生紧张状态的外在刺激，包括物质环境、灾难性事件和生活事件。其中物质环境常引发人们紧张、心烦等情绪，如光线过明过暗、温度过冷过热，抑或是空间拥挤、环境脏乱、噪声嘈杂等，均可能对个体产生一定程度的威胁刺激。而灾难性事件则通常引发人们的恐惧、害怕等情绪，如地震、火灾、台风、海啸等，此次的新型冠状病毒感染疫情也属于灾难性事件，对人们的心理健康造成潜在威胁。生活事件的改变同样可引发个体的压力，无论是重大的生活事件，如配偶死亡、离婚、夫妻分居等，还是较为平常的生活事件，如社会活动改变、睡眠习惯改变、饮食习惯改变等，均会给个体的身心健康造成一定影响。

内在压力则主要与生理和心理因素有关，其中生理因素可能包含躯体性疾病，例如突然得癌症或者持续头痛等情况，都会影响到个体的应激水平。心理因素则包括心理冲突、心理挫折等，例如突然失恋、考试失利或者意外中大奖等，这些因素均可能导致个体出现应激反应，如紧张、焦虑、恐惧、兴奋等。

（二）根据产生的场景：预期压力、情景压力、累积压力和残留压力

依据产生的场景不同，压力可以分为预期压力、情景压力、累积压力和残留压力。其中预期压力是由对未来的忧虑所引起的，如对即将到来的考试的担忧；情景压力是由当下的情景引起的压力，是一种利己的威胁和挑战，如面对一群人演讲；累积压力是指长时间积累的压力，它源自无法控制、只能忍耐和接受的经验，如持续存在的家庭暴力，也可能是由平常感觉不到的事件沉积而来，如生活无意义感的积累；而残留压力则是指过去经历的压力，表现为经历挫折之后不能将不好的记忆抹去，例如经历过强奸的个体即使在安全的亲密关系中也会对肢体接触等情况产生惊恐的反应。

（三）根据持续时间：急性压力和慢性压力

从压力持续的时间上，可以把压力分为急性压力和慢性压力。急性压力是最明显的压力类型，也是我们日常生活中谈到压力时主要说的概念。急性压力源自变化，

当我们已经习惯了以某种方式生活时，我们的心理、生理和情感也维持着相对稳定的状态。我们可能拥有固定的饮食习惯和作息规律，我们可能已经在原有的框架下日复一日、年复一年按照已有的模式顺利正常地生活。这种规律的养成让身体也保持着稳定的状态。而急性压力的出现将打破原本的平衡。它可以是任何改变，如从饮食规律打破到锻炼习惯变化，从人员变动到工作离职。不论这种压力是来自感冒或受伤等引发的生理变化，还是由药物或激素引起的化学变化，抑或因结婚或丧偶导致的感情变化，它对我们的身体和精神都具有较大程度的影响。由于我们身体中的生理、化学和情感因素之间的相互作用是精细而又复杂的，因此突然的改变往往会调动多方面机体的变化。这种变化可能是积极的，如常年工作中的短暂休假；也可能是消极的，如稳定工作下的突然加班。不论哪种情况，或许一定程度的压力是有利的，但过度的压力则会导致紧张不安和稳态失衡。

慢性压力是一种对身心或精神造成的长期且持续不断的压力，与依据产生场景划分出的累积压力概念不同，慢性压力更多地关注时间的长度，无论是预期压力、情景压力、累积压力还是残留压力都可能是慢性压力。慢性压力通常是由急性压力或偶发性压力导致的，如急性疾病可以发展成为慢性疼痛，一次的失败可能导致长期的抑郁。在形式上，有些慢性压力可能较为明显，如生活在条件艰苦的环境中，物质基础可能无法得到保障，或是生命安全受到威胁，在这些情况下，这些不得不忍受的条件成为慢性压力的来源。我们日常生活所面对的光污染、噪声污染、空气污染等都可能引发慢性压力。而在另一些情况下，慢性压力可能产生于一些较不明显的环境中，如持续处于一个令人不满的工作中或一段糟糕的人际关系中。

此外，慢性压力会欺骗我们的身体，让身体以为自己仍处于平衡状态之中。如熬夜工作、作息颠倒、非健康饮食和非规律锻炼等，这些事情可能已经成了日常生活的一部分，你认为身体对现在的情况适应良好，但由于未满足身体所需而产生的压力最终将以慢性疾病的方式逐渐暴露。

（四）根据产生的结果：积极压力和消极压力

依据产生的结果不同，压力可以分为积极压力和消极压力。积极压力可以给个体带来正面的影响和结果，如失败后化悲痛为力量等；消极压力则会给个体带来负面的影响和结果，如失败后破罐子破摔等。显然，压力的结果是积极的还是消极的，与个体的心理态度关系密切。对于同一个压力事件，不同的态度可以导致压力的不同结果，例如同样是失败的经历，有的人会化悲痛为力量，重新积极面对问题；而有的人则破罐子破摔，沉溺于失败的悲伤情绪中无法自拔。

三、压力产生的原因

你有没有发现，同样的事情，对于有的人会产生压力，对于另一些人而言却不是压力？类似地，对于你自己而言，同一件事情在不同的时间也会有不同的压力水平。在压力源相同的情况下，是什么影响到了我们感知到的压力水平呢？压力知觉模型便是在回答这个问题。

（一）压力知觉评价模型

压力的知觉评价模型认为，某一刺激将影响我们的认知评价，进而影响我们的反应，即刺激→评价→反应（图1-1）。其中刺激可能来自环境因素，也可能来自个人因素。环境因素包括气候、灾害等自然环境因素和政治、经济、工作和组织等社会环境因素，而个人因素则包含个人、家庭等因素。评价指个体对于能否应对压力的感受将受到个体差异的影响，这可能包括个体的先前经验、认知水平和社会支持。个体对于刺激的评价将影响个体所做出的反应。若个体认为自身能够应对压力，则该压力为积极压力，个体将采取积极的应对措施，这一过程将有助于个体的身心健康。而若个体的感受为不能应对压力，则该压力为消极压力，个体将采取消极的应对措施，这一过程将不利于个体的身心健康，并有可能产生一些生理、心理和行为方面的症状，如在生理方面，个体可能出现失眠、高血压或食欲减退；在心理方面，个体可能出现焦虑、情绪低落或满意度下降；在行为方面，个体可能出现迟到或工作效率降低等，这些症状将影响个体的身心健康，最终可能会导致身心疾病。

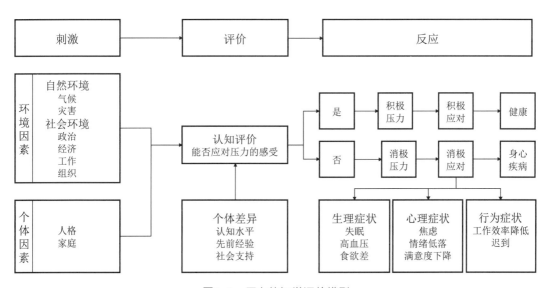

图1-1 压力的知觉评价模型

因此，一件事情是不是压力，与事件本身没有直接关系，而主要取决于我们自身是如何看待这件事情的。同样是上台展示这件事情，有的人以前害怕上台展示，焦虑到无法做其他事情，但是后来却不再如临大敌，反而乐在其中；有的人无论几次都无法适应，会因此紧张发抖，但有的人却从小就享受展示的乐趣，一有机会就跃跃欲试。其中，就是认知在起作用。事实上，并不是事情本身导致我们产生了压力，而是我们对于事件的态度和想法产生了压力。

压力的知觉评价模型告诉我们，人们面对刺激（事件）的不同评价（认知）会产生不同的反应（行为）。如果我们把一件事情知觉为威胁与压力，我们便会产生焦虑等反应，但是如果我们把一件事情知觉为挑战与机遇，我们便会产生动力。

那么你知道自己近期知觉到的压力有多少吗？我们可以用心理测评量表——压力知觉量表（Chinese Perceived Stress Scale, CPSS）进行评估。

（二）评估：压力知觉量表

压力知觉量表（CPSS）由我国学者杨延忠修订，共14个条目，并分为失控感维度和紧张感维度，其中前者采用反向计分，后者采用正向计分，每个维度分别为7个条目。每一条目按5级评分，从0（＝从来没有）到4（＝总是），总分越高则代表心理压力越大。该量表具有良好的信效度，其中全量表及两个分量表的Cronbach's α 系数分别为0.75、0.82和0.88，并在大学生、抑郁症患者和癌症患者等人群中均具有良好的使用效果[2-6]。

压力知觉量表

指导语：这份量表是在询问最近一个月来，您个人的感受和想法，请您于每一个题项上作答时，去指出您感受或想到某一特定想法的频率。虽然有些问题看起来相似，实则有所差异，所以每一题均需作答。而作答方式是尽量以快速、不假思索的方式填答，亦即不要去思虑计算每一题分数背后之意涵，以期如实反映您真实的压力知觉状况。而每一题项皆有下列五种选择：0=从不，1=偶尔，2=有时，3=时常，4=总是。

请回想最近一个月来发生下列各状况的频率。

	从不	偶尔	有时	时常	总是
1. 因一些无法预期的事情发生而感到心烦意乱。	□	□	□	□	□
2. 感觉无法控制自己生活中重要的事情。	□	□	□	□	□
3. 感到紧张不安和压力。	□	□	□	□	□
4. 成功地处理恼人的生活麻烦。	□	□	□	□	□
5. 感到自己有效地处理了生活中所发生的重要改变。	□	□	□	□	□
6. 对于有能力处理自己私人的问题感到很有信心。	□	□	□	□	□
7. 感到事情顺心如意。	□	□	□	□	□
8. 发现自己无法处理所有自己必须做的事情。	□	□	□	□	□

续表

	从不	偶尔	有时	时常	总是
9. 有办法控制生活中恼人的事情。	☐	☐	☐	☐	☐
10. 常觉得自己是驾驭事情的主人。	☐	☐	☐	☐	☐
11. 常生气，因为很多事情的发生是超出自己所能控制的。	☐	☐	☐	☐	☐
12. 经常想到有些事情是自己必须完成的。	☐	☐	☐	☐	☐
13. 常能掌握时间安排方式。	☐	☐	☐	☐	☐
14. 常感到困难的事情堆积如山，而自己无法克服它们。	☐	☐	☐	☐	☐

得分说明：量表分为积极应对和消极应对两个维度进行计分，每个维度的得分越高表明该类型的应对方式偏好越强。

（三）压力与应对模式

压力的知觉评价模型告诉我们，压力的结果与压力源本身无关，而与我们看待压力的态度有关。如果我们把压力知觉为可以应对的挑战，就能够产生积极结果；相反，当我们把压力视为无法克服的困难时，就会产生消极的应激反应。可见，我们对压力事件的不同评价会影响到我们面对事情的应对方式，接下来要说的压力与应对模式便进一步阐述了认知与应对方式之间的关系。

压力与应对模式由拉扎勒斯（Richard S. Lazarus）于20世纪60年代提出。该模式认为，压力是人与环境相互作用的产物。当来自内部或外部的刺激超过了个体本身的应对资源和能力时，便会产生压力。可以这样说，压力是由于机体内外需求与应对资源之间的不匹配而导致的个体内稳态的破坏。

当压力源作用于个体后，是否会对个体产生压力主要取决于认知评价和应对两个过程。其中认知评价包含三种方式，即初级评价、次级评价和重新评价。初级评价是指个体认识该刺激事件与自己是否有关联以及这种关联的强弱程度，初级评价会产生有益的、无关系的和有压力的三种评价结果，而有压力的事件则进一步可以被分为伤害、威胁和挑战三种类型。

次级评价是指个体对其所具有的应对资源、应对能力和应对方式的评价，即个体需要确认自身在该种刺激下能够做出的反应和目标的需求之间的匹配程度。次级评价将使个体产生相应的情绪反应，若个体知觉自己的能力足以应付压力，则可能产生愉悦、高兴、满足等正面情绪，反之则可能出现担忧、紧张、害怕、恐惧等负面情绪。

重新评价则是指个体对自己的情绪和行为反应之间的有效性的评价，即个体需要对其情绪和行为进行一定的反馈。若个体知觉到其所做行为对其所面对的压力并无太大作用，则可能调整其初级评价和次级评价，通过这种重新评价的方式调整其行为和情绪反应。

个体通过初级评价、次级评价和重新评价这三个步骤后，将产生相应的应对方式以进行问题解决和缓解情绪，而这种应对方式则可能对生活观念、适应能力和心理健康等方面产生一定的影响。

具体来说，当有刺激事件作用于个体时，个体将对这种刺激事件做出初级评价，即对有无利害关系进行评价。当个体将该事件知觉为无关或有益时，其将不会给个体造成压力；而当个体将该事件知觉为有关时，则会进一步将其归类为伤害性事件、威胁性事件或挑战性事件。随后个体将进入第二步，也就是次级评价，在该步骤中个体将对自身的应对方式、应对能力及应对资源进行评价。当个体认为其能成功调适压力时，则原本被知觉为有关的刺激事件将不再对其产生压力；而当个体认为其不能成功调适压力时，则其可能会产生一些行为和情绪上的反应。之后个体会对自己情绪和行为反应的有效性和适宜性进行评价，即重新评价过程，当个体知觉到自己的行为是有效的时，压力将得到缓解；而当个体知觉到行为无效时，则会重新调整其初级评价和次级评价，以对两者之间的矛盾冲突进行缓解。

应对是指个体通过认知改变或行为改变的方式来处理个人与环境之间的冲突与矛盾。对于这一过程而言，个体可以通过调整自身认知、寻求问题解决或改变压力环境等方式来缓解或消除由冲突而带来的情绪反应。

个体在面对不同事件或者在不同时间面对同一事件时，都可能对事件产生不同的评价，从而形成不同的应对方式。如果你想要了解自己面对问题时的应对方式是偏向积极的还是消极的，可以使用简易应对方式问卷进行评估。

（四）评估：简易应对方式问卷

简易应对方式问卷（Simplified Coping Style Questionnaire）由解亚宁根据中国人群特点编制而成，用于探究个体面对环境变化时的调节方式。问卷由积极应对方式和消极应对两个维度组成，共20个条目，其中1～12条目评估积极应对方式，13～20条目评估消极应对方式。量表的重测相关系数为0.89，Cronbach's α 系数为0.90；积极应对分量表的Cronbach's α 系数为0.89；消极应对分量表的Cronbach's α 系数为0.78。

简易应对方式问卷

指导语：以下列出的是当你在生活中经受挫折打击或遇到困难时可能采取的态度和做法。请你仔细阅读每一项，然后在右边选择回答，"不采取"为0，"偶尔采取"为1，"有时采取"为2，"经常采取"为3。请在最适合你本人情况的数字栏下打钩。

	0＝不采取	1＝偶尔采取	2＝有时采取	3＝经常采取
1.通过工作学习或一些其他活动解脱				
2.与人交谈，倾诉内心烦恼				
3.尽量看到事物好的一面				
4.改变自己的想法，重新发现生活中什么重要				
5.不把问题看得太严重				
6.坚持自己的立场，为自己想得到的斗争				
7.找出几种不同的解决问题的方法				
8.向亲戚朋友或同学寻求建议				
9.改变原来的一些做法或自己的一些问题				
10.借鉴他人处理类似困难情景的办法				
11.寻求业余爱好，积极参加文体活动				
12.尽量克制自己的失望、悔恨、悲伤和愤怒				
13.试图休息或休假，暂时把问题（烦恼）抛开				
14.通过吸烟、喝酒、服药和吃东西来解除烦恼				
15.认为时间会改变现状，唯一要做的便是等待				
16.试图忘记整个事情				
17.依靠别人解决问题				
18.接受现实，因为没有其他办法				
19.幻想可能会发生某种奇迹改变现状				
20.自己安慰自己				

得分说明：量表分为积极应对和消极应对两个维度进行计分，每个维度的得分越高表明该类型的应对方式偏好越强。

综合上文的压力知觉量表以及简易应对方式问卷的测评结果，你可以进一步了解自己对压力的知觉水平以及应对模式。简单来看，对于压力的知觉水平以及应对方式的调节是压力管理的重要内容之一。在之后的章节中，我们也会进一步介绍压力的应对方式以及相关的调节压力知觉的方法。

四、压力的影响

我们已经知道了压力是人与环境互动过程中的一种反应，这种反应不仅仅是行为上的变化，也包括了心理和生理上的改变。例如当遇到猛兽时，我们除了做出撒腿而逃的行为以外，我们在生理和心理上也都出现了一系列的应激变化，这个过程太快了，以至于我们很难觉察到具体发生了什么。下面我们把这个反应的过程放慢，分别从生理、心理和行为三个方面，看一看在压力产生时，人究竟发生了什么。

（一）压力的生理反应

人体是一个复杂的系统，当个体承受压力时，身体的器官或系统都发挥着各自的功能以使机体做出有利于应对压力的反应。压力源可能在个体有意识或无意识的状态下激活网状激活系统，该系统将激活大脑皮层、边缘系统和下丘脑，最终促使下丘脑释放激素至脑垂体，而脑垂体则通过交感神经通路和内分泌系统通路两条轴线进一步下行传向各器官和组织，从而协调机体各部分做好充足的应对准备。除了核心的交感神经系统和内分泌系统被激活外，心血管系统、免疫系统、运动系统、消化系统等也将被激活[1]65-73。

1.交感神经系统

神经系统分为中枢神经系统和外周神经系统，其中中枢神经系统由大脑和脊髓组成，外周神经系统则包括躯体网络系统和自主神经系统。自主神经系统则又可以进一步分为交感神经系统和副交感神经系统。

当压力源刺激大脑时，交感神经系统被激活，其发送神经冲动至肾上腺髓质，肾上腺髓质在收到来自交感神经系统发送的刺激后将分泌肾上腺素和去甲肾上腺素这两种激素，这将使得肝脏运输更多的葡萄糖进入血液以维持能量的持续供应，同时个体的新陈代谢将有所提高，心率加快，呼吸加速，血压升高。

2.内分泌系统

当压力源刺激大脑时，内分泌系统也将被垂体腺释放的促甲状腺激素和促肾上腺皮质素激活。其中促甲状腺激素能激活甲状腺释放甲状腺素，甲状腺素能够增加个体的新陈代谢；而促肾上腺皮质素可激活肾上腺皮质使其释放糖皮质激素，糖皮质激素可以激活肝脏，使其释放更多脂肪和蛋白质进入血液产生能量以供机体所需。

交感神经系统和内分泌系统或许是个体在应对压力时直接做出反应的系统，可以称为核心系统，而这两者的激活将对心血管系统、免疫系统、运动系统和消化系统等产生一定的作用和影响。

3.心血管系统

当个体面对压力时，其心血管系统可能处于一种高度唤醒的状态，个体可能表现出心跳加快等反应，以帮助其做好应对的准备。此外，下丘脑在受到压力时将分泌激素作用于垂体，垂体分泌催产素和加压素，这两种激素将促使血管壁收缩，心脏的泵血量增加，血液将供给到身体应激反应所需的部位。此外，由于加压素可作用于肾脏，更多的盐分将保留在血液中，使得血压得到一定程度的升高。

压力可通过影响心脏跳动节奏、血液输出量及血压等对心血管产生一定的影响，而压力对于心血管的影响可能远不止这些。研究表明，容易产生焦虑、紧张的个体更容易出现心血管问题，过度的压力可能导致心血管功能紊乱，最终将导致疾病的发生。

4. 免疫系统

在多数情况下，免疫系统可以及时地对身体内的激素进行调整，从而使机体保持稳态平衡。人体免疫系统具有三道防线，其中皮肤和黏膜及其分泌物构成人体的第一道防线；体液中如溶菌酶等杀菌物质和吞噬细胞构成人体的第二道防线；而免疫器官和免疫细胞则构成人体的第三道防线。

当压力过大、超出免疫系统的能力范围时，免疫系统将无法有效地维持机体的健康。大量研究表明，过大的压力可能会削弱免疫系统的能力，从而增加与免疫功能相关疾病的发生。体液免疫和细胞免疫这两道免疫防线在日常中帮助身体监控和抵御外来细菌和病毒等的入侵，而当压力过大时，与免疫能力相关的自然杀伤细胞的数量可能下降，从而导致个体患病，免疫功能低下。此外，考试、比赛、离婚等压力性事件若不能及时处理也可能导致淋巴细胞被抑制，出现包括感冒、发烧、溃疡等症状。

5. 运动系统

当压力产生时，我们的肌肉将根据大脑传输的信号做出调整以应对威胁和挑战，其中可能包括运动姿势的调整和改变。而当个体持续处于由压力带来的紧张状态时，则可能出现由于肌肉紧张所导致的肩痛、颈痛、背痛、腰痛等，更严重者则可能出现抽搐或痉挛反应。同时，由于肌腱、韧带和骨骼的相连，关节部位有时也会出现由于紧张而排列不当引发的疼痛反应。

6. 消化系统

当面对压力时，许多人常见的身体反应便是消化道问题，如遇到重大考试时个体可能出现胃疼、腹泻等症状，这些反应很可能是由于压力造成的。当身体承受压力时，肠胃可能会清空而使身体为即时行动做出准备。个体可能表现出紧张、焦虑，并出现恶心、腹泻、呕吐等症状，若长期处于该种压力下，则可能导致胃溃疡、结肠炎等更严重的疾病。

上述所有生理反应都是动态地变化着，并且随着时间的变化而自我调节，最终让个体恢复到正常的状态。一般适应综合征（general adaptation syndrome, GAS）模型根据身体反应的变化，将遇到压力源之后的身体反应归纳为三个阶段：警戒反应阶段、抗拒阶段和衰竭阶段。

第一阶段为警戒反应阶段。在该阶段中，由于突然的刺激出现，个体将通过交感神经的即时兴奋来促使身体做好"战斗"或"逃跑"的反应，这一步骤有时可发生在个体意识到压力源前。在该阶段中个体注意力提高，肾上腺素分泌增加，并伴随有紧张等情绪。此时大量的氧气和葡萄糖将供给至应对危险最需活跃和耗能的器官，如大脑、骨骼肌等，以帮助个体进入应激状态。

当压力并未消失而持续存在时，身体将进入第二阶段，即抗拒阶段。在这一阶段，机体主要通过应激激素的激活来集合能量资源，个体将调用身体中所需的激素来维持、填补和修复身体中受损的部位。在这一阶段中，个体对刺激的阻抗维持在一定水平，并且机体的各部分将通过调用资源以适应当前的压力。

如果压力源的持续时间过久，反应过于强烈，则机体的资源可能将逐渐衰竭殆尽。此时身体将进入第三阶段，即衰竭阶段。在该阶段中，机体各部分的能量将逐渐损耗，由于应对压力所需的精力逐渐耗尽而导致个体免疫力降低，各部分功能逐渐削弱，若未能及时恢复则可能导致机体患病[1]75。

（二）压力的心理反应

面对压力，在身体出现应激反应的情况下，我们的心理过程也同样在灵敏地运作中。心理反应既包括情绪方面的变化，例如感觉恐惧、焦虑等，也包括精神上的变化，例如警觉性增高、注意力涣散等。

压力的心理反应具有个体差异性和情景差异性。如结婚可能对个体来说是一重大的、积极的事件，伴随有兴奋、激动、快乐等情绪，而当这一事件与买房、调换工作等事件接连在一起，并且需要个体在短时间内处理时，原有的积极情绪则可能被焦虑、担忧等消极情绪所掩盖，个体可能很难从原本愉悦的事件中体验到积极情绪，反而将其知觉为急需处理的压力事件。

同一件压力事件，对于不同的人会造成不同的心理影响。例如，同样是在紧锣密鼓地准备两周后的公开演讲，有的人感受到的是紧张、焦虑、恐惧，甚至产生自卑、自我批评等心理反应；相反，有的人感受到的是紧张、兴奋，认为这是一个很好的挑战自我和成长的机会。此外，同一个人面对同一个压力事件，随着情景或者时间的变化，也会产生不同的心理反应。例如以前对公开演讲感觉紧张、焦虑的个体，可能在三年后变得从容、淡定，不再将其视为压力事件。

整体而言，压力的心理影响可能也与人格特质有关。一些人拥有丰盈的精神世界，他们可以积极地将所发生的事情视为机遇和挑战，并集中精力去迎接和应对，他们在面对压力时具有良好的问题解决能力，他们通过细致的计划安排、完善的人际关系、优异的心理素质等处理和应对压力。而另一些人则可能在面对压力时采取回避的态度，在面对障碍、问题、痛苦时，他们往往难以保持积极乐观的心态，而是倾向于选择逃避的策略，并且可能伴随有沮丧、恐惧、愤怒、无助等情绪，这些消极情绪则可能进一步影响其精神或情绪的发展。面对压力时的不同心理反应，很大程度上也决定了压力对我们身心健康的影响方向——当我们认为压力代表挑战、机遇、成长，用积极的心态面对它时，我们也会相应地拥有更加积极的身心状态。

因此，压力的心理反应不完全是消极的，也有积极的作用。整体而言，适当的压力可能有助于集中注意力，提高警觉性，同时伴随有精神振奋、思维活跃等特征。此外，良好的压力应对可以增强个体的自信心和自尊心，提升个体的自我效能感。而过度的压力则可能导致个体陷入紧张、焦虑、烦躁、恐慌、担忧、沮丧之中，这使得个体出现一些身体和行为反应，如注意涣散、睡眠时间缩短、开始暴饮暴食等，它们可能带给个体更大的压力，而使其再次陷入更深的负面情绪当中，从而形成恶性循环。

（三）压力的行为影响

生理、心理和行为之间存在着相互关联，压力状态下个体的行为可能也会发生一定的改变。如当遭遇压力性事件时，一些个体可能通过寻求社会支持等积极方式来得到缓解，而另一些个体则可能采用暴饮暴食等消极方式来逃避问题。在压力情境下，个体可能呈现出原有的压力处理方式，如A和B两个个体因此次数学考试成绩不佳而在一周后又有一场数学测验，后一场数学测验则为一个压力事件，对于该压力A个体可能采取的方式是积极反思，找出问题所在，并从中汲取经验教训，更加努力学习，争取在下周的考试中取得理想成绩；而B个体则可能采用消极逃避的方式，不去面对问题，否认此次考试失败，亦不认真复习，而在下周考试时再次失利。可以说，行为可以用于应对压力，其可能是建设性的也可能是破坏性的，它可能是个体原有压力处理方式的固有反应，并可能与个体的个性、人格等相关。

可见，压力对于一个人的影响是方方面面的，与我们的身心健康息息相关。为了更好地评定压力对于个体的健康影响，常常使用健康相关的量表对个体进行全面评估。下面我们将介绍两种广泛使用的整体健康评估工具。

（四）评估：90项症状清单

Derogatis于1973年编制了90项症状清单（Symptom Checklist 90, SCL-90）（完整版量表见本章附录），我国在1984年由王征宇将该量表翻译为中文版本，后经金华等人于1986年主持的全国协作组在国内多地采样并制定常模。该量表目前在国内外应用广泛，成为评估成人群体心理健康状况调查的常用工具。该量表共有90个条目，包含从感觉、情感、思维、意识、行为、生活习惯、人际关系和饮食睡眠等多个方面。采用5级评分制，从自觉无该症状至自觉该症状的频度和强度都十分严重分别记为1至5分。SCL-90共包含10个维度，分别为躯体化、强迫症状、人际关系敏感、抑郁、焦虑、敌对、恐怖、偏执、精神病性和其他，并有单项分、总分、总均分、阳性项目数、阴性项目数、阴性症状均分和因子均分等统计指标，其中最常用的为总分和因子分。该量表能够较好地反映各类症状，操作简便，并被证明具有良好的信效度[7]13-19。

（五）评估：患者健康问卷

患者健康问卷（Patient Health Questionnaire, PHQ）（完整版量表见本章附录）是用于筛查和诊断抑郁障碍、焦虑、酒精、饮食和躯体形式障碍等精神健康障碍的自我报告量表。目前已经开发并验证了评估抑郁症状的9条目版本（PHQ-9）、评估焦虑症状的7条目版本（General Anxiety Disorder, GAD-7）和检测躯体症状的15条目版本（PHQ-15）。PHQ-9、GAD-7和PHQ-15组合在一起产生了PHQ-躯体化、焦虑、抑郁症状（PHQ-SADS）。这些量表已在国内外不同人群中得到验证，具有良好的信效度[8-11]。

本章小结

从这一章我们可以了解到，压力其实与我们的生活是息息相关的。只要我们还在生活着，与环境产生互动，就有可能出现压力。许多生活事件会导致压力的出现，小到熬夜、摔跤，大到结婚、亲人去世。我们根据不同的方式，将压力进行分类，例如外在压力和内在压力、急性压力和慢性压力，等等。

压力产生于压力源，压力源可以是躯体性、生理性、心理性和社会性的。虽然如此，个体的压力水平并不与压力源直接相关，而是受到个体认知的影响。对于同一件事情，采用不同的压力认知态度和应对方式，就会产生不同的压力知觉。因此当评估个体的压力水平时，我们往往使用主观报告的压力知觉量表。

当压力源作用于个体时，会在生理、心理、行为等方面产生影响，而个体将通过身体各部分机能的调动和调整以适应和应对压力。适度的压力可能是积极的，它有助于个体更好地应对环境，保持健康；而当压力持续时间过长、影响程度过大时，个体可能出现生理、心理和行为上的不良反应，机体可能将消耗殆尽所需应对的资源而使个体陷入健康危机。过度的压力将通过交感神经系统和内分泌系统影响个体的心血管系统、免疫系统、运动系统等，对个体的生理造成一定的影响。此外，也会对个体的心理和行为造成一定的影响。

思考题

1. 压力是什么？压力源是什么？它们分别包括哪些种类？
2. 当产生压力时，我们可能会出现哪些反应？你能分别举出一些例子吗？
3. 压力可能会对我们造成哪些影响？你能分别举出一些例子吗？
4. 压力的知觉评价模型指的是什么？你可以把这个模型运用到生活中去吗？
5. 如果你的一位朋友觉得压力很大，你会用什么方式来评估他的压力水平？

参考文献

[1] 谢弗尔.压力管理心理学[M].方双虎，译.北京：中国人民大学出版社，2009.

[2] 刘婉婷，蚁金瑶，钟明天，等.压力知觉量表在不同性别大学生中的测量等值性[J].中国临床心理学杂志，2015，23（5）：944–946.

[3] 李亚杰，李咸志，李剑波，等.中文版压力知觉量表在代表性社区成人群体中的应用[J].中国心理卫生杂志，2021，35（1）：67–72.

[4] 袁立新，林娜.压力知觉量表在大学生样本中的因素结构研究[J].广东教育学院学报，2009，29（2）：45–49.

[5] 邓青龙，胡若瑜，王继伟，等.压力知觉量表应用于癌症生存者的效度和信度[J].中国心理卫生杂志，2018，32（1）：15–20.

[6] 韩燕，周欢，朱江，等.压力知觉量表在抑郁症状阴性和阳性人群中的测量等值性[J].中国临床心理学杂志，2019，27（6）：1196–1198，1231.

[7] 戴晓阳.常用心理评估量表手册[M].北京：人民军医出版社，2010.

[8] KROENKE K, SPITZER R L, WILLIAMS J B W. The PHQ–9 – Validity of a brief depression severity measure [J]. Journal of General Internal Medicine, 2001, 16(9): 606–613.

[9] KROENKE K, SPITZER R L, WILLIAMS J B W. The PHQ–15: Validity of a new measure for evaluating the severity of somatic symptoms [J]. Psychosomatic Medicine, 2002, 64(2): 258–266.

[10] RUIZ M A, ZAMORANO E, GARCIA–CAMPAYO J, et al. Validity of the GAD–7 scale as an outcome measure of disability in patients with generalized anxiety disorders in primary care [J]. Journal of Affective Disorders, 2011, 128(3): 277–286.

[11] WANG W, BIAN Q, ZHAO Y, et al. Reliability and validity of the Chinese version of the Patient Health Questionnaire (PHQ–9) in the general population [J]. General Hospital Psychiatry, 2014, 36(5): 539–544.

本章附录

附表1 社会再适应量表

指导语：仔细阅读下列每一事件，在次数字段内写下去年经历这一事件的次数，再把该项压力指数的相乘积写在生活压力分数栏内，最后将各项的分数相加即为去年一年的生活压力总分。

编号	生活事件	LCU	编号	生活事件	LCU
1	配偶死亡	100	23	子女离家	29
2	离婚	73	24	姻亲间的纠纷	29
3	分居	65	25	个人有杰出的成就	28
4	入狱	63	26	配偶开始或停止工作	26
5	亲人死亡	63	27	开始或停止上学	26
6	自己受伤或生病	53	28	居住环境改变	25
7	结婚	50	29	个人习惯改变	24
8	被解雇	47	30	与上司有纠纷	23
9	婚姻复合	45	31	工作时间或状况改变	20
10	退休	45	32	搬家	20
11	家人健康或行为状况改变	44	33	转校	20
12	怀孕	40	34	改变休闲生活方式	19
13	性方面的困难	39	35	教堂活动改变	19
14	家庭增添新成员	39	36	社会活动改变	18
15	工作上的调适	39	37	小额贷款或抵押	17
16	经济状况改变	38	38	睡眠习惯改变	16
17	好友死亡	37	39	家人相聚次数改变	15
18	职业改变	36	40	饮食习惯改变	15
19	和配偶争执的次数改变	35	41	休假或度假	13
20	大额抵押或贷款	32	42	过圣诞节	12
21	丧失抵押物赎取权	30	43	轻度违法	11
22	工作职务的改变	29			

得分说明：若总分在0～149分，说明没有重大问题；若总分在150～199分，说明有轻度的健康风险；若总分在200～299分，说明有中度的健康风险；若总分在300分以上，说明有严重的健康风险。

附表2 生活事件量表

性别：　　　　年龄：　　　　职业：　　　　婚姻状况：　　　　填表日期：

指导语：下面是每个人都有可能遇到的一些日常生活事件，究竟是好事还是坏事，可根据个人情况自行判断。这些事件可能对个人有精神上的影响（体验为紧张、压力、兴奋或苦恼等），影响的轻重程度是各不相同的，影响持续的时间也不一样。请你根据自己的情况，实事求是地回答下列问题，填表不记姓名，完全保密，请在最合适的答案上打"√"。

生活事件名称	事件发生时间				性质		精神影响程度					影响持续时间				备注
	未发生	1年前	1年内	长期性	好事	坏事	无影响	轻度	中度	重度	极重	3个月内	半年内	1年内	1年以上	
举例：房屋拆迁																
家庭有关问题																
1. 恋爱或订婚																
2. 恋爱失败、破裂																
3. 结婚																
4. 自己（爱人）怀孕																
5. 自己（爱人）流产																
6. 家庭增添新成员																
7. 与爱人父母不和																
8. 夫妻感情不好																
9. 夫妻分居（因不和）																
10. 夫妻两地分居（工作需要）																
11. 性生活不满意或独身																
12. 配偶一方有外遇																
13. 夫妻重归于好																
14. 超指标生育																
15. 本人（爱人）做绝育手术																
16. 配偶死亡																
17. 离婚																
18. 子女升学（就业）失败																
19. 子女管教困难																
20. 子女长期离家																
21. 父母不和																
22. 家庭经济困难																
23. 欠债500元以上																
24. 经济情况显著改变																
25. 家庭成员重病或重伤																
26. 家庭成员死亡																

续表

生活事件名称	事件发生时间				性质		精神影响程度					影响持续时间				备注
	未发生	1年前	1年内	长期性	好事	坏事	无影响	轻度	中度	重度	极重	3个月内	半年内	1年内	1年以上	
27. 本人重病或重伤																
28. 住房紧张																
工作学习中的问题																
29. 待业、无业																
30. 开始就业																
31. 高考失败																
32. 扣发奖金或惩罚																
33. 突出的个人成就																
34. 晋升、提级																
35. 对现职工作不满意																
36. 工作、学习中压力大（如成绩不好）																
37. 与上级关系紧张																
38. 与同事、邻居不和																
39. 第一次远走他乡异国																
40. 生活规律重大改变（饮食睡眠规律改变）																
41. 本人退休、离休或未安排具体工作																
社交与其他问题																
42. 好友重病或重伤																
43. 好友死亡																
44. 被人误会、错怪、诬告、议论																
45. 介入民事法律纠纷																
46. 被拘留、受审																
47. 失窃、财产损失																
48. 意外惊吓、发生事故、自然灾害																
49.																
50.																

正性事件值：
负性事件值：
总值：
家庭有关问题：
工作学习中的问题：
社交及其他问题：

附表3　90项症状清单

注意：以下表格中列出了有些人可能会有的问题，请仔细阅读每一条，然后根据最近一周以内下列情况影响您的实际感觉，在5个方格中选择一格，打一个"√"。

	没有 1	很轻 2	中等 3	偏重 4	严重 5
1. 头痛	□	□	□	□	□
2. 神经过敏，心中不踏实	□	□	□	□	□
3. 头脑中有不必要的想法或字句盘旋	□	□	□	□	□
4. 头昏或昏倒	□	□	□	□	□
5. 对异性的兴趣减退	□	□	□	□	□
6. 对旁人责备求全	□	□	□	□	□
7. 感到别人能控制你的思想	□	□	□	□	□
8. 责怪别人制造麻烦	□	□	□	□	□
9. 忘性大	□	□	□	□	□
10. 担心自己的衣饰整齐及仪态的端正	□	□	□	□	□
11. 容易烦恼和激动	□	□	□	□	□
12. 胸痛	□	□	□	□	□
13. 害怕空旷的场所或街道	□	□	□	□	□
14. 感到自己的精力下降，活动减慢	□	□	□	□	□
15. 想结束自己的生命	□	□	□	□	□
16. 听到旁人听不到的声音	□	□	□	□	□
17. 发抖	□	□	□	□	□
18. 感到大多数人都不可信任	□	□	□	□	□
19. 胃口不好	□	□	□	□	□
20. 容易哭泣	□	□	□	□	□
21. 同异性相处时感到害羞不自在	□	□	□	□	□
22. 感到受骗，中了圈套或有人想抓自己	□	□	□	□	□
23. 无缘无故地突然感到害怕	□	□	□	□	□
24. 自己不能控制地大发脾气	□	□	□	□	□
25. 怕单独出门	□	□	□	□	□
26. 经常责怪自己	□	□	□	□	□

续表

	没有 1	很轻 2	中等 3	偏重 4	严重 5
27. 腰痛	☐	☐	☐	☐	☐
28. 感到难以完成任务	☐	☐	☐	☐	☐
29. 感到孤独	☐	☐	☐	☐	☐
30. 感到苦闷	☐	☐	☐	☐	☐
31. 过分担忧	☐	☐	☐	☐	☐
32. 对事物不感兴趣	☐	☐	☐	☐	☐
33. 感到害怕	☐	☐	☐	☐	☐
34. 你的感情容易受到伤害	☐	☐	☐	☐	☐
35. 旁人能知道你的私下想法	☐	☐	☐	☐	☐
36. 感到别人不理解你、不同情你	☐	☐	☐	☐	☐
37. 感到人们对你不友好、不喜欢你	☐	☐	☐	☐	☐
38. 做事必须做得很慢以保证做得正确	☐	☐	☐	☐	☐
39. 心跳得很厉害	☐	☐	☐	☐	☐
40. 恶心或胃部不舒服	☐	☐	☐	☐	☐
41. 感到比不上他人	☐	☐	☐	☐	☐
42. 肌肉酸痛	☐	☐	☐	☐	☐
43. 感到有人在监视你、谈论你	☐	☐	☐	☐	☐
44. 难以入睡	☐	☐	☐	☐	☐
45. 做事必须反复检查	☐	☐	☐	☐	☐
46. 难以做出决定	☐	☐	☐	☐	☐
47. 怕乘电车、公共汽车、地铁或火车	☐	☐	☐	☐	☐
48. 呼吸有困难	☐	☐	☐	☐	☐
49. 一阵阵发冷或发热	☐	☐	☐	☐	☐
50. 因为感到害怕而避开某些东西、场合或活动	☐	☐	☐	☐	☐
51. 脑子变空了	☐	☐	☐	☐	☐
52. 身体发麻或刺痛	☐	☐	☐	☐	☐
53. 喉咙有梗塞感	☐	☐	☐	☐	☐
54. 感到对前途没有希望	☐	☐	☐	☐	☐
55. 不能集中注意力	☐	☐	☐	☐	☐
56. 感到身体的某一部分虚弱无力	☐	☐	☐	☐	☐
57. 感到紧张或容易紧张	☐	☐	☐	☐	☐
58. 感到手或脚发沉	☐	☐	☐	☐	☐
59. 想到有关死亡的事	☐	☐	☐	☐	☐
60. 吃得太多	☐	☐	☐	☐	☐
61. 当别人看着你或谈论你时感到不自在	☐	☐	☐	☐	☐
62. 有一些不属于你自己的想法	☐	☐	☐	☐	☐
63. 有想打人或伤害他人的冲动	☐	☐	☐	☐	☐

	没有 1	很轻 2	中等 3	偏重 4	严重 5
64. 醒得太早	☐	☐	☐	☐	☐
65. 必须反复洗手、点数目或触摸某些东西	☐	☐	☐	☐	☐
66. 睡得不稳不深	☐	☐	☐	☐	☐
67. 有想摔坏或破坏东西的冲动	☐	☐	☐	☐	☐
68. 有一些别人没有的想法或念头	☐	☐	☐	☐	☐
69. 感到对别人神经过敏	☐	☐	☐	☐	☐
70. 在商店或电影院等人多的地方感到不自在	☐	☐	☐	☐	☐
71. 感到任何事情都很难做	☐	☐	☐	☐	☐
72. 一阵阵恐惧或惊恐	☐	☐	☐	☐	☐
73. 感到在公共场合吃东西很不舒服	☐	☐	☐	☐	☐
74. 经常与人争论	☐	☐	☐	☐	☐
75. 单独一人时神经很紧张	☐	☐	☐	☐	☐
76. 别人对你的成绩没有做出恰当的评价	☐	☐	☐	☐	☐
77. 即使和别人在一起也感到孤单	☐	☐	☐	☐	☐
78. 感到坐立不安、心神不宁	☐	☐	☐	☐	☐
79. 感到自己没有什么价值	☐	☐	☐	☐	☐
80. 感到熟悉的东西变得陌生或不像是真的	☐	☐	☐	☐	☐
81. 大叫或摔东西	☐	☐	☐	☐	☐
82. 害怕会在公共场合昏倒	☐	☐	☐	☐	☐
83. 感到别人想占自己的便宜	☐	☐	☐	☐	☐
84. 为一些有关"性"的想法而很苦恼	☐	☐	☐	☐	☐
85. 认为应该因为自己的过错而受到惩罚	☐	☐	☐	☐	☐
86. 感到要赶快把事情做完	☐	☐	☐	☐	☐
87. 感到自己的身体有严重问题	☐	☐	☐	☐	☐
88. 从未感到和其他人很亲近	☐	☐	☐	☐	☐
89. 感到自己有罪	☐	☐	☐	☐	☐
90. 感到自己的脑子有毛病	☐	☐	☐	☐	☐

附表4 抑郁症筛查量表（PHQ-9）

指导语：在过去的两周里，你生活中以下症状出现的频率有多少？把相应的数字总和加起来。

	没有	有几天	一半以上时间	几乎每天
1. 做事时提不起劲或没有兴趣	0	1	2	3
2. 感到心情低落、沮丧或绝望	0	1	2	3
3. 入睡困难、睡不安稳或睡眠过多	0	1	2	3
4. 感觉疲惫或没有活力	0	1	2	3
5. 食欲缺乏或吃太多	0	1	2	3

续表

	没有	有几天	一半以上时间	几乎每天
6. 觉得自己很糟，或觉得自己很失败，或让自己或家人失望	0	1	2	3
7. 对事物专注有困难，例如阅读报纸或看电视时不能集中注意力	0	1	2	3
8. 动作或说话速度缓慢到别人已经觉察，或正好相反，烦躁或坐立不安、动来动去的情况更甚于平常	0	1	2	3
9. 有不如死掉或用某种方式伤害自己的念头	0	1	2	3

评分标准：

计算总分

0～4分：没有抑郁症（注意自我保重）

5～9分：可能有轻微抑郁症（建议咨询心理医生或心理医学工作者）

10～14分：可能有中度抑郁症（最好咨询心理医生或心理医学工作者）

15～19分：可能有中重度抑郁症（建议咨询心理医生或精神科医生）

20～27分：可能有重度抑郁症（一定要看心理医生或精神科医生）

核心项目分

项目1、4、9任何一题得分>1分，则需要关注。

其中项目1、4代表抑郁的核心症状，项目9代表有自伤意念。

附表5 广泛性焦虑障碍量表（GAD-7）

指导语：根据过去两周的状况，请您回答是否存在下列描述的状况及频率，请看清楚问题后在符合您的选项前的数字上面打√。

	完全不会	好几天	超过一周	几乎每天
1. 感觉紧张、焦虑或急切	0	1	2	3
2. 不能够停止或控制担忧	0	1	2	3
3. 对各种各样的事情担忧过多	0	1	2	3
4. 很难放松下来	0	1	2	3
5. 由于不安而无法静坐	0	1	2	3
6. 变得容易烦恼或急躁	0	1	2	3
7. 感到似乎将有可怕的事情发生而害怕	0	1	2	3

评分标准：

总分为1到7题所选答案对应数字的总和。

0～4分：没有焦虑症（注意自我保重）

5～9分：可能有轻微焦虑症（建议咨询心理医生或心理医学工作者）

10～14分：可能有中度焦虑症（最好咨询心理医生或心理医学工作者）

15～19分：可能有中重度焦虑症（建议咨询心理医生或精神科医生）

20～27分：可能有重度焦虑症（一定要看心理医生或精神科医生）

附表6 病人健康问卷躯体症状群量表（PHQ-15）

指导语：下面共15种疾病症状，请您回想在过去一个月内您是否出现过这个（些）症状，并且在问题后面的相应数字上选择。

	无	有点	大量
1. 胃痛	0	1	2
2. 背痛	0	1	2
3. 胳膊、腿或关节疼痛（膝关节、髋关节，等等）	0	1	2
4. 痛经或月经期间其他的问题（该题女性回答）	0	1	2
5. 头痛	0	1	2
6. 胸痛	0	1	2
7. 头晕	0	1	2
8. 一阵阵虚弱感	0	1	2
9. 感到心脏怦怦跳动或跳得很快	0	1	2
10. 透不过气来	0	1	2
11. 性生活中有疼痛或其他的问题	0	1	2
12. 便秘，肠道不舒适，腹泻	0	1	2
13. 恶心，排气，或消化不良	0	1	2
14. 感到疲劳或无精打采	0	1	2
15. 睡眠有问题或烦恼	0	1	2

以下为调查问题：

1. 过去半年内，您由于本次就诊的症状或疾病而到医院就诊的次数：_____次。

2. 过去半年内，由于本次就诊的症状或疾病对您造成的误工天数：_____天/月。

3. 您目前的疾病对您生活、工作和社交造成的总体不良影响：（没有影响为0，极其严重影响为10，请在相应数字上打√）

生活：_____
    0　1　2　3　4　5　6　7　8　9　10
   没有　　　　　　　　　　　　　　　　最重

工作：_____
    0　1　2　3　4　5　6　7　8　9　10
   没有　　　　　　　　　　　　　　　　最重

社交：_____
    0　1　2　3　4　5　6　7　8　9　10
   没有　　　　　　　　　　　　　　　　最重

评分标准：

0～4分：无躯体症状

5～9分：轻度躯体症状

10～14分：中度躯体症状

≥15分：重度躯体症状

第二章

压力的应对与管理

作者：王宣懿

引入

人们应对压力事件的方式各异。每个人都有相对突出的应对方式，即在不同压力情境下倾向于使用某种特定的方式。面对压力事件：

- 有人自怨自艾，急于从自己身上找错误，口头禅是"都是我不好""要是我不那样做就好了"，过度不切实际地联想和引申，沉浸在无尽的悔恨和自责中，总是一副做错了事等待惩罚的小孩子般可怜模样。

- 有人想入非非，现实的无力无奈得在头脑中予以补偿，内心世界中的自己往往强大彪悍，甚至是拯救地球的超人，肆意粉碎一切不如意事，心想"结果就该是这样"，那是其生活中最美妙的体验，一朝醒来，忽觉梦碎。

- 有人装聋作哑，担心无力应付，不愿正视自己的弱点，从而对困境视而不见，听而不闻，保持缄默，对问题退避三舍，在他人善意提醒下，会发出"有这回事吗？"的疑惑，往往沉溺于游戏、睡觉、抽烟、喝酒、赌博等以求自我内心解脱。

- 有人吃不到葡萄说葡萄酸，极具阿Q精神，竭力为自己的荒唐和过失辩护，一心给自己找台阶下，"没什么了不起的，我只是不想做而已"，对失败结果强行解释，执着于自己编织的荒谬逻辑体系，内心"强大"到不为周遭人和事所动。

- 有人大声疾呼，亲朋好友、左邻右舍，时刻都在其心中的"灭火队员"名单上，"拜托再帮我一次"常挂嘴边，一遇"险情"，随时场外求助，搬动援兵，心知一己之力难以制胜，转个弯，灵活借力。

- 有人摩拳擦掌，该出手时就出手，对付压力事件的自我效能感极强，思路广，办法多，兵来将挡，水来土掩，"不用担心，我能应付"是其座右铭，行事风格相当理智，对危机有辩证认识，能意识到危中有机，视其为成长进步的助力。

你的压力应对方式是哪一种呢？你的压力应对方式合适吗？哪一种压力应对方式是好的呢？压力应对方式是压力和身心健康的中介机制，适当的应对能够有效缓解和调节压力事件给个体带来的负面影响，对于维护身心健康具有不可忽视的作用。本章将对压力应对方式进行具体介绍与阐述，帮助你认识压力及其应对方式，找到压力管理目标，初步构建压力管理模式框架。

（参考资料：https://www.xinli001.com/info/100031303）

一、压力应对方式

（一）压力应对方式的概念与理论

压力普遍存在于生命的每个阶段，压力应对方式很大程度上决定着压力事件对个体身心健康的影响效果和程度。适当的应对能够有效缓解和调节压力事件给个体带来的负面影响，对于维护身心健康具有不可忽视的作用。

1.应对方式的概念和定义

应对（coping）概念的出现，最早是在西格蒙德·弗洛伊德和安娜·弗洛伊德提出的心理防御机制理论中。根据该理论，当人们面临危险或创伤性压力事件后，为了避免自我受到伤害，人们会无意识地发动否定、逃避、抑制、发泄等防御机制，以维护心理的平衡和对环境的适应[1]。随着认知心理学的兴起，更多的研究方法和理论出现，人们得以更充分地探索意识领域。Lazarus 和 Folkman（1984）两位学者对应对的定义得到了学界广泛的认可，他们定义应对为"不断改变认知和行为，以管理被评定为超出个人能力范围的特定内部或外部需求所做出的努力"[2]。应对是任何预防、减弱或消除压力源做出的努力，既可以是有意识的也可以是无意识的，可以是健康的或不健康的，这种努力还可能是用最小的痛苦方式以忍受压力事件的影响[3]。

应对方式（coping strategy/style）是指个体在面对挫折和压力时所采用的认知和行为方式，是个体稳定因素与情境因素交互作用的结果。它是个体对应激或压力事件的固定反应，是解决问题或危机时个体的习惯性或偏爱的方式。心理学家普遍认为，应对方式是介于压力源与人的身心健康之间的中介机制；当采取良好的应对方式时，有利于心理健康的维护；反之，则有损于心理健康。研究发现，个体在高应激状态下，如果缺乏社会支持和良好的应对方式，则心理损害的危险度可达43.3%，为普通人群危险度的4倍[4]。

关于对应对及应对方式的理解，目前已经形成了多种理论，不同的理论从各种不同的方面说明了应对及应对方式的特性。总结而言，目前研究界共有三种理论取向[5]：一是从防御机制、人格功能、情境理论、马塞尼小组的理论、现象学–相互作用论来研究；二是形成了行为主义心理学的应对研究模型、精神分析的应对研究模型、认知心理学的应对研究模型——交互式应对模型三个研究模型；三是形成了特质论、过程论（情境论）、情境-特质相互作用论。综合考虑易懂性与普适性，本书主要以第三种理论划分方式来进行阐述。

2.特质论

特质论（characteristic-oriented coping theory）源于弗洛伊德的防御机制理论。特质论认为不同的应对方式是个体稳定人格的反映，个体的应对方式中带有个性倾向性、相对稳定和被习惯化的特质性的东西，因此，可以通过可测量的人格特质的个体差异来预测个体的应对方式和行为，或者说应对方式就是个体人格特质在压力反应中的折射。该理论认为个体采取的应对方式具有跨时间跨情境的稳定性，可脱离情境因素来探讨应对方式。

特质论通常从不同的人格维度探讨个体的应对风格，例如内向-外向、面对-逃避、抑制-敏感等。内向-外向的分类[6]是指，外向的人比内向的人更容易把孤独和缺少刺激看作一种困扰；在应对方式上，外向的人喜欢寻求朋友的帮助、惯于躯体训练；内向的人则常常躲开同伴，惯于抽象思维和理智行为。面对-逃避的分类[7]中，前者积极主动地面对和解决问题，而后者则拖延问题、退缩，直至被迫采取行动。抑制-敏感的分类[8]中，前者抑制对问题的感知，显得若无其事，而后者则能敏感地意识到问题的存在，甚至能感受到他人感受不到的困扰。因此，不同个体在感知和应对困境的方式上存在差异，而同一个体的应对方式则具有相对稳定性。

但是，特质论忽视了具体环境对应对行为的影响[9]，在环境刺激意义不明确或特定的情境下，特质论是有效的，人格测量能够较好地预测相应的应对方式；但是在一般情况下，情境往往是复杂多变的，因此特质论具有较大的局限性。

3.过程论（情境论）

过程论（process-oriented coping theory），通常也叫作情境论，是基于Lazarus和Folkman的理论概念提出的。该理论认为应对是个体通过调整内外需求的认知行为反应，以对抗所意识到的紧张情境或其他来自情境的威胁。过程论认为应对是过程的、动态的、变化的，涉及个体的认知和行为，并与压力源、情绪和适应等密切相关。

应对具体可以分为两个过程，第一个过程是认知评估，第二个过程是应对行为，这两个过程是压力源与其所导致的短期和长期身心结果之间的重要中介。认知评估过程包括初级评估和次级评估两个阶段。在初级评估中，个体评价环境对自身具有怎样的潜在影响，如果有重要影响的话，在次级评估中，个体会评价自身是否有足够的资源去阻止、克服伤害或者促进自己的利益。个体对情境做出评估后，根据自身的资源选择应对策略，即具体的应对行为。从功能上看，应对分为两种：一种是以问题为中心的应对，旨在解决造成个体和环境之间压力的问题；一种是以情绪为中心的应对，旨在调节情绪[2]。

过程论倾向于认为个体在不同的压力情境会采用不同的应对方式，即应对方式不具备跨时间跨情境的稳定性，甚至相同的情境也可能引发不同的应对方式，具体涉及人们对情境是如何进行评价的。过程论强调情境因素在个体应对方式选择中的决定性作用，认为个体面对压力时所采用的应对方式，更多的是依赖于情境的需求，应对是对特定情境的反应，并且指向于改变压力情境的应对方式是最恰当、有效的应对。情境的性质、情境的类型、情境的可控性等因素被认为对应对方式的选择和整个应对过程产生着重要影响[10]。

过程论关注应对变化的一面，着重考虑个体针对某一压力事件或者某一个应激时间不同阶段中的应对反应，关注于对某个应激事件或者事件的不同阶段人们是如何评估和反应的[11]。然而，它忽视了人格特质、个体差异对应对的重要作用，不能说明同一应激情境下个体应对方式的差异，也不能说明在不同时间，同一个体、同一应激情境下应对方式的差异[12]。

4.情境–特质相互作用论

虽然特质论和过程论两者都研究了应对方式的不同侧面，但是两者在逻辑上并不存在相悖性。应对的情境–特质相互作用论认为，情境理论和特质理论不应该相互排斥，而应当相互补充，该理论认为个体应对方式的选择取决于人格特质和压力情境的相互作用。某些应对方式具有跨情境的一致性和稳定性，某些应对方式依赖于特定的压力情境。

情境–特质相互作用论强调情境特征与不同应对策略之间的关系。情境–特质相互作用论与过程理论相同点在于均强调情境对应对策略的影响，强调应对策略随情境变化而变化，但是不同点在于研究者希望能够从情境特征出发寻找到应对的稳定性，这一点使其与应对的特质理论的目标也有契合之处[11]。情境–特质相互作用论的依据在于，类似的情境会引发类似的应对反应，不同的应激源会引起不同的应对反应。例如有研究发现，当人们在一段时间内面对相同问题时，他们采用的应对策略具有中等程度的个体内部一致性[13]；同时也有研究表明，在特定一段时间内，面对相同应激源时，个体表现出相似的应对模式[14]。情境–特质相互作用论是目前被广泛接受的应对理论。

总结而言，特质论告诉我们，压力应对方式是因人而异的，不同人格特质的个体会有自己的选择倾向，并且这种倾向在一定程度上是稳定的；而过程论则告诉我们，在具体的应对过程中，人仍然能够发挥主观能动性，根据自身的需求、压力的评估以及情境的要求进行相应的调整，这种改变的可能使得我们能够不断地发展进步，能够对压力、对环境有更大的适应潜能；情境–特质相互作用论形成最后的辩证统一，为我们理解压力应对方式做出了更全面的阐述，为我们找到更好的应对方式提供了指导方向。

（二）压力应对方式的结构与测量

压力应对方式有千万种，那么具体是有哪些应对方式？其中哪些是适应性良好的，哪些是适应性不好的呢？面对纷繁复杂的世界，人类会本能地进行分类，以简洁明了的方式认识世界。根据应对方式的不同特征维度，心理学家对各种各样的压力应对方式进行了归纳总结，并展开了大量研究进行比较，以探索更优、更成熟的压力应对方式。以下是对压力应对方式常见的分类方式与比较情况。对照自身，请看看你更倾向于使用哪一类压力应对方式。

1.问题导向应对与情绪导向应对

关于压力应对方式最普遍的分类由 Lazarus 和 Folkman（1984）提出，他们以应对的功能指向对象为标准，把应对分为两种方式：问题导向应对（problem-focused coping）和情绪导向应对（emotional-focused coping）。

问题导向应对是通过采取行动和计划等行为活动来改变压力情景或压力源，包括寻找信息、探索可能的解决方法和采取有效行动来改变外在刺激减轻压力、达到内外部的平衡等。这种方式是一种较为积极的应对方式，问题导向应对的个体在将来遇到同类压力源时也能够顺利解决，比如说考试压力时采取及时复习就是一种问题导向的应对方式。

情绪导向应对则调节由压力情景所引发的消极情绪，包括表达自己的情绪、寻求安慰、改变期待、否认、逃避等。这是一种较为负面的应对方式，由于没有及时解决问题，可能会导致更为严重的情绪问题，例如遇到考试压力时幻想着自己能考好的成绩，从而减轻压力。

一般来说，问题导向应对比情绪导向应对更具有适应性[15]。大学生使用问题导向应对会带来积极的结果，如减少消极情感、促进健康[16]。而使用情绪导向应对，尤其是回避策略的使用，会带来消极的结果，如损害健康、增加消极情感[17]。

尽管大部分研究者偏好于把问题导向应对当作更具适应性的应对策略，但是一些压力事件可能使用情绪导向应对才最合适[18][19]。当面对的压力无法改变，使用问题导向应对试图改变而收效甚微时，所带来的痛苦比使用情绪导向应对要大。因此，恰当的应对方式可能会随压力情境特征的不同而有所变化，大部分使用的应对策略也不止一种[18]。Bolger 等人的研究表明，如果个体认为自己有能力化解当前的困境，则他一般会采取以问题为中心的应对方式；而当个体认为自己无力处理或控制当前的情境时，他就会主要采取以情绪为中心的应对方式[20]。在可控的情境下，以问题应对为主可以帮助人们首先解决问题来缓解个体的心理压力反应；而当情况不可控时，Koeske 等人认为人们以情绪应对为主会更有益于缓解个体的心理压力反应，因为既然无力应对，则只能通过情绪表达或宣泄来缓解心理压力[21]。

问题导向应对方式与情绪导向应对方式孰优孰劣不可一概而论，其各有适用的对象和情景。在面对一般问题导致的压力时，问题导向应对方式是更成熟、更具有适应性的，使用问题导向应对方式能够帮助我们更好地在压力到来之时化解它；往往有能力且自信的人会勇敢地使用问题导向应对方式，他们愿意直面问题，与问题矛盾正面交锋并努力解决它；而自卑的人往往觉得自己无能为力，无法解决问题，自怨自艾，以情绪导向应对方式面对，在一定程度上这是能够缓解心理压力的，但是长此以往却只会磨损心智；因此情绪导向应对方式建议只作为一般问题的短时方案或备用方案。当问题自身难以解决、无法解决、不必解决时，逃避问题、释放情绪、选择释然等情绪导向应对方式也是具有适应价值的，反而强行解决问题会让人陷入其中而变得顽固执拗。

2.积极应对与消极应对

根据应对的积极或消极的态度倾向，应对方式也被分为积极应对和消极应对，也称为趋向应对和回避应对[22]。趋向应对是指积极对待压力，采取办法解决或消除内心不安。回避应对则是消极对待压力，没有任何行动去解决问题，逃避压力和自己的情绪问题。这一分类的范围较为广泛，如认知分散这样的应对策略也被归入回避应对中。

类似地，Connor-Smith（2000）等认为应对方式从积极到消极排列存在三个层次。积极的应对也称首要控制应对，类似于问题中心应对方式，致力于采取各种方式控制情境中的压力源；消极的应对也称不参与应对，类似于情绪中心应对方法，主要通过否认、逃避等方式忽略问题，达到情绪上的平复；次级控制应对方式属于中间层次，它是首要控制应对与不参与应对的中间级应对方式[23]。

长期以来，直接面对困难和压力，积极寻找方法解决问题，实事求是地接受现实，被认为是一种最好的应对方式，而逃避现实、歪曲或否认客观事实的存在则被认为是一种不可取的方式。但是，越来越多的研究发现直接面对问题或逃避问题在不同的条件下都可能起到缓解心理紧张的作用。当人受到突发的、短期的压力威胁时，逃避应对是比较有效的办法，而对于长期的压力威胁，直面问题的应对则更有效一些。因此，应对态度的积极或消极并不意味着结果的积极与消极，具体的效果会依据环境变化而变化[24] [25] [26]。因此，不能单纯地说积极应对或趋向应对就是合适的，具体问题需要具体分析。

3.应对方式的其他分类

采用二分法，还可把应对方式分为认知的和行为的、有意的和无意的、指向自我的和指向外部的、主动的和被动的、积极的和消极的、主导性的和从属性的，等等。也有学者按三分法分为积极的认知应对、积极的行为应对和回避应对，或是情绪取向、任务取向和回避取向等。除此之外，研究者更多根据因素分析的结果对应对方式进行分类。一般认为目前最全面的分类是Matheny等人的分类：斗争应对和预防应对[3]。其中，预防应对包括通过生活的调整躲避压力源、调整需求水平、改变产生压力的行为方式、扩展应对资源等四种策略；斗争应对包括压力监督、集中资源、攻击压力源、容忍压力、降低唤起等五种策略。

还有学者认为应对方式是由成熟型和不成熟型为极点的连续分布，更多使用不成熟应对方式的个体随着极端化发展更可能成为神经症型和自恋型，而那些更多使用成熟应对方式的个体，其通常情况下心理发展水平也较为成熟[27]。通过因子的方法，国内研究者发现了压力应对方式的六个因子，分别为解决问题、自责、求助、幻想、退避、合理化[28]。解决问题这种应对方式属于最为成熟的一种应对方式，个体采取这种应对方式时，在遇到问题和压力情况下更容易解决问题和应对压力；合理化是一种含有成熟和不成熟两种成分的应对方式，而其他四种应对方式为不成熟的应对方式。

压力的应对方式有很多的分类方式，但是分类本身并不是最重要的，关键还是我们要对自己的压力应对方式的性质有所了解与认识，评估其性质，分析其影响，比较其优劣，对于不成熟、不恰当的应对方式，我们应当尽可能地规避；对于成熟的、有益的应对方式，我们应当尽可能地去培养与发展。为了更充分、更全面地了解和认识我们的压力应对方式，我们需要借助一些工具来评估与测量。

4.压力应对方式测量工具

准确地评定应对方式，可以帮助我们了解不同行为在压力条件下的心理适应意义，并为有效的应对方式的识别、应对技巧的学习以及心理健康教育和治疗指明方向。

目前，压力应对方式的评定主要有三种方法，分别是心理生理测量法、行为观测法和自我报告法[25]。心理生理测量法常运用心理生理指标来进行应对测量，这些指标包括脉搏、血压、呼吸频率、肾上腺素、肌电、皮肤电阻等。该方法测量时不涉及语言表述，与个体的语言表达能力无关，但不能区分不同性质、类型的应对方式，且在具体的操作过程中存在一定的困难，需要运用各种设备仪器，因此在实践中较少使用。

行为观测法是指通过观察一个人在压力情境下的所作所为来推测他的应对方式。要对应对的行为进行测量，首先要选择与应对有关且可信的、易于编码的行为。这种方法在婴幼以及儿童的行为观察中使用得较多，因为他们无法进行很好的语言表述。相对而言，在青少年及成年人中，自我报告法的使用最为广泛。目前心理学界已开发出了大量的压力应对方式的测量问卷，总体上以过程论和特质论为理论基础而大致分为两类[12]。

过程论把应对看作一个过程，认为个体面对压力事件时所采用的应对策略更多的是依赖于情境的需求，根据这一观点编制的问卷称情境特异性（situation-specific）应对量表。其代表性问卷是由Folkman和Lazarus（1980）提出及以后多次所修订的应对量表（Ways of Coping，WOC），它把应对方式分为正面应对、接受责任、远离、寻求社会支持、正向再评价、自我控制、逃避和计划问题解决等八种类型。这八种又分为问题关注应对和情绪应对两大类，前者指直接解决事件或改变情境的应对活动，后者指解决自身情绪反应的应对活动。

特质论认为，个体在不同的应激情境中存在着倾向性的、相对稳定的应对方式，根据这种观点所编制的问卷称人格倾向性应对（dispositional coping）量表或应对风格（coping styles）量表，如Carver等（1989）编制的COPE量表（Cope Inventory），COPE量表是一个多维度多级评分的应对调查表，包括14个分量表，分别考察了直接行动、计划、抑制无关活动、克制忍耐、寻求工具性社会支持、寻求情感性社会支持、乐观性解释、接受、求助宗教、情绪专注与疏泄、否认、行为解脱、心理解脱及烟酒解脱等方式。

国外的应对量表虽比较成熟，但由于中外文化的差异，往往不能直接为我国所使用。国内有不少学者修订和编制了应对问卷。

中文的情境特异性应对量表以陈树林等人的《中学生应对方式量表》[29]以及《成年人应对方式量表》[26]为代表。《中学生应对方式量表》是陈树林等人（2000）根据对中学生半结构化的质性访谈结果，结合Folkman和Lazarus（1980）编制的应对方式检查表（Ways of Coping Checklist，WCC），得到的包含36个条目的量表。量表分为两个子量表，"指向问题应对"子量表包括问题解决、寻求支持、合理解释3个维度；"指向情绪应对"子量表包括忍耐、逃避、发泄情绪、幻想/否认4个维度。该量表具有较好的信度和效度，总量表的Cronbach's α系数为0.92，各分量表的Cronbach's α系数都在0.67以上，重测信度检验显示量表具有较好的稳定性，因素分析结果显示量表具有比较好的结构效度。该量表对中学生有较好的适用性，得到了中学生相关研究的肯定与广泛应用。具体量表详见本章附录。

《成年人应对方式量表》是陈树林等人（2004）根据Folkman和Lazarus（1980）的理论以及对成年人进行半结构化的质性访谈结果，参照Folkman和Lazarus编制的应对方式量表（Ways of Coping Questionnaire，WCQ）以及Carver编制的COPE量表，选取其中的条目，然后结合国内相关的应对方式量表，得到的包含74个条目的量表。"指向问题应对"分量表包括行动应对、制定计划、情感性支持、工具性支持、合理化解释、接受事实等6类应对方式；"指向情绪应对"分量表包括心理逃避、行为逃避、自责、情绪发泄、幻想、否认、忍耐等7类应对方式。该量表信度和效度均良好；信度上，量表的Cronbach's α为0.91，两个分量表的同质性信度为0.92和0.91，间隔6周后的重测信度是0.86；从效度来看，两个分量表的特征根都在2.9以上，解释的总方差为67.75%。该量表对成人有较好的适用性，量表涵盖众多细分应对方式类别，具有较高的全面性，得到了相关研究的肯定。后续，陈树林等人对量表进行了简化，得到的简化版量表包含12个子维度、24个条目。具体量表详见本章附录。

中文的人格倾向性应对量表则大多分为积极应对和消极应对两个维度。具体包括：韦有华等人（1996）以大学生为被试，对Carver等的COPE量表进行的修订[30]；姜乾金等人（1999）参考Folmam的类似方法，编制了由16个应对条目构成的特质性应对问卷，问卷分为积极应对和消极应对两个维度[31]；解亚宁（1998）编制的简易应对方式量表，也分为积极应对方式和消极应对方式两个因子，问卷共包含20个题目，题目较少且具有较好的信度和效度，在国内使用较为广泛[32]。

此外，还有较多量表都是直接依据不同的理论以及质性访谈调研编码结果进行编制。肖计划等人（1995）编制的《应对方式问卷》共有六个因子：解决问题、自责、逃避、求助、幻想和合理化，是目前国内应用较多的应对测量工具[33]。较有代表性的还有施承孙等（2002）编制的应对方式问卷，量表由50个条目组成，条目集中在针对问题积极应对、否认与心理解脱、情感求助与宣泄、回避问题转移注意4个因素上[34]。黄希庭等人（2000）针对中学生编制的《中学生应对方式问卷》共有35个条目，分为问题解决、求助、退避、发泄、幻想、忍耐6个因素[35]。另外，根据对大学师生们的访谈和以往文献的分析，黄希庭（2006）还编制了8因素49个项目的大学生应对方式量表[36]，对大学生的测试结果表明，大学生使用8种应对方式的次序依次为问题解决、升华、合理化、求助、压抑、推卸责任、发泄、逃避。

主要的应对方式量表总结如表2-1所示。由于应对方式会同时受到个体的稳定特性和情境条件的影响，因此对于不同的对象，有不同的情境条件，所需要使用的量表具体项目也存在差异。具体进行应对方式测量时，应当根据被测对象的特点以及量表的使用目的进行权衡与选择。

表2-1 应对方式测量量表汇总

编制时间	量表名称	内容结构	使用对象	提出者
1995	应对方式问卷	6个因素39个项目	青少年	肖计划，向孟泽等
1996	COPE量表中文版	13个因素53个项目	大学生	韦有华，汤盛钦等
1998	简易应对方式量表	2个因素20个项目	20~65岁	解亚宁
1999	特质应对问卷	2个因素20个项目	心理病因学研究对象	姜乾金，祝一虹
2000	中学生应对方式量表	7个因素36个项目	中学生	陈树林，郑全全等
2000	中学生应对方式问卷	6个因素35个项目	中学生	黄希庭，余华等
2002	应对方式量表	4个因素50个项目	16~60岁	施承孙，董燕等
2004	成年人应对方式量表	6个因素74个条目	成年人	陈树林，李凌江等
2006	大学生应对方式量表	8个因素49个项目	大学生	黄希庭

在完成测量问卷，了解自己的压力应对方式后，或许你可以再问问自己以下几个问题：我的压力应对方式，在当时的这些情境下，是合适的吗？我的压力应对方式带来了什么样的效果呢？我的压力应对方式需要调整吗？如果需要调整，应当从哪方面入手呢？

（三）压力应对方式的影响因素

了解压力应对方式的影响因素，可以帮助我们理解为什么我们会形成当前的压力应对方式，同时帮助我们找到切入口去逐渐改变不成熟的、非适应性的压力应对方式，从而向成熟的、具有适应性的压力应对方式靠近。

研究表明，压力应对方式的影响因素大致可以分为个体因素和情境因素两大类[37]。前者主要包括年龄、性别、人格特质等；后者主要包括压力情境的客观特征（如压力水平、可控程度、情景的可变性等）、对情景的主观理解及评价（如认知评估）[1]和应对资源（如健康状况、社会支持等）[38]。

1.个体因素

（1）年龄

总体来看，年龄对个体的应对方式有一定的影响。在成长的过程中，随着心智的成熟，个体的应对方式也趋于成熟并逐渐多样化。有研究发现，青少年常使用逃避、幻想等适应性较差的压力应对方式[39]，而青年人则更多通过运动、瑜伽或坐禅等方式减小压力[40]。随着年龄的增长，问题导向应对和情绪导向应对这两种方式都会增加，但在成长过程中，青年人形成的问题导向应对方式会显著更多[41]。

但是也有研究发现，应对方式的使用与年龄之间并没有绝对的关系[42]，二者之间不一定存在简单的线性关系。应对方式是随着年龄增长发展与成熟的，但是每个人的发展进程和速度都不相同，年龄大的人不一定会比年龄小的人更善于应对压力事件。

（2）性别

性别也对压力应对有一定的影响。研究发现，男性更多地使用问题导向应对方式，如解决问题、调整认知，而女性则更多地使用情绪导向应对方式，如倾诉表达情绪、寻求社会支持和回避问题[43]。

然而，随着社会的发展，不同性别的社会角色也在悄然发生变化，男性和女性所要应对的生活压力事件有了很多相似之处，所以其所使用的应对方式也越来越接近了。越来越多的研究也发现，男性和女性的应对方式并没有太大差别[44, 45]。

（3）人格

人格特点不仅是影响应对过程的因素，而且是最重要的内在应对力量[46]。人格与压力事件发生的可能性[20, 47]、对压力事件的认知评估[48]、特定应对行为的使用[49]、应对策略的有效性[50]等一系列因素都存在相关。

①大五人格

最为人们广泛接受的人格模型为McCrae和Costa（1985）提出的包含神经质（neuroticism）、外倾性（extraversion）、开放性（openness）、宜人性（agreeableness）和责任性（conscientiousness）的大五人格模型（OCEAN）[51]。

研究发现，神经质得分高的个体常使用消极的应对行为，比如敌对、逃避、幻想、自我责备、退缩、犹豫不决；外倾性得分高的个体更多地使用积极的方法和理性的问题解决行为进行应对[52]，他们倾向于使用多种应对方式，包括改变认知、问题解决等方式[53]；开放性得分高的人应对方式更具有灵活性和适应性，较少使用隔绝的策略[54]；责任心得分高者以积极应对为主，很少使用消极应对策略[55]。

②AB型人格

AB型人格具体指的是一种人格特质。A型人格的人具有非常强的进取心、侵略性和成就感、自信心，他们比较热衷于具有竞争性的高强度活动，非常重视自身工作、学习效率的提升，在最短的时间内完成最多的事是他们的典型思考特质。A型人格的人总是充满了紧张感。B型人格与A型人格行为具有明显的相反性，该群体更倾向于慢节奏的生活，因此他们的工作、生活效率比较低，但是他们性格沉稳、做事准确率比较高。AB型人格的人则是兼具以上两种行为特质的人员[56]。研究发现，A型人格的学生相对于B型人格的学生来说，更显著地使用发泄、幻想、退避的应对方式，较少使用问题解决和忍耐两种应对方式[38]。

③自尊

自尊与积极应对方式正相关，与消极应对方式显著负相关。高自尊可以使人以积极的态度应对突发的应激事件，低自尊则会更多地让人想到个人的不足，并将潜在的困难看得比实际更严重。这种想法会产生心理压力，从而使人将更多注意力转向可怕的失败和不利的后果，而不是如何有效地运用其能力实现目标[57]。高自我价值感的学生更多采用问题解决和求助应对方式，低自我价值感的学生更多采用幻想的应对方式[38]。高核心自我评价的个体相比于低核心自我评价的个体，较少采用回避应对策略和情绪导向应对，更多采用问题导向应对，他们在不同的情景下都能够以一种积极的方式评价自己，认为自己有能力、有价值、可以控制自己的生活，从而采取积极应对的策略[58]。

2.情境因素

（1）认知评价

Lazarus等人建立了压力交互作用模型[2]。该模型认为一些事情使我们感到有压力是因为它们威胁到了我们的满足感。威胁是一种对有害情形事先的预想，威胁可能是身体伤害，但更多是心理社会性的。一个压力源是真实的还是想象的并不重要，是否将刺激感知为威胁决定着这一刺激是否会造成压力。

在压力交互模型中，个体对压力源有两种评估：初级评估、次级评估。初级评估是压力交互过程中最初的部分，此时个体关注的是某一个压力源是否成为威胁。在这个过程中，如果个体经过评估发现潜在压力源与自己没有关系或压力源对自己是有益的，此时就不会产生压力；而当潜在压力源被评估为有威胁、损害或挑战的时候，个体才会感觉到压力。次级评估是确定个体能否应对这一威胁。在次级评估中，个体要估计自己的个人资源是否能够有效地应对压力情景，此时个体会考虑自己的能力和外部可利用的社会资源，并选择解决问题的方法和途径。当个体认为个人资源不足以应对外界威胁性事件时，多采用逃避等消极的应对策略。

认知评估会影响个体的应对策略[59]。Folkman和Lazarus分别考察了初级评估、次级评估与应对的关系[60, 61]。在初级评估与应对的关系中，总体来说，当情景被评估为对个体威胁较大时，个体多采取自责、逃避、幻想、敌对策略，较少采取寻求社会支持和问题解决策略；当情景被评估为对个体威胁较小时，个体倾向于积极应对压力情景。而次级评估与应对的关系研究表明，当压力事件被评估为可改变的，个体采取问题导向应对方式；当压力事件被评估为不可改变的，个体采取情绪导向应对方式。

（2）社会支持

社会支持是指提供者和接收者之间的协助应对或人力交换，目的是增加接收者的精神健康。每个人都能得到社会的协助，包括家庭、朋友、同事、组织、信仰等，社会支持能带来方法（指出解决问题的方法等）、物质（提供用具等）、信息（提供劝告等）、情感（让对方觉得安全和稳定）等多方面支持[62]。

研究表明，能获得充分社会支持的人一般都能使用有效的应对策略，如侧重于解决问题、从别人那儿寻求协助，或者接受事实，而躲避、逃避、幻想是缺乏社会支持的人一般使用的应对策略[41] [63]。然而，还有一些研究者认为，有许多社会支持可能会使接收者压力情况更加严重，因为当遇到问题的时候，他们会收到很多劝告，导致不知道该听谁的好，这使得其在困难面前感到一筹莫展[64]。

影响压力应对方式的因素有很多，但是我们自身能够控制的因素却只是其中一部分。在上述所列举的两类因素中，个体因素（包括年龄、性别和人格）是我们所无法控制或难以改变的，但是这些因素能够帮助我们理解自己形成当前这种压力应对方式的原因，年龄会增长，性别也逐渐不成阻碍，人格虽然大抵上难以改变，但还是可以慢慢培养自己的自尊、自信水平，通过各种方式变得更加勇敢与积极。相比于个体因素，情境因素则更值得关注，因为这方面是我们可操作、可改变、可控制的；我们需要意识到认知评价的重要意义，学会在日常生活中谨慎地对压力事件进行评估，而不能盲目地进行夸大并产生畏惧；社会支持非常重要，它实际上影响我们方方面面的发展，我们可以去找寻并发展来自家庭、朋友、同事、组织、信仰等各方面的支持。或许直接去改变自己的压力应对方式很难，但当你从点点滴滴做起时，慢慢地你可能会发现你已在不知不觉中学会了更好的压力应对方式。

二、压力曲线与压力管理目标

（一）压力双刃效应与倒U形曲线

好的压力应对方式能够帮助我们在压力到来之时，降低压力的强度，减少压力带来的负面影响。实际上压力是一把双刃剑，由第一章我们可知，压力会给个体带来生理和心理上一系列的消极影响，但也在一定程度上能够带来积极的作用。具体而言，大量研究发现，压力与工作绩效、主观幸福感、创造力等多个因素存在倒U形关系，管理压力，找寻最佳压力状态，或许是更值得我们去做的一件事。

最早对压力与绩效表现之间的关系进行研究的是Yerkes和Dodson（1908）对老鼠的实验，实验结果显示在压力程度与业绩（逃避学习的速度）之间存在着一种倒U形关系[65]。这个模型认为有一种最佳的压力水平能够使业绩达到顶峰状态，而过小或过大的压力都会使工作效率降低。当压力较小时，工作缺乏挑战性，人处于松懈状态之中，工作效率往往较低；当压力逐渐增大时，压力成为一种动力，它会激励人们努力工作，工作效率将逐步提高。当压力等于人的最大承受能力时，人的工作效率达到最大值。但当压力超过了人的最大承受能力之后，压力就成为阻力，工作效率也就随之降低。

后续的发展形成的压力曲线图如图2-1所示，随着压力水平的增强，工作表现不断提升至绩效高峰；当压力水平超过最佳点后，个体会逐渐感觉疲劳，工作表现逐渐下降，直至耗竭点；当压力水平超过耗竭点后，工作表现急剧下降，个体面临崩溃。而绩效高峰就是我们的压力管理目标。

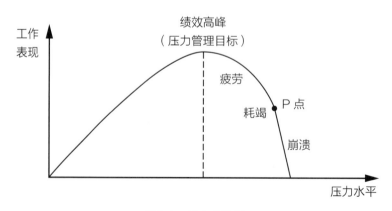

图2-1　压力曲线图

工作任务复杂性、工作职责范围、焦虑水平等各种指标都反映出了压力倒U形曲线的存在。研究表明，工作的任务复杂性存在一个最佳值，在此值下个体的工作绩效和工作满意度最高，低于或高于此值均会引起个体工作绩效与工作满意度水平的下降[66]；此外，工作职责范围过窄或过宽，也会导致个体情绪耗竭水平显著增高[67]；在焦虑水平上，一定范围内的焦虑水平增加会提高个体的工作投入与工作满意度水平，而当焦虑水平持续增加并超过增益范围时，个体工作投入与工作满意度水平随之下降[68]。

压力除了在绩效表现上存在倒U形相关以外，与幸福感、创造力等大量非生理健康因素也存在这种关系，例如Baer和Oldham（2006）以制造型企业员工为研究对象，发现员工自我感受到的压力与上司评定的员工创新性之间呈倒U形曲线关系，过高与过低的压力均会降低员工的创新性[69]。尽管结果变量不同，但是与压力相关产生的倒U形关系及相关的内部机制是相似的，因此以下将以工作绩效表现为例对压力双刃效应的机制进行具体分析，以增进我们对压力曲线的认识与理解。

（二）压力双刃效应的机制

对于压力双刃效应的解释，目前主要有三个角度：一是压力源的应对过程角度，从压力的认知应对过程进行解释，注重个体与环境的交互作用，代表性理论为注意焦点模型和人－环境匹配理论；二是压力源的强度角度，从压力水平进行诠释，代表性理论为激活理论和维生素模型；三是压力源的性质角度，从压力性质进行诠释，代表性理论为挑战－阻碍模型[70]。以下将对这几个理论解释进行详述。

1.注意焦点模型

注意焦点模型（attentional focus model）从注意聚焦范围以及聚焦对象的角度，解释压力对个体和群体工作绩效的双刃效应。注意焦点理论的基本假设是：压力影响了个体在任务环境中的注意对象和范围，使之更局限于与任务相关的因素[71]。具体来说，在高度压力条件下，与任务完成相关的特征会凸显出来，从而个体会更关注与任务完成途径相关的特征，而忽略与之不大相关的特征，表现为"任务聚焦"；而在压力较低条件下时，凸显的特征更具多样性，与任务完成相关的特征凸显出来的可能性变小，而个人担忧以及与任务完成不大相关的环境特征则更有可能凸显出来，从而对这些特征更为关注，表现为"非任务聚焦"。根据注意焦点模型，压力过高或过低都不能达到最佳绩效，只有在适度压力下（介于任务聚焦和非任务聚焦之间），与任务完成相关的适度范围的特征凸显出来，而且这些特征与任务绩效的结果高度相关，此种情况下能够促进工作绩效，实现绩效的最优化。

此外，注意焦点模型提出压力不是单独起作用的，还有其他各种因素（环境变量、个体差异变量等）共同决定个体的注意聚焦过程，进而影响个体和群体的工作绩效，即压力是否提高绩效取决于注意聚焦特征的性质：如果个体聚焦于任务最相关、同时对任务完成最具问题诊断性的特征，就会提高工作绩效，而如果个体聚焦的特征与任务相关性与重要性水平都不高，就会降低工作绩效。

大量实证研究也证实了注意焦点模型对于压力双刃效应的解释机制。研究发现，压力导致的不合适的特征聚焦损害了工作绩效，而压力导致的与任务完成要求相一致的特征聚焦提高了工作绩效[72]。此外研究发现，压力对个体在任务完成中的信息加工过程存在着信息过滤现象，而过滤后的信息决定压力对任务绩效是降低还是提高[73]。

2. 人-环境匹配理论

人-环境匹配理论（person-environment fit，P-E fit）对压力的双刃效应的解释，关注人与环境的适应性问题。该理论认为，引起压力的因素不是单独的个体因素或者环境因素，而是个体和环境二者相互作用的结果[74]。人-环境匹配理论的核心假设为：人-环境的不匹配会导致个体的心理、生理及行为的应激反应（焦虑、抑郁、厌倦等），而人-环境相匹配时则将带来积极结果（幸福感、高绩效等）[75]。

根据不匹配的方向性，不匹配分为"环境赤字"和"环境超支"两种。"环境赤字"是指环境要求低于个体能力，"环境超支"是指环境要求超出个体能力。在"环境赤字"情况下，压力的增加能够增加人-环境匹配，从而给个体带来促进效应；在"环境超支"情况下，压力的增加会降低人-环境匹配，从而给个体带来损耗效应；而当个体处于最佳压力水平时，其工作绩效以及幸福感将达到最高。

3. 激活理论

激活理论（activation theory）从生理角度对压力的双刃效应进行解释，其主要基于"激活水平"这一核心概念建立。激活水平指中枢神经系统中的网状激活系统的神经活性水平[76]。

关于激活水平有两个主要命题：

（1）激活水平是网状激活系统接收到的刺激总和的单调函数，这些刺激包括外部刺激（例如噪声、温度）、内部刺激（例如心率、胃肠道活动）和大脑皮层刺激（例如认知、思维）等。

（2）每个个体都拥有独特的最佳激活水平（characteristic level of activation, CLA），个体总是努力达到或维持这一最佳激活水平。当个体神经活性水平处于最佳激活水平时，个体中枢神经系统的功能水平达到峰值、大脑活动效率最高、积极情绪水平与行为活动效率最佳，低于或高于CLA的激活水平均会导致个体积极后效水平的下降和消极后效水平的提升。当个体激活水平偏离CLA时，会为恢复CLA而产生刺激调整行为，个体会寻求更多的刺激（刺激水平过低时）或规避过多的刺激（刺激水平过高时）。

基于激活水平的概念以及两个关键命题，激活理论认为压力源与个体工作动机、绩效水平以及幸福感等后效水平间呈倒U形曲线关系。不同强度的压力源会引发个体不同的激活水平，进而使个体的相应后效水平出现差异。

4.维生素模型

维生素模型（vitamin model）从动机角度解释压力的双刃效应。该模型将工作压力对幸福体验的作用方式类比于维生素对身体健康的作用模式，认为工作压力与幸福体验之间呈倒U形曲线关系[77]。

维生素摄入量不足会导致身体机能较差、健康水平偏低，甚至导致营养缺乏症等疾病；随着维生素摄入量的增加，上述症状逐渐消失，个体健康水平逐渐上升到最佳；然而当维生素摄入量继续增加，超过适宜量时，继续补充维生素会引发两种可能的效应。一种是持续效应（constant effect），维生素（例如维生素C和维生素E）摄入过多不会诱发维生素中毒，即不会损害健康；第二种是额外损害效应（additional decrement），维生素（例如维生素A与维生素D）摄入过多导致维生素中毒，从而损害人体健康。

工作压力对工作者幸福感相关指标的影响与维生素A、D对健康的影响方式相似，遵从额外损害效应。刚参加工作的人往往职位较低，工作压力较小，但此时其从工作中获取的资源较少，甚至难以满足生活需要，同时难以获取自尊、自我效能感、信心等重要心理资源[78]，因此幸福感较低。随着压力逐步增加至最佳水平，个体的工作动机与工作投入水平得到提升，引发积极的心理后效，带来高工作绩效和高工作幸福感。而一旦压力超过最佳水平并继续增加时，其对个体产生了额外损害效应，此时个体在巨大的工作压力下挣扎，疲于应对各种工作任务。工作中的不断消耗导致疲劳、情绪耗竭、工作倦怠等一系列问题出现，从而降低了个体幸福体验水平[79]。

5.挑战−阻碍模型

挑战−阻碍模型（challenge−hindrance model）从压力源属性的角度入手解释压力的双刃效应。该模型将压力源分为妨碍性压力源和挑战性压力源[80]。

妨碍性压力源是指与环境有关、干扰或阻碍个人实现价值目标的过度或不受欢迎的约束，其带来的痛苦不伴随着挑战或成就感。以工作压力源为例，具体包括组织政治、繁文缛节、角色冲突、对工作安全的担忧等。这类压力源所带来的压力往往使个体感到难以克服，对个体身心健康、幸福感以及绩效等产生损耗作用。

挑战性压力源是指与个体价值目标相契合，潜在的能够促进个人成长、帮助个体达成目标的压力源。虽然这类压力源也可能会阻碍个体达成目标，使个体产生难以克服感，但个体会认为其值得。挑战性压力伴随着产生挑战感、成就感和积极的动力感，被视为挑战的工作要求的例子包括较高的工作负荷、时间压力、高度的责任感、更大的职责范围等。这些挑战性压力源不仅会使个体产生压力应激反应，也会使个体提升动力水平，起到促进个体成长的积极作用。

当挑战性压力由较低水平逐步上升至最佳值时，其动机作用逐步凸显，个体的激励水平逐步增加，导致幸福感、工作绩效等增加。而当压力水平超过最佳值并继续增长时，其动机促进效应不再增长，而损耗作用开始增加，个体的激励水平因此下降并导致幸福感、工作绩效等下降。

上述五个理论从压力源的应对过程、压力源强度、压力源性质三个方面进行诠释，从多个维度给我们带来了启示。找寻压力的最佳点，或许我们可以从上述三个方面入手：在应对过程方面，维持合适的注意水平与恰当的个体能力与环境要求之间的差距，对发挥压力的积极作用具有重要意义；在压力源的强度方面，达到最佳激活水平，控制适宜"摄入量"，方能最好地发挥个体生理心理效能，避免额外损害效应；在压力源的性质方面，区分挑战性压力源和阻碍性压力源具有重大意义，对于管理者而言，若要通过压力激发员工的工作积极性，挑战性压力源的设置是必要的，而阻碍性压力源应当尽量得到控制；对于个体而言，我们应当积极地应对挑战性压力源，而对于阻碍性压力源，选择去规避与化解或许会更加有效。而所有这些寻找最佳压力点的过程，正是压力管理的过程。

三、如何进行压力管理？

压力管理是压力应对更细致的表述，压力应对是应对压力事件的认知或行为上的努力，压力管理则是对压力事件带来的压力的管理，是有方向、有目的的努力。压力普遍存在于生活的每一处，无法被完全消除，况且压力过小反而会使人懈怠、丧失动力。因此压力管理的目标不在于全面消除压力，而在于找寻、体验并维持最佳压力点。

压力管理训练（stress management training/program），即通过一定的方法技术来管理压力，以达到提高生活工作效率、保持身心健康的目的。有研究指出，压力管理训练能有效减小大学生压力，鼓励学校为学生多提供、开展压力管理相关的项目[81]，能够管理和控制压力，对学生生活和校外生活来说都是有用的技巧。本书将着重对压力管理训练进行介绍，从干预和预防两个角度给出六项压力管理训练，相信一定能够找到适合你的压力管理项目。在这里将先做一个简单的概览。

（一）压力管理的三级模型

Quick 等人（1997）提出了预防性压力管理的三级模型[82]，把压力管理分为初级、次级和三级管理（如图2-2所示）。

初级管理也指"压力预防"，是个体事先的主动性预防，一方面在于控制和改变压力源，以使个体尽可能避开或脱离压力情境，从而从源头上减小个体的压力，进而避免可能的消极影响；另一方面在于提高个体的应对能力，增强个体的价值感、自尊水平、乐观倾向等特质，从根本上增强压力预防水平。

次级管理也指"压力干预"，具体指正面应对压力源，个体通过改变对压力源的认知和行为应对，改变压力带来的生理、心理和行为反应，从而控制压力带来的影响。

三级管理也指"压力修复"，其更多是临床上的概念，是压力症状损害了人们的健康后所进行的修复性活动。

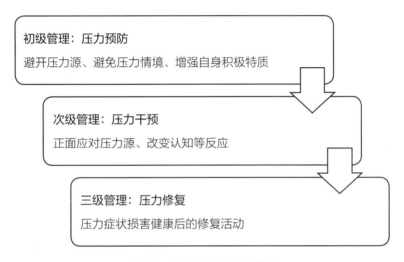

图2-2 压力管理的三级模型

由于压力修复主要涉及的是出现严重压力症状的个体，其更多的是临床诊断和治疗的概念，不是本书关注的对象。因此，本书将着重从初级管理和次级管理进行阐述，介绍压力预防和压力干预的相关训练方法与压力管理模式构建。

（二）压力管理的模式构建

根据压力管理的三级模型，压力管理的构建模式将分为压力预防与压力干预两个层面。由于大多数人在生活中多多少少都受到来自各方各面的一些压力，压力总是存在，如何正面应对和管理控制压力是当务之急，干预方法可以帮助我们应对急性的压力事件；预防压力则更多需要渗透在生活的点点滴滴，预防方法帮助我们应对慢性的压力事件。因此，本书将首先阐述压力干预相关内容，介绍正面应对压力、管理压力的方法；在此之后，再阐述压力预防相关内容，介绍从日常预防压力、提升生活幸福感的方法。

在压力干预层面，我们将介绍正念觉察训练、问题解决训练、睡眠认知教育三种方法，从压力感知、压力源、压力消极后果三个角度针对性给出方案。

- 正念觉察训练，通过有目的、停留在当下、不评价地训练我们的注意，来更加客观地觉察评估外部刺激、更平和地觉知自身情绪和想法、减少思维反刍、增加自我同情、增加反应暴露，从而引发放松反应。

- 问题解决训练，来自以训练问题的定义与表述、备择方案的产出、决策、实现计划等四个核心解决问题能力为主要训练目标的一种结构化、短时高效的心理治疗方法（psychotherapy），该方法通过对问题的分析来辨析压力应对的自动化和非自动化通路，从而引导我们识别无效的压力应对习惯，接着通过系统化的问题解决模式建立更强的自我效能感并产生积极情绪。

- 睡眠认知教育，通过结合失眠的认知行为疗法及正念减压干预中的关键内容，针对常见的睡眠困扰和不合理的认知进行的认知教育和行为训练，该方法试图通过矫正不合理的睡眠认知、培养卫生睡眠习惯来提升个体的睡眠质量。由于压力所导致的躯体表现往往会指向睡眠，该方法从睡眠问题入手，帮助调整个体的精神状态、帮助个体管理压力和情绪。

在压力预防层面，我们将介绍品味能力训练、优势训练、意义训练三种方法，从增强积极体验的能力、挖掘自身优势、获得意义感三个方面提高个体压力管理综合素质。

- 品味能力训练，通过培养品味能力，增加品味策略的使用并提升品味信念，对过去积极经历的记忆、当下正在进行的积极体验、未来的积极经历进行专注于愉悦感觉的体会，从而增强人们享受积极体验的能力，并长期产出积极情绪以应对慢性压力。

- 优势训练，基于优势发挥给个体带来的众多积极影响，通过帮助个体更多地觉察、发展和使用自己的优势，以促进个体投入工作或学习等领域，增加成就，提高生活满意度和幸福感，从而调节压力对生活的负面影响。

- 意义训练，以存在主义思想为指导，帮助个体体验生活中的意义感，通过促进理解、解决生活问题、创造心流体验、进行生命叙事等技术来引导发掘生命意义，帮助受压力困扰的个体获得生活的方向感、意义感和信念感，从而摆脱压力所带来的虚无感和消极情绪。

在介绍完所有的干预方法和预防方法后，我们将讨论如何在实践过程中更好地采取积极有效的压力管理行为，形成多层次、多维度、适合自己的压力管理模式。具体详见后续章节。

本章小结

本章对压力的应对方式、压力曲线与压力管理目标以及压力管理模式进行了介绍与阐述。重点内容总结如下：

- 压力应对方式是指个体在面对挫折和压力时所采用的认知和行为方式，是个体稳定因素与情境因素交互作用的结果，有特质论、过程论、情境－特质相互作用论三种理论解释。

- 压力应对方式主要有问题导向应对与情绪导向应对、积极应对与消极应对两种分类方式。根据不同的分类方式，压力应对方式的测量有情境特异性应对和人格倾向性应对两种测量量表。

- 影响压力应对方式的因素大致可分为个体因素（年龄、性别、人格等）和情境因素（认知评价、社会支持等）两类，影响因素可以帮助找到改善应对方式的切入口。

- 压力存在双刃效应，与工作绩效、主观幸福感、创造力等多个因素存在倒U形关系，这与压力源的应对过程、强度、性质等方面均存在联系，有注意焦点模型、人－环境匹配理论、激活理论、维生素模型、挑战－阻碍模型五种理论解释。

- 压力管理的目标不在于全面消除压力，而在于找寻、体验并维持最佳压力点。

- 压力管理的三级模型为压力预防、压力干预、压力修复。本书从预防和干预入手，介绍正念觉察训练、问题解决训练、睡眠认知教育三种干预方法和品味能力训练、优势训练、意义干预训练三种预防方法。

思考题

1. 你的压力应对方式是哪种？你认为这种应对方式合适吗？需要改变吗？

2. 你的压力应对方式是怎么形成的？请结合压力应对方式的影响因素进行分析。

3. 你目前的压力水平怎么样，处于倒U形曲线的哪个位置？

4. 压力管理包括预防、干预、修复三个级别，在这三个级别你分别曾做出过怎样的努力？效果如何？

5. 你认为本章初步提出的压力管理模式适合你吗？请思考其带给你的启发。

参考文献

[1] 叶一舵，申艳娥 . 应对及应对方式研究综述 [J]. 心理科学，2002，25（6）：755–756.

[2] LAZARUS R S, FOLKMAN S. Stress, appraisal, and coping [M]. New York: Springer Publishing Company, 1984.

[3] MATHENY K B, AYCOCK D W, PUGH J L, et al. Stress coping: A qualitative and quantitative synthesis with implications for treatment [J]. The Counseling Psychologist, 1986, 14(4）: 499–549.

[4] RAY C, LINDOP J, GIBSON S. The concept of coping [J]. Psychological Medicine, 1982, 12(2）: 385–395.

[5] 丁艳 . 留守初中生心理压力与应对方式的研究 [D]. 长沙：湖南师范大学，2012.

[6] EYSENCK H. Dimensions of Personality [M].London, England: Routledge & Kegan Paul 1947.

[7] COELHO G V, IRVING R I. Coping and Adaptation: An Annotated Bibliography and Study Guide [M].Superintendent of Documents, U.S. Government Printing Office, Washington, DC 20402, 1981.

[8] BYRNE D, MAHER B A. Repression–sensitization as a dimension of personality [J]. Progress in Experimental Personality Research, 1964, 72: 169–220.

[9] ANTONOVSKY A. Health, Stress, and Coping: New Perspectives on Mental and Physical Well–being[M]. San Francisco, CA: Jossey–Bass Therapy, 1979.

[10] 陈旭 . 中学生学业压力、应对策略及应对的心理机制研究 [D]. 成都：西南师范大学，2004.

[11] 张怡玲，甘怡群 . 国外应对研究的不同理论视角 [J]. 中国临床心理学杂志，2004，12（3）: 321–323.

[12] 植凤英 . 西南少数民族心理压力与应对：结构、特征及形成研究 [D]. 西南大学，2009.

[13] STONE A A, NEALE J M. New measure of daily coping: Development and preliminary results [J]. Journal of Personality and Social Psychology, 1984, 46(4): 892.

[14] COMPAS B E, FORSYTHE C J, WAGNER B M. Consistency and variability in causal attributions and coping with stress [J]. Cognitive Therapy and Research, 1988, 12(3): 305–320.

[15] COSWAY R, ENDLER N S, SADLER A J, et al. The coping inventory for stressful situations: Factorial structure and associations with personality traits and psychological health [J]. Journal of Applied Biobehavioral Research, 2000, 5(2): 121–143.

[16] SASAKI M, YAMASAKI K. Stress coping and the adjustment process among university freshmen [J]. Counselling Psychology Quarterly, 2007, 20(1): 51–67.

[17] PIERCEALL E A, KEIM M C. Stress and coping strategies among community college students [J]. Community College Journal of Research and Practice, 2007, 31(9): 703–712.

[18] FOLKMAN S, LAZARUS R S. An analysis of coping in a middle–aged community sample [J]. Journal of Health and Social Behavior, 1980: 219–239.

[19] LAZARUS R S. Coping theory and research: Past, present, and future [J]. Psychosomatic Medicine, 1993, 55(3): 234–247.

[20] BOLGER N, ZUCKERMAN A. A framework for studying personality in the stress process [J]. Journal of Personality and Social Psychology, 1995, 69(5): 890–902.

[21] KOESKE G F, KIRK S A, KOESKE R D. Coping with job stress: Which strategies work best? [J]. Journal of Occupational and Organizational Psychology, 1993, 66(4): 319–335.

[22] EBATA A T, MOOS R H. Coping and adjustment in distressed and healthy adolescents [J]. Journal of Applied Developmental Psychology, 1991, 12(1): 33–54.

[23] CONNOR–SMITH J K, COMPAS B E, WADSWORTH M E, et al. Responses to stress in adolescence: measurement of coping and involuntary stress responses [J]. Journal of Consulting and Clinical Psychology, 2000, 68(6): 976–992.

[24] CARVER C S, SCHEIER M F, WEINTRAUB J K. Assessing coping strategies: a theoretically based approach [J]. Journal of Personality and Social Psychology, 1989, 56(2): 267–283.

[25] 俞磊. 应付的理论、研究思路和应用 [J]. 心理科学，1994，（3）：169–174.

[26] 陈树林，李凌江，骆宏，等. 成年人应对方式量表的初步编制 [J]. 中国临床心理学杂志，2004，12（2）：123–125.

[27] 王逸远. 大学生压力知觉与应对方式的关系 [D]. 天津：天津师范大学，2020.

[28] 肖计划，许秀峰，李晶. 青少年学生的应对方式与精神健康水平的相关研究 [J]. 中国临床心理学杂志，1996，4（1）：53–55.

[29] 陈树林，郑全全. 中学生应对方式量表的初步编制 [J]. 中国临床心理学杂志，2000，8（4）：211–214.

[30] 韦有华，汤盛钦. COPE 量表的初步修订 [J]. 心理学报，1996，28（4）：380–387.

[31] 姜乾金，祝一虹. 特质应对问卷的进一步探讨 [J]. 中国行为医学科学，1999，8（3）：167–169.

[32] 解亚宁. 简易应对方式量表信度和效度的初步研究 [J]. 中国临床心理学杂志，1998，6（2）：114–115.

[33] 肖计划，向孟泽，朱昌明. 587 名青少年学生应付行为研究：年龄、性别与应付方式 [J]. 中国心理卫生杂志，1995，9（3）：100-102.

[34] 施承孙，董燕，侯玉波，等. 应对方式量表的初步编制 [J]. 心理学报，2002，34（4）：414-420.

[35] 黄希庭，余华. 中学生应对方式的初步研究 [J]. 心理科学，2000，23（1）：1-5.

[36] 黄希庭. 压力、应对与幸福进取者 [J]. 西南师范大学学报（人文社会科学版），2006，32（3）：1-6.

[37] 王冰. 多级模型压力管理对大学生应对方式的影响 [D]. 金华：浙江师范大学，2015.

[38] 陈红，黄希庭，郭成. 中学生人格特征与应对方式的相关研究 [J]. 心理科学，2002, 25（5）：520-522.

[39] FRYDENBERG E. Adolescent coping styles and strategies: Is there functional and dysfunctional coping? [J]. Journal of Psychologists and Counsellors in Schools, 1991, 1: 35-42.

[40] ARTHUR N. The effects of stress, depression, and anxiety on postsecondary students' coping strategies [J]. Journal of College Student Development, 1998, 39（1）: 11-22.

[41] ELZUBEIR M, ELZUBEIR K, MAGZOUB M. Stress and coping strategies among Arab medical students: towards a research agenda [J]. Education for Health, 2010, 23(1): 355.

[42] WILLIAMS K, MCGILLICUDDY-DE LISI A. Coping strategies in adolescents [J]. Journal of Applied Developmental Psychology, 1999, 20(4): 537-549.

[43] FELSTEN G. Gender and coping: Use of distinct strategies and associations with stress and depression [J]. Anxiety, Stress and Coping, 1998, 11(4): 289-309.

[44] MOHD SIDIK S, RAMPAL L, KANESON N. Prevalence of emotional disorders among medical students in a Malaysian university [J]. Asia Pacific Family Medicine, 2003, 2(4): 213-217.

[45] SHAIKH B, KAHLOON A, KAZMI M, et al. Students, stress and coping strategies: a case of Pakistani medical school [J]. Education for Health: Change in Learning & Practice, 2004, 17(3): 346-353.

[46] RäTSEP T, KALLASMAA T, PULVER A, et al. Personality as a predictor of coping efforts in patients with multiple sclerosis [J]. Multiple Sclerosis Journal, 2000, 6(6): 397-402.

[47] BOLGER N. Coping as a personality process: a prospective study [J]. Journal of Personality and Social Psychology, 1990, 59(3): 525-537.

[48] GUNTHERT K C, COHEN L H, ARMELI S. The role of neuroticism in daily stress and

coping [J]. Journal of Personality and Social Psychology, 1999, 77(5): 1087–1100.

[49] SULS J, MARTIN R. The daily life of the garden - variety neurotic: Reactivity, stressor exposure, mood spillover, and maladaptive coping [J]. Journal of Personality, 2005, 73(6): 1485–1510.

[50] DELONGIS A, HOLTZMAN S. Coping in context: The role of stress, social support, and personality in coping [J]. Journal of Personality, 2005, 73(6): 1633–1656.

[51] MCCRAE R R, COSTA JR P T. Comparison of EPI and psychoticism scales with measures of the five–factor model of personality [J]. Personality and Individual Differences, 1985, 6(5): 587–597.

[52] LAU B, HEM E, BERG A M, et al. Personality types, coping, and stress in the Norwegian police service [J]. Personality and Individual Differences, 2006, 41(5): 971–982.

[53] NEWTH S, DELONGIS A. Individual differences, mood, and coping with chronic pain in rheumatoid arthritis: A daily process analysis [J]. Psychology & Health, 2004, 19(3): 283–305.

[54] LEE - BAGGLEY D, PREECE M, DELONGIS A. Coping with interpersonal stress: Role of Big Five traits [J]. Journal of Personality, 2005, 73(5): 1141–1180.

[55] VOLLRATH M, TORGERSEN S, ALNæS R. Neuroticism, coping and change in MCMI-II clinical syndromes: test of a mediator model [J]. Scandinavian Journal of Psychology, 1998, 39(1): 15–24.

[56] 申颜鑫，蒙子隆. 大学生学习拖延行为与AB型人格、自我控制能力的关系 [J]. 科教导刊（电子版），2016，（13）：18–20.

[57] 井世洁. 大学生的自尊、社会支持及控制点对应对方式的影响机制研究 [J]. 心理科学，2010，33（3）：719–721.

[58] KAMMEYER–MUELLER J D, JUDGE T A, SCOTT B A. The role of core self–evaluations in the coping process [J]. Journal of Applied Psychology, 2009, 94(1): 177.

[59] KULENOVIĆ A, BUŠKO V. Structural equation analyses of personality, appraisals, and coping relationships [J]. Review of Psychology, 2006, 13(2): 103–112.

[60] FOLKMAN S, LAZARUS R S, DUNKEL–SCHETTER C, et al. Dynamics of a stressful encounter: cognitive appraisal, coping, and encounter outcomes [J]. Journal of Personality and Social Psychology, 1986, 50(5): 992–1003.

[61] FOLKMAN S, LAZARUS R S, GRUEN R J, et al. Appraisal, coping, health status, and psychological symptoms [J]. Journal of Personality and Social Psychology, 1986, 50(3): 571–579.

[62] SNYDER C R. Coping with stress: Effective people and processes [M]. Oxford: Oxford

University Press, 2001.

[63] MOSHER C E, PRELOW H M, CHEN W W, et al. Coping and social support as mediators of the relation of optimism to depressive symptoms among black college students [J]. Journal of Black Psychology, 2006, 32(1): 72–86.

[64] TAYLOR S E. Health psychology [M]. Oxford: Oxford University Press, 2014.

[65] YERKES R M, DODSON J D. The relation of strength of stimulus to rapidity of habit–formation [J]. Punishment: Issues and experiments, 1908: 27–41.

[66] GARDNER D G. Task complexity effects on non–task–related movements: A test of activation theory [J]. Organizational Behavior and Human Decision Processes, 1990, 45(2): 209–231.

[67] XIE J L, JOHNS G. Job scope and stress: Can job scope be too high? [J]. Academy of Management Journal, 1995, 38(5): 1288–1309.

[68] ADDAE H M, WANG X. Stress at work: Linear and curvilinear effects of psychological–, job–, and organization–related factors: An exploratory study of trinidad and tobago [J]. International Journal of Stress Management, 2006, 13(4): 476–493.

[69] BAER M, OLDHAM G R. The curvilinear relation between experienced creative time pressure and creativity: moderating effects of openness to experience and support for creativity [J]. Journal of Applied Psychology, 2006, 91(4): 963–970.

[70] 颜亮. 工作时间压力对幸福感的倒 U 型影响 [D]. 广州：暨南大学, 2015.

[71] KARAU S J, KELLY J R. The effects of time scarcity and time abundance on group performance quality and interaction process [J]. Journal of Experimental Social Psychology, 1992, 28(6): 542–571.

[72] KELLY J R, KARAU S J. Group decision making: The effects of initial preferences and time pressure [J]. Personality and Social Psychology Bulletin, 1999, 25(11): 1342–1354.

[73] KELLY J R, LOVING T J. Time pressure and group performance: Exploring underlying processes in the attentional focus model [J]. Journal of Experimental Social Psychology, 2004, 40(2): 185–198.

[74] FRENCH J R, CAPLAN R D, VAN HARRISON R. The mechanisms of job stress and strain [M]. New York: John Wiley, 1982.

[75] EDWARDS J R, VAN HARRISON R. Job demands and worker health: Three–dimensional reexamination of the relationship between person–environment fit and strain [J]. Journal of Applied Psychology, 1993, 78(4): 628–648.

[76] GARDNER H. Freud in three frames: A cognitive–scientific approach to creativity [J]. Daedalus, 1986: 105–134.

[77] WARR P. Work, happiness, and unhappiness [M]. Vermont: Psychology Press, 2011.

[78] TEN BRUMMELHUIS L L, BAKKER A B, HETLAND J, et al. Do new ways of working foster work engagement? [J]. Psicothema, 2012: 113–120.

[79] DEMEROUTI E, BAKKER A B. The job demands–resources model: Challenges for future research [J]. SA Journal of Industrial Psychology, 2011, 37(2): 1–9.

[80] CAVANAUGH M A, BOSWELL W R, ROEHLING M V, et al. An empirical examination of self–reported work stress among US managers [J]. Journal of Applied Psychology, 2000, 85(1): 65–74.

[81] REGEHR C, GLANCY D, PITTS A. Interventions to reduce stress in university students: A review and meta–analysis [J]. Journal of Affective Disorders, 2013, 148(1): 1–11.

[82] QUICK J C, QUICK J D, NELSON D L, et al. Preventive stress management in organizations [M]. Washington D. C.: American Psychological Association, 1997.

本章附录

附表1　中学生应对方式量表

指导语：在日常生活中每个人都会遇到许多让人烦恼或使人困惑的事情，但是人人都会有自己的应对方法。下面是一些人们在遇到困难或麻烦时通常采取的应对方法，请您想象一下当您遇到困难或麻烦时您会如何应对。这些应对方法没有好坏之分，请您根据自己的真实情况对每个题目做出回答（在适合您的数字上打钩）。1=不采用，2=偶尔采用，3=有时采用，4=经常采用。

项目	不采用	偶尔采用	有时采用	经常采用
1.利用自己或别人的经验去应对困难				
2.向有经验的人或有类似经历的人请教				
3.从已经发生的不好的事情中我看到了一些好的方面				
4.遇到困难时认为"退后一步天地宽"				
5.幻想自己可以用超人的本领去克服困难				
6.努力改变现状，使事情向好的一面发展				
7.试着从某些人那里得到"应该做什么"的忠告				
8.我试着换一个角度看问题，从挫折中我看到了积极的一面				
9.遇到挫折时，放弃努力去获得自己想要的东西				
10.爱做一些不切实际的幻想来消除烦恼				
11.认真思考"怎样才能最好地解决问题"				
12.向同学、家人或亲戚求助以克服困难				

续表

项目	不采用	偶尔采用	有时采用	经常采用
13.我从困难的经历中学到了一些有益的东西				
14.承认自己不能处理眼前的问题，便放弃努力				
15.在困难面前常想"这不是真的就好了"				
16.努力寻找解决问题的办法				
17.向别人诉说心中的烦恼				
18.我把困难、挫折看成是人生经历的一部分				
19.在挫折面前我常告诫自己"忍耐为上"				
20.遇到困难、挫折就心烦意乱，而且把这种情绪表露出来				
21.常希望一觉醒来问题已经解决了				
22.制订解决问题的计划，并按计划一步步去执行				
23.想从家人、亲戚或朋友那里得到感情上的支持				
24.我认为"人生经历就是磨难"				
25.我把不愉快的事情埋在心里				
26.对引起困难的人和事发脾气				
27.拒绝相信糟糕的事情已经发生				
28.从过去的失败中吸取教训来解决面前的困难				
29.期望从别人那里得到同情和理解				
30.自己能力有限，对一些不愉快的事情只能忍耐				
31.遇到挫折我就放弃自己的目标或降低目标				
32.不能解决问题，就十分苦恼，并且向家人、朋友发泄				
33.慢慢地做一些能够解决问题的事情				
34.与同学、朋友或家人一起讨论解决问题的办法				
35.对问题采取等待观望、任其发展的态度				
36.有不愉快的情绪就找一些方式来发泄				

量表计分方法：《中学生应对方式量表》有2个分量表，一个是"问题导向应对"分量表，包括"问题解决"、"寻求社会支持"和"积极的合理化的解释"3个因子；另一个是"情绪导向应对"分量表，包括"忍耐"、"逃避"、"发泄情绪"和"幻想否认"4个因子。每个因子由几个条目组成，条目为4级评分，"1=不采用；2=偶尔采用；3=有时采用；4=经常采用"。因子分由条目分相加即可，属于同一分量表的因子分相加即分量表分数。一般不计量表总分。

分量表及因子条目构成：

"问题导向应对"分量表：

（1）问题解决：1，6，11，16，22，28，33

（2）寻求社会支持：2，7，12，17，23，29，34

（3）积极的合理化的解释：3，8，13，18，24

"情绪导向应对"分量表：

（1）忍耐：19，25，30，35

（2）逃避：4，9，14，31

（3）发泄情绪：20，26，32，36

（4）幻想，否认：5，10，15，21，27

附表2 成年人应对方式量表

指导语：当遇到突发事件，或遇到困难、压力时，大多数人都会出现强烈的心理紧张。请问：这时候您会采取什么样的应对方式，帮助自己渡过面前的困难或危机。请在最适合您情况的数字上打钩。

项目	不采用	偶尔采用	有时采用	经常采用
1.立即采取行动来应对困难、压力				
2.我试着想出一个"该做什么"的策略来应对眼前的困难、压力				
3.我向有经验的人或有类似经历的人请教缓解压力的办法				
4.从家人、亲戚或朋友那里得到安慰、理解或心理上的支持				
5.从已经发生的不好的事情中，我看到了一些好的方面				
6.我承认事情已经发生，而且不能改变				
7.我认为自己不能处理面前的压力、困难，于是放弃努力				
8.我用体育活动、疯狂的工作、文娱活动、睡觉等使自己忘记痛苦				
9.我抱怨自己，觉得事情都是自己的过错				
10.我心烦意乱，很容易对别人发脾气				
11.我幻想着："我已经解决了面临的困难"				
12.我拒绝承认糟糕的事情已经发生				
13.我跟别人诉说事件对我造成的痛苦、紧张或苦恼				
14.我逐渐地做一些能够缓解紧张的事情				
15.我认真思考"怎样才能最好地解决问题"				
16.我与朋友、同事或家人一起商讨渡过困难、危机的办法				
17.我把困难、压力看成人生经历的一部分				
18.准备接受最坏的结果				
19.不采取任何方法来摆脱眼前的痛苦、压力				
20.我用抽烟、喝酒来摆脱痛苦				

续表

项目	不采用	偶尔采用	有时采用	经常采用
21.我责备自己，认为自己能力差、没本事，不能阻止事件的发生				
22.我用一些不合理的方式来发泄情绪（打小孩、与家人吵架等）				
23.我想："假如事情没发生就好了"				
24.我假装什么事情都没有发生				

量表计分方法：《成年人应对方式量表》有12个分量表，24个条目。因子分由条目分相加即可，属于同一分量表的因子分相加即分量表分数。一般不计量表总分。

"指向问题应对"分量表

F1:解决问题，条目1、14；

F2:制定计划，条目2、15；

F3:寻求帮助，条目3、16；

F4:寻求支持，条目4、13；

F5:合理化解释，条目5、17；

F6:接受现实，条目6、18；

"指向情绪应对"分量表

F71:放弃努力，条目7、19；

F81:逃避，条目8、20；

F91:自责，条目9、21；

F10:情绪发泄，条目10、22；

F11:幻想，条目11、23；

F12:否认事实，条目12、24；

第三章
正念觉察训练

引入

毕业季，学院通知了递交毕业论文初稿和预答辩的时间。小明虽然收集完了实验数据，但在分析时却发现自己收集数据的程序参数有误，这导致他的数据全部无效。重新收集数据意味着他将无法及时毕业，而自己签约的公司却不接受延迟毕业，因此他面临着延迟毕业和毁约、需要重新找工作的困境。他十分沮丧，失去了对毕业的信心，觉得自己的人生毁于一旦，并开始整日在床上度过，昼夜颠倒，昏沉度日。他很少感到饥饿，一天只吃一次饭。小明的导师与他讨论了解决方案，但他始终提不起继续进行实验的兴趣。

求职季，小红通过了她心仪的公司的简历初筛，将在一周后进行面试。一想到面试，小红就开始止不住地担忧，心跳加快，呼吸急促。她在脑海中模拟着面试时的场景，想象着会有几个面试官，面试时会有怎样的问题，这些想象令她更加紧张，手心出汗。她本打算在面试前再复习一下与专业相关的知识，但她无法专心看书，坐立不安。

下周，小兰要交2篇期末大论文，还有2节课的展示要做。她感到任务很重，压力很大，本应该好好学习的时间她却一点也不想看文献，反而找各种借口逃避：要去锻炼、高中同学从其他城市来玩需要陪同……她持续拖延到了周末，觉得时间绝对来不及、不得不做这些事情的时候才开始。但这时，她的压力更大了。

小王是一名保研的学生，在进入研究生生活后，导师安排给他的研究方向并不是他自己感兴趣的，因此他觉得有些郁闷。在本科期间，他始终以高绩点为目标，努力学习。进入研究生生涯，他突然感到失去了目标和方向，找不到人生的意义了。

*Science*杂志上曾发表过一篇名为《一颗飘移的心是一颗不幸福的心》（A wondering mind is an unhappy mind）的文章[1]，它的第一段写道：

与动物不同，人类花费大量的时间去考虑并非发生在他们身边的事情，去思忖发生在过去或可能发生在将来或者永远都不会发生的事情。确实，"刺激—独立的想法"或者"心念飘移"似乎是头脑的默认运作模式。诚然，这种能力在进化上是一个了不起的成就，它让人们得以去学习、推理和规划，但它也有可能带来情感上的代价。很多哲学和宗教传统教诲我们：要经由生活在此刻中去找到幸福，而修行者则接受训练去抵抗心念的散乱，并去"存在于此时此地"。这些传统提示"一颗飘移的心是一颗不幸福的心"。他们说得对吗？

那么，怎样才能培养一颗不飘移的心呢？本章将介绍正念疗法，带你了解不飘移的心。

一、正念是什么

正念。

当你看到这个词的时候，你认为它的含义是什么？如果你从来没有接触过这个词，那可以再给一个附加信息以供参考：在iPhone自带的"健康"APP里，有四个模块，分别是运动、饮食、睡眠和正念训练。看到这里，你可能猜测这个词与我们的身心健康有一定关联，或许它的意思是"正确的念头"？希望当你看完这一章，你能了解什么是正念的态度，理解正念干预为何有效，学会如何进行正念训练。

（一）正念干预的发展

正念干预起源于佛教中的正念禅修。正念禅修通过练习对各种感受的单纯的观察与觉知，发展对一切感受毫无贪嗔、完全接纳的平常心，从而让人达成最终的觉悟与解脱[2]。正念禅修十分强调坚持觉知或明了，这在巴利文中被称为sati，后被译为mindfulness[3]，也就是我们所说的正念。在佛教文化中，正念一词包含了三个部分：觉察（awareness）、注意（attention）和忆念（remembering）。觉察指清晰地意识到当下正在发生什么，注意指将注意力指向并集中于觉察，忆念指持续留心于觉察与注意的状态[4]。

20世纪70年代末，美国心理学家John Kabbat-Zinn博士将正念禅修发展成为一种心理治疗方式，因此，我们之后说到的正念干预，都是一种脱离了宗教色彩的心理疗法。

1979年开始，Kabbat-Zinn和他的团队在麻省大学医疗中心地下室开始接待第一批患有严重身体疾病的病人，包括皮肤病、心脏病、慢性疼痛甚至癌症。面对这些饱受疾病折磨的病人，他无法给病人以虚幻的解决痛苦的灵丹妙药，而只是教授他们关于与疼痛、疾病共处，在过去和未来的间隙中投入当下的方式。这种方式被称为正念减压法（Mindfulness-Based Stress Reduction，MBSR）。在正念减压疗法中，

Kabbat-Zinn教给病人一些冥想方法，旨在让病人学会用不同的方式应对生活中的压力，这样他们就不会再陷入压力带来的心理反应中，从而能够缓解压力。1995年，麻省大学邀请Kabbat-Zinn设立"正念医疗健康中心"，对正念的研究与临床应用大规模启动。至此，正念疗法获得进一步发展，越来越被人们所熟知，并衍生出其他疗法。例如，1987年，美国心理学家Marsha Linehan博士基于正念减压疗法和认知行为疗法开创了针对边缘性人格障碍的心理治疗方法——辩证行为治疗（Dialectical Behavior Therapy, DBT）[5]。2000年，John Teasdale、Zindal Segal和Mark Williams等人融合了认知疗法与正念减压疗法，发展出正念认知疗法（Mindfulness-Based Cognitive Therapy, MBCT）以解决抑郁症复发问题[6]。

进入21世纪后，大量研究者开始对基于正念的心理干预（Mindfulness-Based Intervention, MBI）进行研究。从抑郁症、焦虑症、物质滥用、强迫症等心理疾病患者的症状，到2型糖尿病、慢性疼痛等生理疾病患者的生活质量与幸福感[7]，再到普通健康人群的压力、焦虑和生活质量等[8]，这些研究面向不同的人群、针对不同的心理症状、使用不同的正念干预，获得了一致的结论：正念是一种有效的心理治疗方法。

正念干预的科学性与有效性使得它在临床应用方面也获得了大范围推广，被称为行为治疗中继经典行为治疗和认知行为治疗之后的"第三浪潮"[9]。正如本章开头提到的，正念被纳入iPhone"健康"应用内的模块之一。2014年2月，时代周刊（*Times*）发表了以"The Mindful Revolution"为题的封面故事[10]，介绍了正念训练在硅谷工程师和高管中的流行。2011年，正念疗法创始人Kabbat-Zinn博士来到我国，将正念疗法重新带回到它的起源地。此后，正念在国内得到了广泛的关注与应用，基于中国人群的研究也验证了正念干预在我国文化下的适用性。在疫情防控期间，国家卫健委也提倡民众通过正念冥想进行压力缓解。

（二）正念是什么

Kabbat-Zinn将正念定义为"有目的的、非评判的、专注于当下的注意"[11]，在正念的状态下，个体可以做到以不判断、接纳、全心开放的方式专注于此时此刻。

为了更好地理解正念，让我们将正念拆分为几个方面进行解读。

正念是一种生活态度，它教导我们保持专注、保持觉察、活在此时此刻。如果你很难理解这三个词的意思也没关系，因为仅仅是这几个关键词很难让我们从自己的生活中找到正念的瞬间。但不正念的状态却更容易被我们识别，也能够帮助我们从其反方向理解正念的含义。

想象一下，某一天傍晚，吃过晚饭的你像往常一样和朋友从食堂走回教学楼。走着走着，他突然指着路边一棵银杏树说："叶子都黄了诶。"你抬头去看，很美的一棵树，但你好像从来没有留意过这里种着银杏，更不用说留意它的叶子是绿的还是黄的。因为每一天你来来往往的时候，你都在想着明天要开的会、不知道要怎么回复的邮件……这些事情充斥着你的大脑，让你压力巨大，无法抽身。

想象一下，你从实验室走回宿舍，离开实验室的时候你手里拎着一小袋垃圾。你低头玩着手机，边走边玩，微博上的热搜吸引着你的眼球。走到宿舍，要拿钥匙开门的你突然意识到手里还拎着一袋垃圾，而这一路上你都没有想起这件事，就好像手部的重量感受器失灵了，你根本没有意识到手里拿着东西。

回忆一下，在我们吃饭的时候，与朋友的谈话、手机上的信息是否占据了我们吃饭的时光。只有很少的时间，我们真正地在品尝食物，而不是以吃饭为背景，做一些其他的事情。

这些不正念的瞬间组成了我们的生活，让我们回忆起自己的生活点滴时经常是恍惚的。

当你进入正念的状态，无论你正在做什么，以什么为目标，你都能够集中注意力，全心专注。例如，当你在阅读这句话的时候，你的注意力集中在这些文字上，而没有飘到窗外的鸟鸣或手机亮起的屏幕上。这并不难理解，有时也很容易做到，尤其当我们面对一些高认知负荷、高情感卷入的任务，例如打游戏时。但在生活中的很多时间，我们似乎已经丧失了这种专注的能力。当我们看文献时，我们很容易思绪飘散；当我们吃东西时，我们很自然地打开手机刷微博。这些都是不专注的表现——至少，你没有专注于你当下的主要任务。而正念是一种专注的状态，是一种一心一意的定力。

时间在不停流动，我们站在原处，心却会不断飘离。请试着回忆一下，当你面临一场重要的面试时，面试前几天你会有哪些不自觉的想法？担心睡过头、睡前持续焦虑面试出错？请再试着想象一下这个场景：刚刚你走在路上，你心仪的对象迎面走来，和你打了招呼，你当时正在想一个问题，当你意识到他（她）和你打了招呼的时候，他（她）已经和你擦肩而过了。你是否会懊悔自己当时没有回应，在担忧他（她）是否会对你有不好的印象？这就是处于自然状态下的我们——我们的心常常执念于过去或未来的一些事情，而这种执念令我们倍感压力。但处于正念的状态意味着我们的心与身体一样始终静立于流动的时间中，存在于当下，不停留在过去，也不穿越到未来。当你打开电脑准备开始工作时，你不会回忆昨天导师给你的论文写的批注，也不会忧虑明天要做的展示，你只是沉浸在此时此地。

觉察指能够清晰地意识到自己与环境发生的一切，包括外部的客观事件和内在的体验。对外部的客观事件保持清晰的觉察意味着我们的五官可以保持完全开放：我们能够留意到面前有哪些东西，它们是什么颜色与形状；我们能够分辨环境中的声响，无论是他人说话的声音还是空调微弱的噪声；我们能够嗅到空气中的味道；

我们能够品尝不同的味道，酸甜苦咸；我们能够有敏锐的触觉，感受空气的温度、不同事物的坚硬程度。对内在的体验保持觉察则更难一些，这是一种"元认知"，需要我们像上帝视角一样观察自己。此刻你的身体与外界事物产生了怎样的联结？你的脸部肌肉现在是紧张还是放松？你有怎样的情绪？你产生了怎样的想法？想象一下，当你在与他人交谈时，如果你观察到了他的心不在焉，你会感到自己是不被尊重的。而对于我们自己的感受、体验，我们通常不会愿意仔细"聆听"它们。这也是一种对我们自己的不尊重[12]23。对这些在我们身上自然而然发生的各种体验保持意识与觉察，能够帮助我们更好地了解自己。

当我们对自己始终保持高度的觉察时，我们很容易因为自己的一些想法、情绪和感受而产生新的念头，从而导致新的痛苦。佛学将此称之为"第二支箭"[13]44。当一位士兵被一支箭射中，他中了第一支箭。随躯体伤痛而来的，是心灵上的第二支箭："我以后会不会再也走不了路了？""为什么偏偏射中了我？"当我们觉察到自己的想法、情绪和感受时，我们很容易想让它们快点消散，或认为自己不应该产生这些念头。例如一个高中生在看到同桌考试比自己分数高很多时，他突然有点嫉妒。当他意识到自己在嫉妒时，他开始批评自己，为自己有这种想法而感到愧疚。这就是我们的想法给我们带来的第二支箭。面对第二支箭，正念教导我们萌生一种对待自己的态度——不评判、接纳与仁爱。

人们倾向于根据自己的经验与倾向对事物的好坏做出判断，这能够帮助我们在这个世界上存活下来，我们可以识别对我们有利的东西，避开会伤害我们的东西。对客观事物保持分辨力是很重要的。但一些评判，尤其是对自我的评判并不全是好事：冥想是伪科学，对我没用；我写的论文好垃圾；我无法按时毕业……这些评判影响着我们看待世界的方式，限制我们的行动。当你看到这里，你似乎发现我们在对我们的评判进行评判：我们将这些评判判断为一种不好的东西。这难道不是违背了正念的理念吗？这里所说的不评判不意味着对世界的万事万物都不加以任何判断，而是始终对这些评判加以觉察，尤其是对自我的评判。当评判性质的念头出现时，我们需要识别它，观察它，有意识地提醒自己"我产生了评判"，并留意它给我们带来的影响。

接纳意味着接受事物此刻的本来面目[14]23。但它不意味着你必须喜欢一切事物、放弃自己的价值观，也不意味着你要逃避，例如"我没法做这件事，就这样吧"。接纳意味着我们可以任由积极的、中性的和消极的体验自然地发生，用坦然、包容的态度面对我们的想法、感受与情绪，而不否认、逃避或挣扎[15]。当我们有消极情绪时，我们可以自然地告诉自己："现在，我觉得我有点不开心"，然后让这种情绪如其所是地存在、自然地消散。

什么是正念？你能够觉察到自己坐在椅子上的姿势，脚与地板接触的感觉；你能够觉察到自己多了一种不愉快的情绪，然后接纳这种情绪，而不急于遏制它；你能觉察到自己脑海里产生了各种各样的想法，和你因为这些想法而产生的新的想法、行为；你能够对自己充满慈心……这些就是正念。

二、为什么要进行正念训练

现代科学通过行为实验、主观报告、神经科学实验等方式充分检验了正念冥想对练习者带来的影响。持续处于高压中会在我们身上有生理、心理、行为上的表现，也会给我们的生理、心理和行为都带来消极的影响。而循证研究表明，正念对这些压力表现与压力带来的消极影响都有显著的改善作用。

（一）正念如何缓解压力

让我们先回顾一下压力的产生过程：当面临一些外部或内部刺激时，基于我们的认知水平、先前经验、社会支持等个体因素，我们会对刺激产生评价。我们如果认为自己能够应对此刺激，便会积极应对；而如果认为自己的能力不足以应对此刺激，我们就有可能产生较强的压力反应，并以消极的方式应对。正念冥想对压力的缓解作用贯穿了整个压力产生的过程。

在第一章中我们了解到，当我们将某个刺激或情境认知为有威胁的时，我们的大脑会激活交感系统，让我们产生"战"或"逃"的反应以应对压力来源。当我们的生存雷达检测到危险时，皮质醇、肾上腺素等压力荷尔蒙会被释放，我们的肌肉会变得紧张，心跳加速，呼吸加快。这些反应是很快速的，甚至可以说是瞬时发生的。因为通过日常生活的学习，我们对特定的刺激或情境已经产生了十分自动化的认知。例如，每当一个孩子做错什么事情时，妈妈就会露出生气的表情。而之后，每次他看到妈妈的表情变得凝重时会很自然地将其认知为自己做错了什么事情。但这些认知很可能是有偏差、不客观、不真实的，因为妈妈很可能是因为别的事情有些不愉快。但我们的大脑为了减负与更快地做出反应来应对危险，会倾向于快速将刺激或情境归于我们熟悉的类别。这就导致我们的反应通常都是很快速、自动的，这被称为习惯性和自动化的压力反应[14]289。

不仅是面对威胁性刺激或情境，面对大部分刺激或情境，我们都会有特定的习惯性和自动化的反应。感到口渴时，我们会主动寻找饮用水；面对红灯时，我们清楚地知道要停车等待；当有人哭泣时，我们会递上一张纸巾……这些行为都是十分自动的，因为我们似乎总是能够明确地知道自己的目标是什么，然后沿着这条路径发展。我们的心理活动和情绪的产生也大多是无意识的、瞬时的自动化过程[16]。答辩时看到老师的皱眉会让我们的脑海中立刻蹦出"完了，我的报告很有问题"的想法，情绪也立刻变得紧张。这使得我们始终处于一种"doing"模式（做事模式）。在"doing"模式下，我们的大多数行为都是自动化的，各种想法从大脑中产生，各种情绪萌生出来，带来了许多无意识的响应[13][6]。

而正念能够打断这种习惯性和自动化的压力反应。如果我们能够在接收到刺激的时刻保持聚焦于当下，同时觉察到情境的压力性和自己面对这类情境的自动化反应，我们就可以做出新的选择[14][29]，切断完全自动化的行为模式、情绪表达方式，而有意识地将自己从"doing"模式中释放出来，放慢整个压力认知过程，从而获得更客观和广阔的视角。

1.更客观地认知外部刺激

通过正念练习，我们能够对当下的环境有更高的敏感度，对新信息的开放性更高[17]，对环境刺激产生更客观的觉察。消极注意偏向指对消极的环境线索有高敏感度和专注度[18]。从进化角度看，对消极的环境线索有注意偏向能够提高我们的生存率。在原始社会，人类需要对环境保持警惕，识别任何可能产生威胁的刺激以便尽快做出反应。现代生活中，消极注意偏向会让我们对外界刺激的识别产生偏差。例如，在10个答辩评审中，有8个老师没有特别的表情，有1个面带微笑，有1个看起来不太高兴。消极的注意偏向使得我们会首先注意到看起来不太高兴的老师，且持续将注意投放到这位老师身上，时刻关注他的变化，而忽略了其他8个没有特别表情的老师，甚至是那个面带微笑的老师。消极注意偏向被认为与抑郁[19]、焦虑[20]等心境障碍有关，会影响我们的心理健康。但基于正念的训练引导我们用更准确的方式感知外部世界[21]，以更客观的视角觉察外部刺激。我们能够对外部环境产生客观的描述："10个老师里，有8个看起来没有表情，有1个看起来心情不错，有1个看起来心情不太好。"

除了注意上的偏向，我们在评估刺激时也会产生偏向，这被称为解释偏向。很多时候，我们会有消极的解释偏向，也即在解释模棱两可的情境时会倾向于用消极的方式进行解读[22]。例如，当看到上述提到的10个答辩评审时，小红将8个没有特别表情的老师认知为"他们肯定对我的研究毫无兴趣"，将面带微笑的老师认知为"老师是不是觉得我的研究很可笑"，将看起来不太高兴的老师认知为"他觉得我的研究是个垃圾"。这样的消极偏向解释给我们带来了许多额外的压力，而正念能够引导我们更客观地观察外部刺激。循证证据表明，8周的正念减压训练能够显著改善广泛性焦虑障碍患者的消极解释偏好[23]。

对消极注意偏向和解释偏向的改变来源于正念对认知重评的作用。当我们面对压力源时，我们首先会产生对压力源的初次评价。我们的注意力被投放在压力源上，随后大脑中之前习得的刺激–结果联结被激活，这一联结受到我们的图式、信念、目标等的影响[24]。对压力刺激的解读会影响我们对压力刺激的态度与我们当下的情绪状态，随后引发新的认知过程——认知重评。我们对刺激的解读和所产生的情绪会成为评估过程中的新输入，影响我们对压力源的认知与后续的情绪、行为[25]。在此过程中，当我们产生消极情绪时，消极情绪会使我们的注意变窄[26]、引发我们的习惯性回应[27]，使我们的认知过程更容易偏向负向加工。

Garland等人提出，正念在认知重评过程中起了重要作用[25]。首先，在初期认知加工过程中，正念能够阻碍图式的自我激活，打断自动化的习惯性反应，为我们能够从更宽的视野去看待压力刺激提供"心理空间"。其次，正念能够使我们更有意识地觉察自己的想法和情绪，做到去中心化（详见下文）。

2.更平和地对待情绪与想法

正如我们上文所说的，我们对大多数刺激或情境已经形成了十分自动化和习惯性的反应。即使我们有意识地去客观觉察和评估刺激，我们心中自动产生的想法和情绪仍然占上风。同时，客观地觉察和评估并不意味着我们能够颠倒黑白，将本身具有消极意义的刺激和情境也认知为积极的。我们不可避免地会产生消极的想法和情绪，而正念可以引导我们以一种接纳、平和的方式对待它们。

3.与想法和情绪保持一定距离

当我们站在讲台上，看着这10个答辩评委不同的表情时，我们正处于高压下，很难不根据他们的表情、动作来判断自己的论文是否能通过。而一旦我们开始被这些想法笼罩，我们就会更加紧张。而正念能够促进去中心化（decentering）。去中心化指我们能够从自己的心理活动中退一步，将思维视为短暂的心理活动，而不将其视为现实的绝对真实表征[28]。去中心化能让我们与自己的想法、情绪保持一定距离，形成观察它们的习惯而不是自动反应的习惯[15]。当你出现"他们对我的论文很不满意"的想法时，去中心化意味着你可以清楚地知道这只是你的一个想法，而不是事实。去中心化的状态也能够促使我们对想法进行重构。

4.减少反刍思维

想象一下，你今天参加了一场十分重要的考试，因为知道考场没有钟表，而你的手表已经坏了很久了，所以你提前向同学借了他的运动手环看时间。参加考试时，你戴着运动手环以方便自己看时间。2小时考试结束后，你有些疲劳，但下午还有个会议要参加，于是你饿着肚子去坐地铁。地铁上很挤，你只能站着。下了地铁后，你又换乘了公交车。1个多小时后，你拿着食堂打包的饭菜回到了实验室。正当你想把手环摘下来时，你发现运动手环中间的手环本体不见了，手腕上只剩下一个腕带。你有些崩溃，开始责怪自己考完试为什么没有把手环及时摘下来放进包里，又开始责怪自己之前没有抽空去修自己的手表，想到要赔给同学的几百块钱，你很担心这个月的生活费不够用。

这的确是一件不愉快的事情，但你因为这一件不愉快的事情而思绪翻涌，这被称为思维反刍（rumination）。反刍一词本来指牛等动物将胃内的食物倒流回口腔内再次咀嚼的行为。思维反刍指个体在面对痛苦时自发地、持续地思考他的痛苦以及这种痛苦的原因与后果，而无法进行积极的问题解决以消除这种痛苦[29]。反刍与个体的压力有显著正相关[30]，且会延长个体的压力反应[31]。

正念能够打断思维反刍。正念培养了个体对自我的觉察，因此当我们开始无意识地进入反刍状态时，我们能够及时觉察到自己的思维状态。当我们意识到自己的反刍时，不评判和接纳的态度能让我们将这些反刍想法贴上"这是一个想法"的标签。随后，正念引导我们将注意力指向当下，例如呼吸、身体感受、环境声音等，而避免了继续反刍[32]，将注意力投放在过去或未来上。

5. 增加自我同情

自我同情（self-compassion）包含了三个互相影响的组成部分：自我仁慈、普遍人性和正念觉知[33]。自我仁慈指对自我保持仁爱和理解，而非批评或指责；普遍人性指个体能够意识到每一个人都会有痛苦的体验和负面情绪；正念觉知指个体能够有意识地觉察痛苦的情绪和想法，而不逃避、压抑或被它们所裹挟。可以发现，正念的一些态度是被包含在自我同情里的。当我们犯了一些错误，或感到不愉快时，我们很容易产生自我批评、想要快速解决问题。但正念所引导的不评判的觉察能够让痛苦的体验被我们所觉知，增加了自我同情的可能[34]——"我们无法治愈那些我们无法感受到的东西"[35]80。同时，慈心冥想等正念练习本身也引导个体以仁爱、慈心的态度对待自己，能够增强自我同情。

6. 增加对消极体验的接纳

当我们对一个情境或一件事产生焦虑时，我们很有可能存在这样一个恶性循环：我们即将面对它→我们产生了焦虑→我们想要逃避这种体验→我们选择了逃避→下一次再面对它时，我们更加焦虑。而正念能够引导我们去感受这种体验，更平和地接纳它，最终缓解它。

正念疗法的首次应用是由 Kabat-Zinn 对有慢性疼痛的患者进行的干预。尽管在正念冥想练习中，个体可能会感到放松，但练习内容仍然是指向痛苦的，这反而能够帮助人们。正念冥想引导个体持续将注意力投放在身体感受上，并用一种不评判的态度面对这些感受：身体的疼痛、脑海中的想法（这是不可忍受的痛苦）、情绪（沮丧、生气）。这使得个体能够开放地体验各种感觉，而减少了逃避、抑制。当我们感受到压力时，对这种感受的持续的、不评判的观察而非想要逃离，反而能够缓解我们的压力体验。这与暴露疗法有些类似。暴露疗法引导感到恐惧或焦虑的个体直接面对他们所害怕的物体或事件，并练习体验这种恐惧或焦虑及其消逝。但不同的是，正念冥想不会刻意引发不舒服的情绪，而只是在有情绪自然产生时以不评判、接纳的态度去观察它们[32]。

7.引发放松反应

在面对压力源时，我们的生理会发生一些变化：交感神经系统被激活，引发了促肾上腺皮质激素释放激素的释放，继而引发了促肾上腺皮质激素的释放；肾上腺皮质激素刺激肾上腺皮质释放皮质醇、肾上腺髓质分泌儿茶酚胺。这两种激素激发了与压力相关的生理反应：血糖升高、血压与心率升高、血液更多地流向骨骼肌等。与之相反，副交感神经系统的激活会带来放松反应（relaxation response）。当副交感神经系统被激活，促肾上腺皮质激素释放激素释放减少，因而减少了后续的肾上腺皮质激素、皮质醇、儿茶酚胺等激素的释放，缓解了与压力相关的生理反应，导致血压、心率、呼吸频率等下降[36]。通过这些变化，放松反应能够促进身体和心理的恢复和疗愈[37]。随机对照研究表明，相比于普通放松训练，正念冥想练习能够减少被试的皮质醇的分泌[38]、面对压力时的血压反应[39]，激发更强的副交感神经系统活动[40, 41]。

（二）正念如何使我们的生活变得更美好

除了能够缓解压力、改善消极情绪外，正念疗法也被认为能够增加我们的主观幸福感、积极情绪、生活满意度[42-44]，让我们的生活变得更美好。这不难理解，对压力的缓解、消极情绪的减少本身就能够让我们的日常生活变得更加称心。但正念对日常生活的改变不只是这些，它还会给我们带来其他的改变。

1.促进基本心理需求的满足

自我决定论（self-determination theory）提出每个人都有三种基本的心理满足：自主需要（autonomy）、胜任需要（competence）和归属需要（relatedness）[45]。这三种基本心理需求的满足对增强幸福感至关重要[46]。自主需要指个体能够体验到自主性、能够决定自己的行为的需要。自主需要的满足能够使个体免于焦虑、没有被要求做某事的感觉（例如"必须"做某事）。胜任需要指个体能够体验到面对现实环境时有自我效能感的需要。归属需要指个体能够感受到与他人的联结和来自他人的支持的需要[47]。

正念能够满足个体的三个基本需要[47, 48]：处于正念状态的个体能够对自身和外界环境有清晰而完全的觉察，并基于觉察做出非自动化的行为和情绪反应选择，而不是被习惯性的反应模式所困住，这能够增强个体的自主感。对自我和环境的觉察也能够使个体超越自我中心视角，能够更清晰地觉察自我和他人的联结，满足归属需要。活在当下的状态和不评判的态度能够使个体更专注地完成工作并客观地评估自己，让个体免于持续处于对完成工作的焦虑和对自己的有偏评价中，继而增强胜任感。

2.增强品味能力

品味指回忆、沉浸于当下或预测积极体验的能力[49]（详见第六章）。品味与正念在定义上有部分重叠：都要求能够将注意力集中在当下，并对当下的积极体验保持觉察[50]。正念干预中对注意和觉察的训练能够引导个体对当下的愉悦体验保持注意，提供了品味积极体验的条件[51]。"如果我们停下来注意到快乐的时刻——一朵花在人行道边绽放，一只小狗第一次感受雪花，一个孩子的拥抱——我们就有了更多快乐的源泉。"[52]123甚至单次的正念冥想练习能够让个体对积极刺激的打分显著高于控制组[53]。虽然正念倡导客观、不评判的态度面对一切体验，但一些非正式正念练习鼓励练习者将注意力投放到一些特定的活动上，例如吃饭、走路、沐浴等，而这些活动通常是令人愉悦的，因此个体对这些活动的注意和觉察能够增强个体的品味体验。

三、正念练习

（一）正念冥想

正念的态度需要通过练习去培养。在正念练习中，我们像打开了一个探照灯，将注意有意识地投放到我们的觉察上，并对任何觉察保持不评判与接纳，这能够帮助我们发展专注力、注意转换能力以及平和的心境。任何正念干预都十分强调课后的正念练习，就像我们需要不断进行体育锻炼去强健肌肉，我们也需要不断进行正念练习以强化我们的正念态度。练习时间越长，我们就能够培养越高的正念水平[54]。

正念练习可以分为两种：正式练习和非正式练习。正式练习通常指正念冥想，在正念冥想中个体能够有深层次的正念体验[55]14。非正式练习指在每天的日常生活中应用正念，任何能够让我们处于正念状态的练习都可以称为非正式练习[55]14。例如将注意力放在呼吸上、听环境中的各种声音、觉察脑海中的想法、正念地游泳……但接下来介绍的所有常见练习都可以称为正式练习或非正式练习，这完全取决于你投入多少时间和精力去进行这一次练习。（相关正念冥想指导语可见《八周正念之旅——摆脱抑郁与情绪压力》）

1.呼吸冥想

在正念练习中，十分重要的是我们能够将注意力有目的地投放在此时此地，这对我们的注意的稳定性、持续性有很高的要求。因此，在正念冥想练习中，我们会选择性地将注意力投放到一个客体上。在每个人的生活世界中，恒定的客体之一就是呼吸。从出生到死亡之间，我们始终保持呼吸，这是恒定不变的。但同时，呼吸又是时刻变化的。呼吸的节律会随着我们的生理活动与心理状态的变化而变化。当我们消耗体力或情绪不安时，我们的呼吸节奏会加快以加速气体交换来维持供氧；

当我们平静或放松时我们的呼吸节奏相对稳定、缓慢。呼吸是我们可以控制的，只要愿意，我们可以自主控制呼吸的速度和深度。基于这些特质，Kabat-Zinn认为，呼吸在正念冥想中扮演着极其重要的角色[14]35。无论我们走到哪里，在做什么，体验到了怎样的感受，它永远在那里，能够让我们把注意力重新与当下联结起来。学会把注意力稳定在呼吸上，为我们提供了一个很好的学习停留在此时、此地的瞬间的方法，并为我们提供了一个至关重要的锚，当我们的心飘到了"彼时彼地"时，我们能够把自己重新带回来[56]63。

在进行呼吸冥想时，我们会把注意力完全投放到呼吸带来的感觉上。通常，我们可以在身体的两个地方感受到最强烈的呼吸体验：鼻孔和腹部。当我们呼吸时，鼻孔能够感受到气流的进出，腹部会随着呼吸而上下起伏。当然，也有人会在身体的其他部位感受到呼吸体验。无论我们选择哪里，正念呼吸冥想都要求我们将注意力放在呼吸的每一个瞬间上。但这不意味着我们要改变呼吸的速度或深度，或去刻意控制呼吸，这反而会适得其反。唯一要做的，就是去注意每一口气息进出的感觉[14]39。

2.身体扫描

呼吸冥想帮助我们学习将注意力锚定在一个客体上，增强我们的注意维持能力。除了维持能力，对注意的控制能力还包括了注意力的指向和转移。正念冥想中的另一个练习能够帮助我们提高注意力的指向和转移能力——身体扫描，它是一个有效的发展专注力和注意力的灵活性的冥想练习[14]69。同时，它鼓励我们在当下的时刻与身体建立起一种更加好奇的、亲密的和友好的联结[56]85。与身体的联结还能够帮助我们更好地觉察自己的情绪，因为许多情绪体验会有生理上的反应：例如紧张时我们的肌肉会收缩紧绷、生气时我们的眉头可能是紧锁的、害羞时我们会感到脸红和出汗等。

在身体扫描练习中，练习者将注意力有目的、有顺序地、系统地投放到身体的各个部位，通常是从脚到头，或从头到脚。在整个过程中，练习者需要对每个身体部位的感受保持觉察，并对所觉察到的感受保持开放、不评判和接纳。

3.正念静坐

Kabat-Zinn将正式冥想练习的核心称为"坐姿冥想"[14]50，也即正念静坐。我们每个人都会坐，与呼吸一样，这是一件没有什么特别的事情。但同样的，通过改变我们的觉知，我们能够将静坐变成一种正念练习。静坐是一种"无为"，我们选择警醒而放松地坐着，觉察身体体验、想法，安住在平静的接纳中，而无须做其他任何事情来填补当下的时刻。

对初学者来说，正念静坐是一件很困难的事情，因为我们很容易感到这是一件很无聊的事情。可能是我们的身体想要变换姿势，也可能是我们的头脑想要做点别的事情了。但这正是正念静坐有趣的地方：它允许我们观察我们的所有身体感受和头脑活动，然后练习将注意力带回到呼吸上。在静坐练习中，我们观察所有身体的冲动、进入头脑的想法或情绪，但我们只是观察它们的出现，然后将注意力温和地带回到腹部或鼻孔处的呼吸体验。无论它离开多少次，我们都平静而温和地把注意力带回到呼吸上。对每一次注意力的转移，我们都保持本真，去接纳它的出现，而不对此有任何的评价，例如"我又分心了，我做得很差"。正念静坐不仅锻炼我们的专注力，也培养我们的耐心与不评判的态度[14]49-55。

4.正念伸展

正念伸展是介于静与动之间的一种正念练习。在练习中，我们温和地、缓慢地伸展自己的身体，在每个瞬间都带着对呼吸的觉知，也在伸展中感受肌肉所涌现出的感觉。这是一种强大的探索身体的方式，也是培养接纳、安然的方式。在我们尽可能伸展身体时，我们不强求，也不强迫我们的动作，只是带着好奇去体验每时每刻的身体感受，并如其所是地接纳我们的身体及其感受[14]89。

5.正念行走

一个把觉察带入日常生活中的简单方法是正念行走，或者说，行走冥想。行走本身是一件很简单的事情，也是目的性很强的事情：为了从一个地方去到另一个地方；为了通过行走获得一定的锻炼。在行走时，我们的身体服务于我们的头脑，头脑通常被太多思想裹挟着，但我们却很少有此觉察。正念行走关注行走体验本身，我们的每一步都是为了走路而迈出的，而没有其他任何目的。它聚焦于我们的脚或腿部的感觉，或其他身体部位的感觉、整个身体的运动感觉。在初期进行正念行走练习时，我们最好选择一个可以反复行走的地方，形成一个"我要行走一段时间"的意图，而不要选择一个目的地，这样会让我们很快又将注意力投放到我们想要去到的地方。我们走的每一步都是处于当下的，我们能够在每一步中体验身体和呼吸的协调[14]110-113。

6.正念进食——葡萄干练习

正念进食指我们带着正念的态度去吃东西。在日常生活中，我们太容易以"doing"模式去做事情，而不是以活在当下的方式去体验。正念进食是一种切换模式的练习，让我们选择去和体验做联结。在正念疗法中，正念进食通常会使用葡萄干练习。在练习中，练习者以一种全新的方式去品尝一颗葡萄干：观察它的形状、颜色、纹理；感受它的重量与质地；闻它散发出的味道；感受把葡萄干拿到唇边的躯体动作；品味它在舌尖上的味道；感受咀嚼它带来的牙齿的感受与它的味道；感受吞咽。用这样的方式能够打开我们对葡萄干的全新认知，也能打开我们对自己平时行为的全新认知：如果我们不以"doing"模式去做，而以体验的态度去生活，会变得不一样——"在当下，有远超于我们想象的东西在等待我们，尤其当我们之前一直是自动运转时"[57]119。

7. 观想法冥想

一个西藏的小僧侣被师父要求去山洞里坐一天，试图不要有任何念头。小僧侣坐在山洞里，等着自己的头脑安静下来，完成师父的任务。但逐渐，他意识到自己的头脑里充斥着各种念头。他想要将这些念头都从头脑里赶走，但那只让他产生了更多念头[56]57-58。

我们无时无刻不在产生很多想法，当你在看这本书的时候，你也会产生很多想法："这本书真有用""这一章有点无聊"。这些想法影响着我们的情绪和行为。情绪ABC理论认为，个体的情绪和行为（C：consequence）不是由事件（A：activating event）导致的，而是由个体对事件的评估和解释导致的（B：belief）[58]191。但我们的想法是很难被我们控制或抑制的：我们无法控制我们会有怎样的想法，当一些想法出现时，我们很难抑制它们继续盘旋在我们的头脑中，就像当你看到"不要想一只熊猫"的时候，你脑海中很可能反而会浮现一只可爱的熊猫。

观想法冥想引导练习者形成这样的态度："想法只是想法"。它培养我们与想法之间产生一种全新的关系，让我们不再分析它们、理解它们从哪里来或用任何方式想要摆脱它们。我们可以做到看见一个想法在我们的脑海中升起，在一段时间内徘徊在意识中，然后逐渐消退。想法变成了一个我们能够去注意的对象，而不是真实的现实反馈。在观想法冥想中，最初我们也很容易被各种各样的想法拽着走，但这也只是我们思维飘走的一个表现，我们只需要把注意力温和地带回来就可以了。另一个十分有用的方式是给各种各样的想法贴上标签，让它自如地来来去去，而不会让自己被拉入泥潭中。

8. 观情绪冥想

我们不可避免地会产生各种各样的情绪：愉快、伤心、生气、难过、嫉妒、厌恶……这些情绪像是流过我们身体管道的水流，如果我们选择抑制它们，在一时间可能是有效的，但最终管道会堵塞，甚至爆裂。对待这些情绪最好的方式就是任由它们流过我们的身体。觉察情绪需要我们做出一定的努力。我们需要觉察身体感觉：心跳加快、手心出汗、躯体疼痛；也需要觉察我们的想法是否携带了情绪。一旦觉察到任何情绪，我们需要与它保持一定距离，选择将它标签为"一种情绪"[59]191。

9. 慈心冥想

在正念如何改变压力中，我们提到了正念能够增加自我同情，因为正念的态度能够让我们觉察到对自己的批评与否定，从而增加了自我同情的可能。在正念冥想中，慈心冥想是一种能够直接增加自我同情的冥想训练。慈心冥想的要义是激发对自己和他人的仁爱、友善和感激。许多传统宗教和古代文化都强调关爱自己和他人的重要性。慈心冥想的有效性来源于人类的一种本性：你不可能同时感到厌恶和友善，如果你能够深刻地体验到其中一种，那另一种将大大减弱，甚至不复存在。因此，有意识地培养对自己、对他人的慈心能够将我们从痛苦中解脱出来，抚慰自己的内在精神和心灵[13]98。

（二）如何测量正念水平

自正念的概念被引入心理科学界，不同的研究者基于自己对正念的理解编制了测量正念的不同的问卷。一些测量方式主要测量正念状态：Walach 等人编制了弗赖堡觉知量表（Freiburg Mindfulness Inventory, FMI），从觉知当下、不判断接纳、广泛的觉知和洞察力四个方面测量正念[60]；Lau、Bishop 等人编制了多伦多正念量表（Toronto Mindfulness Scale, TMS），从好奇、去中心化两个方面测量正念[61]。一些测量方式主要测量正念特质：Brown 和 Ryan 编制了单维度的正念注意觉知量表（Mindful Attention Awareness Scale, MAAS）[62]。一些测量方式主要测量个体的正念能力和技巧：Baer 等人编制了肯塔基州觉知量表，从观察、描述、有觉知地行动和以不判断的态度接纳四个方面测量日常生活中个体的正念倾向性[63]。

Baer 等人整合已有问卷，通过因子分析等方式得到了正念的五个关键维度：观察、描述、觉知地行动、不判断、对内心体验不反应，并编制了正念五因素量表（Five-facet Mindfulness Questionnaire，FFMQ）[64]，成为最广泛使用的正念量表之一。我国学者邓玉琴等人对该量表进行了汉化[65]，使其得到了广泛使用。其后我国学者朱婷飞等人基于使用过程中的反馈，重新对中文版正念五因素量表进行了修订，并发展出了简版正念五因素量表[66]（见本章附录）。

本章小结

正念是一种能够有觉察地活在当下，并以不评判、接纳的态度面对身体感受、内心思维、情绪等体验的态度。通过培养活在当下、有目的地觉察的态度，我们能够对自己和外部世界有更客观、清晰的认识；通过培养不评判、接纳的态度，我们能够更加平和地对待自己的情绪、感受和想法。正念训练能够让我们对压力刺激的评价更客观，更从容地面对压力体验。同时，正念能够促进我们的自我同情、心理需求的满足、增强品味能力，提高我们的幸福感和生活满意度。正念的态度需要通过不断地练习进行培养，我们可以进行正式的正念冥想练习，也可以在日常生活中将正念的态度带入每一个活动中去。

思考题

1. 正念是一种怎样的态度？你会怎么和别人介绍正念？

2. 在生活中，你做哪些事情时是正念的，哪些事情时是不正念的？

3. 正念练习包含哪些种类？你打算在生活中如何进行正念练习？

4. 正念为什么可以帮助我们缓解压力？

5. 读完本章，你还有哪些收获？

参考文献

[1] KILLINGSWORTH M A, GILBERT D T. A wandering mind is an unhappy mind [J]. Science, 2010, 330(6006): 932.

[2] 李英，席敏娜，申荷永. 正念禅修在心理治疗和医学领域中的应用 [J]. 心理科学，2009，32（2）: 397–398.

[3] DAVID R, STEDE W. Pali–English Dictionary [M]. London: The Pali Text Society, 1949, 1921.

[4] SIEGEL R D, GERMER C K, OLENDZKI A. Mindfulness: What is it? Where did it come from? [M] // Clinical handbook of mindfulness. Berlin: Springer, 2009: 17–35.

[5] LINEHAN M M. Dialectical behavior therapy for borderline personality disorder: Theory and method [J]. Bulletin of the Menninger Clinic, 1987, 51(3): 261.

[6] TEASDALE J D, SEGAL Z V, WILLIAMS J M G, et al. Prevention of relapse/recurrence in major depression by mindfulness–based cognitive therapy [J]. Journal of Consulting and Clinical Psychology, 2000, 68(4): 615–623.

[7] SHAPIRO S, WEISBAUM E. History of mindfulness and psychology [M]. Oxford Research Encyclopedia of Psychology, 2020.

[8] KHOURY B, SHARMA M, RUSH S E, et al. Mindfulness–based stress reduction for healthy individuals: A meta–analysis [J]. Journal of psychosomatic research, 2015, 78(6): 519–528.

[9] HAYES S C, FOLLETTE V M, LINEHAN M. Mindfulness and acceptance: Expanding the cognitive–behavioral tradition [M]. New York: Guilford Press, 2004.

[10] PICKERT K. The mindful revolution [J]. TIME magazine, 2014, 3: 2163560–1.

[11] KABAT–ZINN J, LIPWORTH L, BURNEY R. The clinical use of mindfulness meditation for the self–regulation of chronic pain [J]. Journal of behavioral medicine, 1985, 8(2): 163–190.

[12] REZEK C. Brilliant Mindfulness: How the mindful approach can help you towards a healthier mind and body–and a better life [M]. London: Pearson UK, 2013.

[13] 阿里迪纳. 正念冥想:遇见更好的自己 [M]. 赵经纬，译. 北京：人民邮电出版社，2014.

[14] 卡巴金. 多舛的生命：正念疗愈帮你抚平压力、疼痛和创伤 [M]. 童慧琦，高旭滨，译. 北京：机械工业出版社，2019.

[15] KANG Y, GRUBER J, GRAY J R. Deautomatization of Cognitive and Emotional Life [M]. The Wiley Blackwell Handbook of Mindfulness, 2014, 1: 168.

[16] BARGH J A, CHARTRAND T L. The unbearable automaticity of being [J]. American Psychologist, 1999, 54(7): 462–479.

[17] LANGER E J, MOLDOVEANU M. The construct of mindfulness [J]. Journal of Social Issues, 2017, 56(1): 1–9.

[18] WILLIAMSON D A, MULLER S L, REAS D L, et al. Cognitive bias in eating disorders: Implications for theory and treatment [J]. Behavior Modification, 1999, 23(4): 556–577.

[19] PECKHAM A D, MCHUGH R K, OTTO M W. A meta - analysis of the magnitude of biased attention in depression [J]. Depression and Anxiety, 2010, 27(12): 1135–1142.

[20] MATHEWS A, MACLEOD C. Cognitive approaches to emotion and emotional disorders [J]. Annual Review of Psychology, 1994, 45(1): 25–50.

[21] VAGO D R. Mapping modalities of self–awareness in mindfulness practice: a potential mechanism for clarifying habits of mind [J]. Annals of the New York Academy of Sciences, 2014, 1307: 28–42.

[22] BUTLER G, MATHEWS A. Cognitive processes in anxiety [J]. Advances in Behaviour Research and Therapy, 1983, 5(1): 51–62.

[23] HOGE E A, REESE H E, OLIVA I A, et al. Investigating the role of interpretation bias in mindfulness–based treatment of adults with generalized anxiety disorder [J]. Frontiers in Psychology, 2020, 11: 82.

[24] ELLSWORTH P C, SCHERER K R. Appraisal processes in emotion [M]//RJ D. Handbook of affective sciences. New York: Oxford University Press, 2002: 572–595.

[25] GARLAND E L, FARB N A, R. GOLDIN P, et al. Mindfulness broadens awareness and builds eudaimonic meaning: A process model of mindful positive emotion regulation [J]. Psychological Inquiry, 2015, 26(4): 293–314.

[26] GABLE P, HARMON–JONES E. The blues broaden, but the nasty narrows: Attentional consequences of negative affects low and high in motivational intensity [J]. Psychological Science, 2010, 21(2): 211–215.

[27] SCHWABE L, WOLF O T. Stress prompts habit behavior in humans [J]. Journal of Neuroscience, 2009, 29(22): 7191–7198.

[28] FRESCO D M, MOORE M T, VAN DULMEN M H, et al. Initial psychometric properties of the experiences questionnaire: validation of a self-report measure of decentering [J]. Behavior Therapy, 2007, 38(3): 234–246.

[29] NOLEN-HOEKSEMA S, MORROW J. A prospective study of depression and posttraumatic stress symptoms after a natural disaster: the 1989 Loma Prieta Earthquake [J]. Journal of Personality and Social Psychology, 1991, 61(1): 115–121.

[30] WILLIS K D, BURNETT JR H J. The Power of Stress: Perceived stress and its relationship with rumination, self-concept clarity, and resilience [J]. North American Journal of Psychology, 2016, 18(3): 483–498.

[31] BROSSCHOT J F, GERIN W, THAYER J F. The perseverative cognition hypothesis: A review of worry, prolonged stress-related physiological activation, and health [J]. Journal of Psychosomatic Research, 2006, 60(2): 113–124.

[32] BAER R A. Mindfulness training as a clinical intervention: a conceptual and empirical review [J]. Clinical Psychology: Science and Practice, 2003, 10(2): 125–143.

[33] NEFF K. Self-compassion: An alternative conceptualization of a healthy attitude toward oneself [J]. Self and Identity, 2003, 2(2): 85–101.

[34] SVENDSEN J L, KVERNENES K V, WIKER A S, et al. Mechanisms of mindfulness: Rumination and self-compassion [J]. Nordic Psychology, 2017, 69(2): 71–82.

[35] NEFF K, SANDS X. Self-compassion: Stop beating yourself up and leave insecurity behind [M]. William Morrow New York, NY, 2011.

[36] LUBERTO C M, HALL D L, PARK E R, et al. A perspective on the similarities and differences between mindfulness and relaxation [J]. Global Advances in Health and Medicine, 2020, 9: 2164956120905597.

[37] CRUESS D G, ANTONI M H, MCGREGOR B A, et al. Cognitive-behavioral stress management reduces serum cortisol by enhancing benefit finding among women being treated for early stage breast cancer [J]. Psychosomatic Medicine, 2000, 62(3): 304–308.

[38] TANG Y-Y, MA Y, WANG J, et al. Short-term meditation training improves attention and self-regulation [J]. Proceedings of the National Academy of Sciences, 2007, 104(43): 17152–17156.

[39] NYKLÍČEK I, MOMMERSTEEG P, VAN BEUGEN S, et al. Mindfulness-based stress reduction and physiological activity during acute stress: a randomized controlled trial [J]. Health Psychology, 2013, 32(10): 1110–1113.

[40] DITTO B, ECLACHE M, GOLDMAN N. Short-term autonomic and cardiovascular effects of mindfulness body scan meditation [J]. Ann Behav Med, 2006, 32(3): 227–234.

[41] PASCOE M, CREWTHER S G. A systematic review of randomised control trials examining the effects of mindfulness on stress and anxious symptomatology [J]. Anxiety, 2017, 1: 1–23.

[42] AIKENS K A, ASTIN J, PELLETIER K R, et al. Mindfulness goes to work: impact of an online workplace intervention [J]. Journal of Occupational and Environmental Medicine, 2014, 56(7): 721–731.

[43] BAJAJ B, PANDE N. Mediating role of resilience in the impact of mindfulness on life satisfaction and affect as indices of subjective well–being [J]. Personality and Individual Differences, 2016, 93: 63–67.

[44] FREDRICKSON B L, COHN M A, COFFEY K A, et al. Open hearts build lives: positive emotions, induced through loving–kindness meditation, build consequential personal resources [J]. Journal of Personality and Social Psychology, 2008, 95(5): 1045–1062.

[45] DECI E L, RYAN R M. The "what" and "why" of goal pursuits: Human needs and the self–determination of behavior [J]. Psychological Inquiry, 2000, 11(4): 227–268.

[46] REIS H T, SHELDON K M, GABLE S L, et al. Daily well–being: The role of autonomy, competence, and relatedness [J]. Personality and Social Psychology Bulletin, 2000, 26(4): 419–435.

[47] CHANG J–H, HUANG C–L, LIN Y–C. Mindfulness, basic psychological needs fulfillment, and well–being [J]. Journal of Happiness Studies, 2015, 16(5): 1149–1162.

[48] RYAN R M, HUTA V, DECI E L. Living well: A self–determination theory perspective on eudaimonia [J]. Journal of Happiness Studies, 2008, 9(1): 139–170.

[49] BRYANT F. Savoring Beliefs Inventory (SBI): A scale for measuring beliefs about savouring [J]. Journal of Mental Health, 2003, 12(2): 175–196.

[50] BRYANT F B, SMITH J L. Appreciating life in the midst of adversity: Savoring in relation to mindfulness, reappraisal, and meaning [J]. Psychological Inquiry, 2015, 26(4): 315–321.

[51] KIKEN L G, LUNDBERG K B, FREDRICKSON B L. Being present and enjoying it: Dispositional mindfulness and savoring the moment are distinct, interactive predictors of positive emotions and psychological health [J]. Mindfulness, 2017, 8(5): 1280–1290.

[52] SHARON S. Real happiness: The power of meditation [Z]. New York: Workman Publishing, 2010.

[53] KIKEN L G, SHOOK N J. Looking up: Mindfulness increases positive judgments and reduces negativity bias [J]. Social Psychological and Personality Science, 2011, 2(4): 425–431.

[54] RIBEIRO L, ATCHLEY R M, OKEN B S. Adherence to practice of mindfulness in novice meditators: practices chosen, amount of time practiced, and long−term effects following a mindfulness−based intervention [J]. Mindfulness, 2018, 9(2): 401−411.

[55] GERMER C K, SIEGEL R D, FULTON P R. Mindfulness and psychotherapy [M]. New York: Guilford Press, 2013.

[56] 威廉姆斯，蒂斯代尔，西格尔，等 . 穿越抑郁的正念之道 [M]. 北京：机械工业出版社，2015.

[57] COLLARD P. Mindfulness−based Cognitive Therapy for Dummies [M]. New York: John Wiley & Sons, 2013.

[58] ELLIS A. Expanding the ABCs of rational emotive behavior therapy [J]. Cognition and Psychotherapy, 1985, 1(1): 313−323.

[59] KOONS C R. The mindfulness solution for intense emotions: Take control of borderline personality disorder with DBT [M]. Oakland: New Harbinger Publications, 2016.

[60] WALACH H, BUCHHELD N, BUTTENMÜLLER V, et al. Measuring mindfulness—the Freiburg mindfulness inventory (FMI) [J]. Personality and Individual Differences, 2006, 40(8): 1543−1555.

[61] LAU M A, BISHOP S R, SEGAL Z V, et al. The Toronto Mindfulness scale: Development and validation [J]. Journal of Clinical Psychology, 2006, 62(12): 1445−1467.

[62] BROWN K W, RYAN R M. The benefits of being present: Mindfulness and its role in psychological well−being [J]. Journal of Personality and Social Psychology, 2003, 84(4): 822−848.

[63] BAER R A, SMITH G T, ALLEN K B. Assessment of mindfulness by self−report: The Kentucky Inventory of Mindfulness Skills [J]. Assessment, 2004, 11(3): 191−206.

[64] BAER R A, SMITH G T, HOPKINS J, et al. Using self−report assessment methods to explore facets of mindfulness [J]. Assessment, 2006, 13(1): 27−45.

[65] DENG Y−Q, LIU X−H, RODRIGUEZ M A, et al. The five facet mindfulness questionnaire: psychometric properties of the Chinese version [J]. Mindfulness, 2011, 2(2): 123−128.

[66] ZHU T, CHEN C, CHEN S. Validation of a Chinese version of the five facet mindfulness questionnaire and development of a short form based on item response theory [J]. Current Psychology, 2021: 1−13.

[67] CARMODY J, BAER R A. How long does a mindfulness‐based stress reduction program need to be? A review of class contact hours and effect sizes for psychological distress [J]. Journal of Clinical Psychology, 2009, 65(6): 627−638.

[68] WOODS S L, ROCKMAN P. Mindfulness-based Stress Reduction: Protocol, Practice, and Teaching Skills [M]. Oakland: New Harbinger Publications, 2021.

[69] BATINK T, PEETERS F, GESCHWIND N, et al. How does MBCT for depression work? Studying cognitive and affective mediation pathways [J]. PLoS One, 2013, 8(8): e72778.

[70] SEGAL Z V, WILLIAMS M, TEASDALE J. Mindfulness-Based Cognitive Therapy for Depression [M]. New York: Guilford Press, 2012.

本章附录

正念疗法

正念减压疗法课程

标准的正念减压疗法包含连续8周的课程，每周2.5小时，第六周时会进行一整天共6小时的练习，共计26小时[67]。在课程中，正念带领者需要向练习者讲解参与正念练习需要培养的态度。团体课程提供了一个适合的学习环境，帮助建立团体凝聚力。在每一节课，正念带领者向参与者讲解正念，并引导参与者进行相应的冥想练习。每一节课后，参与者需要自行完成正念带领者布置的家庭作业。参与者最好可以每天抽出45分钟进行练习。为了增强练习的效果，正念带领者可以向参与者提供冥想练习的指导语录音和每周手册[68]。

Woods和Pockman整理了8周正念减压疗法的框架和主要内容[68]210-480，我们在此提供此版本以供参考。

第一周

- 欢迎与对课程的介绍（10分钟）
- 简版呼吸觉察与讨论（15分钟）
- 自我介绍与参与意图讨论（15分钟）
- 短暂的站立瑜伽练习与感受讨论（15分钟）
- 葡萄干练习与感受讨论（30分钟）
- 身体扫描练习与感受讨论（55分钟）
- 布置家庭作业与讨论（10分钟）

第二周

- 欢迎（5分钟）
- 站立瑜伽练习（10分钟）
- 身体扫描练习（35分钟）
- 瑜伽与身体扫描练习感受讨论（20分钟）

- 家庭作业回顾（20分钟）
- 观察冥想与简短感受讨论（15分钟）
- 视觉偏差练习和讨论（15分钟）
- 呼吸静坐冥想练习（10分钟）
- 感受讨论（10分钟）
- 布置家庭作业与讨论（10分钟）

第三周

- 欢迎（5分钟）
- 坐姿讲解（5分钟）与呼吸静坐冥想练习（15分钟）
- 躺式瑜伽练习（60分钟）
- 正念行走练习（15分钟）
- 呼吸、瑜伽和行走练习感受讨论（20分钟）
- 家庭作业回顾（20分钟）
- 布置家庭作业与讨论（10分钟）

第四周

- 欢迎（5分钟）
- 站立瑜伽练习（35分钟）
- 正念静坐练习（30分钟）
- 瑜伽和静坐练习感受讨论（20分钟）
- 家庭作业回顾（20分钟）
- 压力反应（20分钟）
- 觉察圈（10分钟）
- 布置家庭作业与讨论（10分钟）

第五周

- 欢迎（5分钟）
- 站立瑜伽练习（15分钟）
- 正念静坐练习（35分钟）
- 感受讨论（20分钟）
- 压力反应三角（30分钟）
- 觉察圈（15分钟）
- 家庭作业回顾（20分钟）
- 布置家庭作业与讨论（10分钟）

第六周

- 欢迎（5分钟）

- 站立或躺式瑜伽练习（20分钟）
- 正念静坐练习（35分钟）
- 感受讨论（20分钟）
- 家庭作业回顾（20分钟）
- 困难沟通模式练习（30分钟）
- 简版正念静坐练习（10分钟）
- 布置家庭作业与讨论（10分钟）

第六周全天练习

- 欢迎和全天练习简介（15分钟）
- 正念静坐冥想——呼吸觉察（15分钟）
- 正念运动与身体扫描（60分钟）
- 正念静坐冥想——呼吸、身体、声音、想法、情绪、无选择的觉察、呼吸（40分钟）
- 正念行走冥想（30分钟）
- 山或湖冥想（30分钟）
- 正念进食（60分钟）
- 正念运动（60分钟）
- 慈心冥想（30分钟）
- 正念行走冥想（30分钟）
- 沉默的过渡期——配对正念交流与倾听，大组讨论（30分钟）
- 回家指导——注意外部刺激、交流、安全（20分钟）

第七周

- 欢迎和不同的椅子练习（5分钟）
- 自由瑜伽（20分钟）
- 正念静坐练习（35分钟）
- 感受讨论（20分钟）
- 全天练习讨论（10分钟）
- 家庭作业回顾（20分钟）
- 与世界交互、技能选择、自我关怀练习（30分钟）
- 布置家庭作业（10分钟）

第八周

- 欢迎（5分钟）
- 身体扫描（30分钟）
- 瑜伽练习（20分钟）

- 正念静坐练习（15分钟）

- 感受讨论（15分钟）

- 反馈与讨论（20分钟）

- 家庭作业回顾（15分钟）

- 布置家庭作业（5分钟）

- 结束仪式（25分钟）

抑郁的正念认知疗法课程

正念认知疗法结合了正念减压疗法和认知行为疗法，旨在预防抑郁症的复发。与正念减压疗法类似，正念认知疗法是一个8周团体疗法，包含了冥想练习和认知行为技术。正念认知疗法的核心在于引导个体对自己的想法和感受有更高的觉察，将它们去中心化为"心理事件"而非自己的一个方面或真实的现实反应[69]。以下为正念认知疗法的框架和主要内容[70]109-392：

第一周

- 树立课程的方向

- 设立关于隐私、保密的团体规则

- 自我介绍、引导成员介绍自己对课程的期望

- 葡萄干练习及反馈与讨论

- 身体扫描练习及反馈与讨论

- 分发第一课手册并布置家庭作业

- 7天内安排6天进行身体扫描练习

- 日常生活中正念地进行活动

- 配对讨论家庭作业的时间安排、可能遇到的阻碍与解决方案

- 以2～3分钟的呼吸觉察结束课程

第二周

- 身体扫描练习及反馈与讨论

- 家庭作业回顾（包括完成家庭作业的困难）

- 想法和感受练习

- 愉悦体验日历

- 十分钟正念静坐冥想

- 分发第二课手册并布置家庭作业

- 7天内安排6天进行身体扫描练习

- 7天内安排6天进行10分钟正念呼吸冥想

- 愉悦体验日历

- 日常生活中正念地进行活动

第三周

- 5分钟"看"或"听"练习

- 30分钟正念静坐冥想

- 反馈与讨论

- 家庭作业回顾

- 3分钟呼吸空间及反馈与讨论

- 正念伸展及反馈与讨论

- 不愉悦体验日记练习

- 分发第三课手册并布置家庭作业

- 在第1、3、5天进行伸展与呼吸冥想

- 在第2、4、6天进行40分钟正念运动

- 不愉悦体验日记

- 每天3次3分钟呼吸空间

第四周

- 5分钟"看"或"听"练习

- 30～40分钟正念静坐冥想

- 反馈与讨论

- 家庭作业回顾

- 定义抑郁：自动化想法问卷和抑郁的诊断标准

- 3分钟呼吸空间及反馈与讨论

- 正念行走

- 分发第四课手册并布置家庭作业

- 7天内安排6天进行正念静坐冥想

- 每天3次3分钟呼吸空间

- 在注意到产生不愉悦的感受时进行3分钟呼吸空间冥想

第五周

- 30～40分钟正念静坐冥想

- 反馈与讨论

- 回顾家庭作业

- 呼吸空间及反馈与讨论

- 阅读Rumi的小诗"The Guest House"

- 分发第五课手册并布置家庭作业

- 在第1、3、5天进行与困难工作冥想；在第2、4、6天进行无指导语冥想

练习

- 每天3次3分钟呼吸空间
- 在注意到产生不愉悦的感受时进行3分钟呼吸空间冥想

第六周

- 30 ～ 40分钟正念静坐冥想
- 反馈与讨论
- 回顾家庭作业
- 为课程结束做心理准备
- 情绪、想法和替代观点练习
- 呼吸空间及反馈与讨论
- 进行讨论：在以更广阔的视角去看待想法时将呼吸空间作为第一步
- 讨论抑郁复发的迹象
- 分发第六课手册与冥想音频
- 布置家庭作业
- 每天至少进行40分钟的有指导冥想
- 每天3次3分钟呼吸空间
- 在注意到产生不愉悦的感受时进行3分钟呼吸空间冥想

第七周

- 30 ～ 40分钟正念静坐冥想
- 反馈与讨论
- 回顾家庭作业
- 练习探索活动和情绪之间的关系
- 计划在情绪不适时如何安排活动
- 在以更广阔的视角去看待想法时将呼吸空间作为第一步
- 识别能够解决复发威胁的行为
- 3分钟呼吸空间或正念行走
- 分发第七课手册并布置家庭作业
- 在众多正念练习中挑选一个你想要日常练习的冥想练习
- 每天3次3分钟呼吸空间
- 在注意到产生不愉悦的感受时进行3分钟呼吸空间冥想
- 发展自己的应对低落情绪的行动计划

第八周

- 身体扫描练习及反馈与讨论
- 家庭作业回顾

- 回顾整个课程
- 分发问卷，寻求参与者对课程的反馈
- 讨论如何坚持练习
- 讨论计划，并将它们与维持练习的好处联结起来
- 分发第八课手册和书籍
- 以冥想或互相祝福结束课程

正念五因素量表

请根据以下给予的等级来评定每句话，选出最符合您真实想法的选项。

		一点也不符合	较少符合	有些符合	非常符合	完全符合
1	走路时，我会细心地去体验我身体动起来的感觉。					
2*	我擅长用言语描述我的情感。					
3R	我会为自己有不理智或不合适的情绪而责备自己。					
4	我能随时感知我内心的丰富情感，但无须逐一对其作出反应。					
5R*	我做事的时候常常走神，容易分心。					
6	淋浴或沐浴时，我会特别留意水触摸我肌肤的感觉。					
7	我能清晰表达自己的信念、观点以及期望。					
8R	我做事不专心因为我会胡思乱想，忧心忡忡，心不在焉。					
9	我清楚我的心情是好是坏，但不至于为其纠结。					
10R	我会告诉自己，我不应该有此刻的这种感受。					
11	我能意识到各种食物和饮品会如何影响我的身心状态。					
12R	我难以找到词语来表达我的所思所想。					
13R*	我很容易分心。					
14R	我认为我的一些想法是异常的、不好的，我不应该那样想。					
15*	我会细心体验各种感觉，比如微风吹拂我的头发、阳光照在我的脸上的感觉。					
16R	我很难用合适的语言来表达我对事物的感受。					
17R	我经常评判自己的想法是好是坏。					
18R	我发现自己很难持续地将注意力集中到当下。					
19*	当我有令人不安的想法或意象时，我通常能退一步想一想，不会被其左右。					
20*	我会细心聆听各种声音，比如时钟滴答、鸟儿啾啾、行车飕飕。					

续表

		一点也 不符合	较少 符合	有些 符合	非常 符合	完全 符合
21*	遇到困境时，我通常能先冷静一下，不会冲动行事。					
22R	我很难找到合适的词语来描述我身体的各种感觉。					
23R	我似乎在无意识地自动运转，不太能清晰地意识到自己在做什么。					
24*	当我有令人不安的想法或意象时，我通常能很快地恢复平静。					
25R*	我会告诉我自己，我不应该有这样或那样的想法。					
26	我能敏锐地觉察各种气味与芳香。					
27	即使当我心情十分不好时，我也能找到词语来表达清楚是怎么回事。					
28R	我仓促地完成各项事情，实际上并未花多少心思。					
29	当我有令人不安的想法或意象时，我通常能注意到它的存在，但不去对其作出反应。					
30R*	我觉得我的一些情绪是不对的、不合时宜的或者不应该有的。					
31*	我能敏锐地觉察艺术品和大自然里的视觉元素，譬如颜色、形状、纹理、光影等。					
32*	我擅长并能够用词语来清楚地描述我的体验。					
33	当我有令人不安的想法或意象时，我通常只是觉察它们，顺其自然。					
34R	我机械地完成工作和任务，但实际上并不清楚自己正在做什么。					
35R	当我有令人不安的想法或意象时，我通常会根据想法的内容评判自己是好人还是坏人。					
36	我常细心体会情绪如何影响我的思想和行为。					
37*	我通常能够非常详细地描述出我此刻的感受。					
38R*	我觉得自己做事不专心。					
39R*	当我有不理智的想法时，我会否定自己。					

注：标记*即为简版正念五因素量表中包含的条目；标记R即为反向计分条目。

计分规则：

一点也不符合=1，较少符合=2，有些符合=3，非常符合=4，完全符合=5。标记R的反向计分条目计分规则为：一点也不符合=5，较少符合=4，有些符合=3，非常符合=2，完全符合=1。子维度计分为将各条目得分相加，量表总分计分为将所有条目得分相加。得分越高表明该子维度或整体正念水平越高。

子维度及其条目：观察：1、6、11、15、20、26、31、36；描述：2、7、12、16、22、27、32、37；有觉知地行动：5、8、13、18、23、28、34、38；不评判：3、10、14、17、25、30、35、39；不反应：4、9、19、21、24、29、33。

引入

早上7点，小明在闹钟的催促下挣扎着从床上爬起来。他的头昏昏的，因为昨天晚上熬夜看了比赛，有些睡眠不足，不过再不起床就要上班迟到了。小明现在唯一的指望就是能在地铁上有一个座位，这样他就可以在地铁上小睡一会了。他迷迷糊糊洗漱完，稍微清醒了一些，去小区门口的早餐店吃了早饭，汇入了地铁站的人潮。

上午10点，小明刚刚提交了一份自己连续打磨一周的计划书，感觉身体都跟着轻松了许多。他伸了个懒腰，现在还不是休息的时候，因为昨天部门经理通知他下午要进行一场项目会议，需要他准备好展示的幻灯片。小明心想如果能快些做完的话，或许中午还能小憩一会，弥补一下地铁上错过的回笼觉。

下午两点，小明飞快地冲进会议室，放出了幻灯片。他内心长吁了一口气，中午一不小心多睡了一会，差点没能及时做好幻灯片。不过紧赶慢赶总算是按时完成了，险些误了大事。会议进行了两个小时，小明总感觉经理似乎对他有些疏远，好像在故意回避他，心里有些忐忑，又不知道自己做错了什么。

下班了，小明走出公司的大门，本想直接回家，结果实习生小张从身后叫住了他。原来是小张今天转正了，他很感谢实习期间大家的帮助，想借这个机会请大家一起庆祝一下，表达自己的感谢之情。小明一直觉得自己不擅长与人交流，往常这种事情都是能回避就回避，但今天小张盛情难却，小明只得答应下来。

晚上9点半，庆祝活动结束了，小明一个人走在回家的路上，回想着酒桌上的气氛，不由得有些羡慕小张。小张工作能力很强，才实习两个月就转正了，人又机灵，很得领导的器重。最重要的是，小张之后和自己就是同事关系了，本来自己兢兢业业做了两年多，半年后肯定升职加薪，小张一来，谁升职谁滚蛋就成了个未知数，一阵冷风吹来，小明不禁打了个寒战。

这一路上小明越想越担心，回到家后只想洗个热水澡赶紧睡觉，快些摆脱这些烦恼的纠缠，明天还要上班呢。恍惚间小明觉得有些说不清的感受涌上心头，生活虽然辛苦，但也不是不能接受，这样日复一日，仿佛自己都忘了过了多久。自己孤身一人背井离乡在大城市打拼，不知道乡下的老爸老妈最近过得怎么样了。他拿起手机，刚想给家里打个电话，没想到手机先一步响了起来，竟然是经理打来的。经理大发雷霆，说小明的方案简直一团糟，根本不能用。那可是他辛辛苦苦打磨了一周的啊！不过经理根本不管这些，他要求小明在明天下班前一定要改好方案。

挂掉电话，小明感觉自己只想一个人大哭一场。

我们可以看到小明的生活中面临着各种各样或大或小的问题，他睡眠不足，工作任务一件接着一件，他的上级对他冷漠疏远，明明感觉自己不擅长社交又必须出席一些社交场合，职场竞争的压力，单身一人的孤独，以及最后压垮他的工作上的挫折。这些问题的存在就是小明压力的源头，如果这些问题都被小明顺利解决了，那么小明的压力也就不复存在了。在这种情况下，问题解决训练就是一种合适的应对压力的方法，它通过培养个体积极的问题解决态度，并提高个体的问题解决能力，帮助个体顺利解决生活中面临的各种问题，从而减小压力。

一、什么是问题解决训练

（一）问题从何而来

在20世纪70年代初期，Thomas D'Zurilla 和 Marvin Goldfried 发表了关于问题解决（problem solving）的理论和研究综述[1]，问题解决的讨论浪潮由此兴起。问题解决框架为我们提供了一种新的视角来看待问题。在问题解决中，问题被定义为一种不完满的生活状况。它可以是当下的生活状况，即个体不能对当前的状况形成一种适应性的反应，比如一个人难以控制自己的情绪反应；也可以是相对长远的生活状况，即个体无法为了达成目标做出有效的行动，比如一个人想保持健康却无法坚持锻炼身体。二者的存在并不是非此即彼，通常相对长远的问题是由很多短期的问题组成的，短期问题不加以解决，可能也会发展为长期问题。有时候问题的存在是很明显的，能够被个体立即意识到；有时候问题的存在只有在多次尝试应对失败后才能意识到。

问题的存在既反映了环境的挑战（例如亲密关系破裂、工作调动等），也反映了个体本身的特征（例如对生活目标困惑、想赚更多的钱等）。但从另一方面讲，单独的环境的挑战或个体本身的特征都不足以构成问题。例如亲密关系破裂（一种环境挑战）可能对一个情感淡漠的人的生活毫无影响；想过体面的生活（一种个体特征）对亿万富翁而言轻而易举。确切地讲，问题反映了个体与环境的关系，其本质为一种对现实情况、个人能力以及决策的要求之间的不平衡或矛盾[2]10。当问题涉及的环境、个体因素发生变化时，这种不平衡与矛盾也随之改变，问题的难度或重要性也因此发生变化。

读到这里，读者可能会想起我们在第一章介绍过的压力的知觉评价模型。这个模型将压力定义为"需求与资源间的不平衡"[3]21。这与问题解决训练对问题的定义非常地接近。问题解决训练以解决问题为导向，也可以说成是以应对压力为导向。

（二）什么是问题解决

回到问题解决本身，它定义了一种自我引导过程，个体通过这种过程来尝试识别、发现或发展出适应性的应对方法，以解决其在日常生活中遇到的各种问题[2]8。行为主义心理学家将问题解决概括为两个主要部分：（1）问题解决态度（也译为问题导向）；（2）问题解决方式。问题解决态度是一种相对稳定的认知情感图式，反映了个体对生活中的问题的普遍认识和评价，以及对自身解决问题的能力的普遍信念、态度以及情绪反应。个体的问题解决态度越积极，那么其越有可能尝试去解决或处理生活中的问题。问题解决方式则是一组实际的认知行为活动，通过这些活动，个体试图发现或发展出有效的解决方案来应对现实生活中的问题。

问题解决训练即针对问题解决态度和问题解决方式进行的训练。问题解决训练的目的在于帮助个体发展出一种多维的问题解决元过程，而不是一种单一的应对行为或活动。换言之，问题解决训练针对个体的问题解决能力进行训练，而不是只解决一个问题，它帮助个体识别并选择一套应对模式并付诸实践，来有效地面对压力。

（三）什么是解决方案

在问题解决中，解决，或称解决方案，是一种针对特定情况的反应或反应方式，它是问题解决过程中应用于特定问题情景时的产物[2]10。一个有效的解决方案首先必须能够达成解决问题的一个或一组目标（即改善现有状况或减少问题造成的痛苦），在此基础上最大限度地扩大其他积极后果并尽量减少消极后果。在评估解决方案的有效性时，不仅需要考虑其能否有效解决问题，还需要考虑该方案对自己、他人和社会的影响，既包括短期影响，也包括长期影响。应当指出，任何特定的解决方案的有效性都可能因个体和环境的改变而有所不同，这取决于问题解决者以及解决方案涉及的其他个体的主观规范、价值观和目标。

二、问题解决训练的效果

问题解决训练涉及各种能力和技能的培养，从而导致各种适应性的结果[4]。正如问题解决训练的名字所揭示的一样，问题解决训练专注于问题解决，帮助个体弥合环境与个体间的不平衡或矛盾。问题解决训练通过培养个体积极的问题解决态度和训练个体有效的问题解决方式两条途径来帮助个体达成上述目标。

（一）积极的问题解决态度如何帮助个体应对压力

积极的问题解决态度使个体对生活中的问题采取一种适应性的世界观或取向（例如：乐观、积极的自我效能，直面生活中常见的问题）。因为一个人的问题解决态度会对其动机和能力产生很大的影响，从而决定其能否真正地开始尝试去解决问题，所以培养积极的问题解决态度可谓问题解决训练的重中之重，对这一维度进行评估和处理也十分重要[5]。研究表明，一个人的问题解决态度与心理压力和适应水平相关[6][4]。消极的问题解决态度通常会导致负面结果。缺乏解决社会问题的技能和消极的问题解决态度会导致儿童和成人的抑郁和自杀倾向[7][8][9]、自我伤害行为[10]，并增加担忧[11][12]。有关 PST 随机控制实验组的两篇经典元分析评述发现，无论在哪一类被试群体中，减少对积极的问题解决态度的培养都将使训练的效果变差[13][14]。

不仅如此，积极的问题解决态度也是训练长期效果的保障。由于问题解决态度能够在较长的一段时间中保持相对稳定，因此在训练结束后，当具有积极问题解决态度的个体再次面临相同维度的问题时，积极的问题解决态度仍然能够增强他们解决问题的动机和能力，促进解决问题。这种相对长期的稳定性对于长期的压力管理是非常重要的。

那么积极的问题解决态度有哪些表现呢？积极的问题解决态度涉及如下个人倾向：

- 将问题看作挑战；
- 乐观地相信问题是可以解决的；
- 对自己处理问题的能力有较强的信心；
- 明白成功的问题解决需要时间和精力；
- 将负面情绪视作问题解决的整体过程中不可或缺的一部分，最终可以转化为应对高压问题的助力。

与之相对的，消极的问题解决态度涉及如下个人倾向：

- 将问题视为威胁；
- 认为问题是不可解决的；
- 怀疑自己是否能够成功地处理问题；
- 面对问题或面对负面情绪时，会感到特别失落和沮丧。

有趣的是，这两种看似互相对立的问题解决态度并非同一连续谱的两端，而是相互独立的[5]。不仅如此，在面对不同问题时个体的问题解决态度可能是完全不同的。例如，一个人在解决成就相关的问题（例如工作挑战）时，总能保持积极的问题解决态度，但在处理从属关系或人际关系问题（例如约会）时，却总是持有消极的问题解决态度。在不同维度的问题上，个体的问题解决态度也是相对稳定的，Mischel 和 Shoda 于 1995 年提出的认知情感人格系统理论[15]认为，一个人的行为和情景是存在对应关系的，一个人在面对同样的情景时会采取同样的行动。因此一个人可能在 A 情景（例如人际关系问题）中总是持有消极的问题解决态度，而在 B 情景（例如工作挑战）中总是持有积极的问题解决态度。读者如果还记得本书是如何介绍问题的本质的，即"问题反映了个体与环境的关系，其本质为一种对现实情况、个人能力以及决策的要求之间的不平衡或矛盾"，那么对同一个体在不同领域表现出稳定的积极/消极问题解决态度的现象，可能会更容易理解。因为随着问题维度的改变，现实状况、个人能力指标以及决策要求都会发生改变，三者之间的不平衡或矛盾也会相应地增大或减小，从而使问题对于该个体的困难程度发生变化。

综上所述，问题解决训练的目标之一即是培养个体积极的问题解决态度。由于问题解决态度对个体处理压力的方式会产生重要的影响，因此对个体的问题解决态度进行评估和引导特别重要。

（二）更好的问题解决方式如何帮助个体应对压力

问题解决方式则对应着具体的"解决问题"行为的有效实施（例如：情绪调节和管理，有计划地解决问题）。问题解决方式是问题解决训练的另一个重要训练内容。问题解决方式指的是人们在尝试解决或处理有压力的问题时从事的一系列认知行为活动。问题解决训练通过训练个体采取一种理性的问题解决方式行动，来提高个体的问题解决能力。

问题解决方式是否合理有效，往往决定了个体能否成功应对压力。研究者们总结出了 3 种不同的问题解决方式，分别为（a）理性型问题解决；（b）回避型问题解决；（c）冲动型问题解决[16]11-27。

理性型问题解决方式是应对压力问题的建设性方法，需要系统地、深思熟虑地应用以下一系列具体技能：（1）定义问题；（2）产生备择方案；（3）做出决策；（4）实施并验证解决方案。本章后面会对这些技能及训练方法做更详细的介绍。

回避型和冲动型问题解决方式与理性型问题解决方式不同。回避型问题解决方式的特点是拖延、被动、不作为和依赖他人。这一类型的问题解决者更喜欢回避问题而非直面它们，尽可能地拖延问题解决，等待问题自己消失，并试图将解决问题的责任转移给其他人。采用冲动型问题解决方式的个体常常会冲动地或粗心地尝试解决问题。这样的尝试是狭隘、仓促而不完整的。经常采用这种问题解决方式的个体的典型特征是只考虑寥寥几种解决方案，往往跟随脑海中出现的第一个想法行动。此外，他（她）在选择替代方案、分析各种后果、监测解决方案的成果等方面，都表现得简略、不仔细、不充分，以及不系统。

因此不难理解，只有理性型问题解决是适应性的问题解决方式，而另外两种都是功能失调或适应不良的。一般来说，这两种问题解决方式都与无效的问题解决相关联。此外，采用后两种解决方式的个体往往会使现有的问题恶化，甚至产生新的问题。

需要指出的是，理性型问题解决方式并不是解决问题的必要条件，在很多情况下，一个人一时冲动做出的决策也可以解决问题；一个人对问题视而不见，结果发现随着时间发展，问题自行消失了。那些不严格遵照理性型问题解决方式展开的问题解决能够顺利解决问题也并不令人意外。理性型问题解决方式的重要意义在于它提供了一种系统性的问题解决方式，使问题解决的各个阶段都能够得到保障，避免在思路不清的情况下着手解决问题，提高了问题解决的成功率。更重要的是，当问题解决陷入困境时，理性型问题解决方式为个体提供了一个反思的框架，寻找解决失败的原因，并做出补救，继续尝试解决问题。

（三）循证研究：PST疗法对身体和心理健康的益处

总的来说，循证研究发现，问题解决训练能够有效地帮助有各种心理与身体健康问题的个体，包括阿尔茨海默病、神经发育迟滞、创伤性脑损伤、神经质、抑郁、焦虑、工作压力、情绪困扰、自杀意念、癌症、心脏病、关节炎、糖尿病、高血压、肥胖、中风、创伤性脑损伤、疼痛、创伤后应激障碍、人格障碍和犯罪等问题[17][2]38-40。尽管这些成果中的一部分已经在本书之前的部分中出现，但仍然有必要在本节再次强调问题解决训练的效果，以打消读者对其有效性的疑虑。

第一次发表的关于问题解决训练效果的重要元分析是由[18] Malouff、Thorsteinsson和Schutte[14]进行的，其中包含了32项随机对照研究，共收集了2895名被试。该元分析评价了问题解决训练对各种心理和身体健康问题的疗效。这项元分析的结果发现，与其他形式的心理治疗相比，问题解决训练几乎同样有效，甚至效果要稍好于其他形式的心理治疗。此外，还发现问题解决训练的效果显著地好于无治疗组和安慰剂组的效果。这些结果有力地证明了问题解决训练是一种有效的干预方法，能够阻断压力对心理和生理健康造成的负面影响。

三、问题解决如何减缓压力

（一）问题解决与压力的认知评价模型

在压力的认知评价模型中，次级评价过程涉及对个人应对方式、应对能力及应对资源的评价，判定个人的应对与事件之间的匹配程度。如果评价结果为有利，会出现高兴、骄傲、满足和幸福等正性情绪，并拥有较强的动机去尝试解决问题。而如果评价结果为不利，那么个体很有可能会消极对待问题，从而导致压力的累积。问题解决态度影响了次级评价过程，无论是个体对问题的普遍认识和评价，还是对自身解决问题的能力的普遍信念、态度以及情绪反应，都与次级评价过程紧密相关。因此，当一个人持有消极的问题解决态度时，往往会认为自身所拥有的资源不足以应对压力事件，从而消极应对，导致压力的累积。而积极的问题解决态度则能够帮助个体积极采取行动解决问题，应对压力。

即使个体拥有了积极的问题解决态度，在次级评价过程中认为自己有能力解决问题，但是如果不能采取适宜的问题解决方式，仍然无法有效处理压力，同样会导致压力的累积，压力的认知评价模型的反应部分正是阐述了这样的规律。回避型问题解决方式常常会导致个体对问题的不作为，放任问题恶化，而冲动型问题解决方式由于考虑不够全面，常常会导致问题接二连三地出现。理性型问题解决方式通过定义问题明确努力的方向，通过产生备择方案和决策步骤充分考虑解决方案带来的各方面结果，并做出抉择，最终通过实施步骤解决问题，并根据实际产生的结果对解决方案做出调整，因此能够对问题产生更加清晰全面的认识，通过可行性强的方法解决问题，应对压力，避免压力引起的消极后果。

（二）问题解决与压力的素质-应激模型

1.系统 I

系统 I 重点描述了个体的基因型和早期经验等远端因素对之后压力反应的生物脆弱性的影响。研究者们很早就发现，携带某些基因型的个体在生活中更容易被压力击倒，导致更多的消极结果。Wilhelm 等人[19]针对这种现象提出了一个非常有趣的设想，他们认为血清素转运蛋白基因型可能会通过影响个体应对压力时应用的问题解决策略来导致个体在生活中经历更多的压力事件。结果竟确如他们所料，血清素转运蛋白启动子多态性的短变异与较少使用问题解决策略存在关联。这意味着问题解决能力可能是基因型影响身心健康的中介。换言之，如果能够提高个体的问题解决能力，那么研究中发现的基因对经历的压力事件的影响可能不复存在。

问题解决在早期经验与成年后的压力应对中也扮演着重要的角色。作为一个孩子，如何处理早期生活中的压力因素不仅意味着他（她）可以多大程度地缓解这些压力的消极影响，而且会影响他（她）在之后的生活中应对压力的方式。这意味着，适当的压力环境对儿童的成长是十分有利的，因为这意味着儿童有机会去学习如何面对逆境。一个有力的证据来自Gunnar等人[20]的研究，他们发现，与具有较低或较高水平的早期生活压力的儿童相比，具有中等水平的早期生活压力的儿童具有较小的生理压力反应。但是当儿童经历过大的压力时，后果可能是非常严重的。尤其考虑到儿童还处在发育中，他们的问题解决能力相对有限，因此压力很有可能会超过儿童的应对能力，导致消极结果（例如无效的问题解决方式和消极的问题解决信念）的风险大大增加。

2. 系统 Ⅱ

素质–应激模型的系统 Ⅱ 强调了重大的消极生活事件和轻微的日常问题对个体神经生物反应的影响，系统地描述了近端压力源如何最终导致了个体的压力应激反应，并最终导致消极的生理和心理结果。在此框架下，问题解决提供了一种可能的方式，来阻断压力源与消极生理和心理结果之间的联系。

研究发现个体最初对压力做出的反应以及之后处理压力的方式可以解释不同个体间的影响差异，那些擅长解决问题的个体，受到压力的有害影响较小。已经有不少的实证研究支持了这种观点，他们发现各种无效的问题解决方法在广泛的人群中都与抑郁、焦虑、自杀意念和行为、严重的精神疾病、绝望、悲观、愤怒倾向、酗酒、药物滥用、刑事犯罪、低整体自尊、不安全依恋、工作压力、非自杀性自我伤害和性侵犯等负面结果有关[2]22-29。

目前的实证研究主要有两种类型，一种是论述了无效的问题解决是否与心理困扰有关的研究，一个经典的例子是 Nezu 和 Ronan[21]对大学生进行的一项研究，发现支持以下关联：（1）重大的消极生活事件增加了日常问题的数量；（2）更高水平的日常问题和更高水平的抑郁症状相关；（3）问题解决有助于缓和日常压力和抑郁之间的关系。

另一种研究则直接提出了问题解决是否可以作为压力有害影响的缓冲的问题。在一项以大学生群体为被试的实验中，研究者发现，在高压力水平下，那些擅于有效地解决问题的被试的抑郁水平更低。这表明问题解决有助于减轻经历高水平压力的消极影响[22]。

3. 系统 Ⅲ

正如素质–应激模型的系统 Ⅲ 所描述的，当个体面临环境刺激时，有自动化和非自动化两条通路来处理这些信息，自动化的通路相较非自动化通路更容易激活。问题解决训练将个体的自动化行为引入意识领域，如果原本的自动化行为是有助于解决问题的，那么个体可以更好地理解这种行为是如何帮助他们应对压力的；如果原本的自动化行为无助于解决问题，那么问题解决训练可以帮助个体减少无效行为，并发现更有效的应对压力的方法。将自动化行为引入意识领域在应对持续的日常压力的过程中非常重要，因为长期的压力通常意味着长期无效的应对策略，除非个体找到机会停下来进行思考，否则这种无效的应对策略很难被个体的意识处理，进而导致压力的持续累积。而问题解决训练恰好可以给个体提供一个停下来思考的机会，帮助其发展出更有效的问题解决方式来应对压力。

四、问题解决实用技术

（一）培养积极的问题解决态度的技术

接受问题作为生活中日常的、可预测的部分

来访者在面临生活中层出不穷的问题时，很有可能将问题的不断出现归因于自身的缺陷。但即使是最强大、最成功的人，也会在生活中遇到各种各样的压力问题。问题是生活的常态，来访者持有的信念是不合理的。这种不合理的信念可能会使来访者陷入负面情绪或者怀疑自身解决问题的能力，导致消极的问题解决态度。因此治疗师需要帮助来访者接受问题作为生活中日常的、可预测的部分。

这样做的目的在于：（1）帮助来访者拒绝生活中的问题源于个人缺陷的信念；（2）帮助来访者识别问题情境的外部原因，而不是简单地认为问题完全来自自我内部，帮助来访者更全面地认识问题；（3）减少来访者的负面情绪反应。

为了达到这样的目的，治疗师首先应该注意寻找来访者关于问题的不合理信念，例如：

- "这些问题证明了我是有缺陷的"
- "没有人有像我一样的问题"
- "当事情没有正常运转时，这是糟糕的（可怕的，无法忍受的）"
- "我是我所有问题的原因"
- "如果我是一个好人，我不应该有任何问题……生活应该是公平的。"
- ……

在识别这些信念后，治疗师需要向来访者指出这些信念，这样做的目的在于将这些自动化产生的信念引入来访者的意识领域，以供辩驳。接下来治疗师可以尝试帮助来访者权衡各方面的证据。大多数来访者的生活中至少有一些领域是没有问题的，可以尝试去分析来访者生活的各个方面，以找到来访者没有问题的生活领域。例如，尽管来访者面临着重大的工作和经济困难，但是他们有非常令人满意的家庭关系。除此之外，治疗师还可以强调在生活的某些方面遇到问题是正常的，是每个人都会经历的，而不是由于来访者个人的弱点或性格缺陷导致的。

当来访者陷入负面思维不能自拔，不能顺利进行认知辩驳时，治疗师可以尝试通过角色扮演的方法改变来访者的角色，换一个角度来看待问题。常见的扮演角色是由来访者扮演一个客观的倾听者或者朋友。有时候，单单要求来访者对治疗师提出的任何关于问题的陈述提出相反的观点，并使治疗师信服为什么这些想法可能是不完全准确的，也可以起到很好的效果。下面是一个角色扮演的例子。

老吴今年50岁了，他从高中开始就有饮酒的习惯，不仅每天自己一个人会喝酒，每周还会和朋友一起出去大饮特饮。但是他最近被检查出肝脏问题，不得不戒酒了。在戒酒的第二天，他开始出现了明显的不适，总是神经兮兮的，注意力集中困难，感觉生活中的一切都失去了控制，经常能看到有东西从余光中跑过。他认为这是由于戒酒引起的，因为他常年有饮酒的习惯，所以他现在非常痛苦，认为戒酒对他来说是不可能的。

老吴：这对我来说太难了，我不可能戒酒的，那和要我的命一样。

治疗师：这确实很困难，但每一个改变都是困难的，不是吗？

老吴：这不一样，我喝酒三十多年了从没中断过，我不可能戒酒的。

治疗师：嗯，那我们先放下戒酒的问题，现在假如我是你，你是你最亲密的朋友，我因为身体出现问题不得不停止饮酒了，但是我感觉非常困难，你能想想办法说服我吗？

老吴：我需要想一想……或许你只是需要一些时间来适应，没有什么是无法戒除的，哪怕是毒品，可能你只是需要一些时间。

1.对一个人有效解决生活问题的能力的信任

当来访者表达出认为问题是超出他们控制范围的信念，或者认为解决问题的方案是唯一的时，咨询师应该尤其注意，因为这暗示着来访者消极的问题解决态度。例如：

- "我所有的问题都是由他人和这个不公平的世界引起的！"
- "想到的第一个解决方案通常是最好的"
- "凭直觉行事是解决问题的最佳方式"
- "每个问题都有正确的解决方案"

通常来访者的观点有一部分是正确的，问题中确实有一部分不能受他们掌控（例如，迫使亲人停止饮酒），但来访者通常认为他们对问题完全无能为力，事实上，总会有一些方面是他们可能可以采取一些措施的（例如，为酗酒者的亲属找支持系统）。

此时治疗师应该及时与来访者进行认知辩驳，帮助来访者识别问题的哪些方面是不受他们控制的，哪些方面是他们可以做些什么的，并进一步帮助来访者专注于那些他们可以做些什么的方面以及在这些方面可以采取的措施。

当来访者陷入对问题本身的关注而不是如何解决问题时，咨询师应帮助来访者重新聚焦问题的目标或目的（例如，面试迟到是客观事实，但迟到的后果是可以解决的），以便于认知辩驳的进行。

2.在问题情境中运用"停下来思考"技术

问题的出现往往伴随着消极的体验，包括情感的（例如，悲伤、焦虑）、认知的（例如，悲观、担忧）和生理的（例如，精神不振、反胃）。这些消极的体验既可以成为个体识别问题的线索，也可能成为个体解决问题的阻碍。因为一般来讲，负面的体验要比问题本身更加明显，个体可能全部的精力都被用来应对负面体验，而无法进一步从根源上解决问题。例如一个人如果被沮丧的情绪打倒，那么他（她）可能什么都不想做，只想躺在床上，通常这会稍微减少一些沮丧情绪带来的伤害，但是躺在床上是无法解决实际问题的。

在这种情况下，治疗师需要帮助患者学会"停下来思考"技术。它的全称是停下来、慢下来、思考、行动（Stop、Slow down、Think、Act，SSTA），它使来访者不要急于关注负面体验，先停下来思考，帮助来访者抑制情绪化地加强负面体验，并指导来访者在深思熟虑后使用解决问题的技能。

为了达到这样的目的，咨询师可以为来访者提供如下4个步骤的总体指导：

- 当你意识到自己正在经历一种情绪反应，而这种情绪反应很可能"成长为一个压倒性的负面反应"时就停下来；
- 缓和你的情绪反应；
- 做到以上两点以便在受消极情绪干扰较小的情况下更有规划地考虑要做什么；
- 随后采取行动，实施有效的解决方案或行动计划以有效率地应对压力环境。

该技术在具体使用时，常常结合下一节中的"标记不适、痛苦和生理症状作为识别问题存在的条件"技术使用。

（二）提高问题解决能力的技术

1.标记不适、痛苦和生理症状作为识别问题存在的条件

问题的出现往往伴随着情感、认知或生理方面的消极体验。当一个人的身体出现病痛时，这种信号很容易被理解，比如一个人走路时总是感到膝盖疼痛，这种疼痛不仅意味着这个人的身体可能出状况了，还意味着这个人必须停止正在做的事情

并做出改变行为，这样膝盖才不会疼痛。与之类似，个体在面对问题时产生的各种消极体验都是一种关于问题的信号，可以作为指示问题存在的提示并开始解决问题的过程。治疗师需要向来访者强调这样的观点，即这些存在的内在状态是我们开始解决问题过程的自然信号。

有一些方法可以帮助来访者识别情感、认知或生理上的不适，一种在咨询中常用的方法是让来访者与生活的另一个方面进行类比。而在日常生活中，日常的监测更为常见，它通过如下的步骤实现：

- 无论什么时候，当你开始感到痛苦或身体不适的时候，停下来注意你的感受有多强烈。试着用语言表达你最先注意到的情绪或感觉。

- 注意你是如何体验这种感觉的，包括身体上的器官感觉，你对自己说的话，你的情感或你的思考，你行为的任何变化。注意所有关于"某事正在发生"的线索。换句话说，"从我对某事感到不安开始，到意识到有一个问题正在发生，我需要关注它！"

可以使用下面提供的压力反应监测表来系统地应用这一方法。这一方法常常与上一节介绍的"停下来思考"技术一同使用，以减少应对问题的不良反应，专注于有效的问题解决方式。

压力反应监测表

认知反应	情感反应	生理反应	行为反应	背后的压力事件

2.建立问题清单

当来访者思考他们生活中最主要的问题时，他们的思考常常是片面的，甚至会忽视那些真正重要的问题。所以在尝试解决问题前，最好先建立一个问题清单，系统地回顾来访者生活中各个方面的问题。建立一个问题清单通常需要经历如下三个自然过程：（1）自由报告；（2）问题线索复检；（3）问题清单筛查。在自由报告阶段，来访者以一种无引导的自然方式报告问题，此时可能无法报告全部的问题。如果咨询师只是简单地询问来访者你认为你当前最重要的问题是什么，那么问题检索很有可能止步于这个阶段。在问题线索复检阶段，咨询师鼓励来访者进行系统的思考，从情感、认知和生理上的负面体验以及行为线索入手，挖掘其背后可能存在的问题。在前两步完成后，治疗师可以向来访者提供一份如下所示的问题检查清单，邀请来访者继续寻找可能被忽视的潜在问题。

问题检查清单

1.和朋友、同学、老师的关系	10.住房问题
2.和家人的关系	11.伤害、勒索、虐待
3.失恋	12.酒精问题
4.亲人朋友去世	13.毒品问题
5.被孤立，感到孤独	14.身体健康问题
6.学习或工作问题	15.性问题
7.失业	16.心理健康问题
8.金钱问题	17.心理治疗相关问题
9.法律问题	18.低自尊或不自信

　　在构建问题清单的过程中，最好将所有想到的问题写在如下的问题清单中，以便之后检查是否有遗漏，以及之后从中选择需要解决的问题。注意，在构建问题清单阶段，来访者不需要详细描述问题，此时的主要目标是系统地寻找生活中可能存在的问题，对问题的详细描述和定义可以在完成问题清单后，参照本节"定义问题"部分的方法进行。

问题清单

如果你感到比较困难，可以从以下一些问题类型和问题领域来进行考虑：
问题类型：想法、行为、情绪感受、躯体症状 问题领域：健康、工作、人际关系、家庭情况、经济状况 请简单地罗列出你最近面临的一些问题：
1.
2.
3.
...

3.定义问题

　　在开始寻找解决方法之前，来访者需要清晰地定义问题。这一步尤为重要，它决定了之后解决问题的方法选择依据和对解决方案的效果评估的标准。如果没有充分阐明问题的性质，那么问题相关的重要事实直到问题解决流程后期才会出现，例如在考虑利弊时。在这种情况下，治疗师和来访者必须回到这一阶段对问题进行重新定义，这可能导致训练错过了关键时机。一般来说，问题定义得越清晰，就越容易找到解决方法。清晰地定义问题可以通过如下4个步骤来实现：①探索并阐明问题；②把大的问题分解成小的问题或是更好处理的部分；③清晰客观地陈述问题；④建立现实的可以实现的问题解决目标。

　　探索并阐明问题　即对问题进行深入探索，确保来访者和治疗师都能理解问题，并对问题的性质和特征有相同的看法，避免产生不合适甚至不恰当的解决方案。在这个步骤中，有两个问题需要被重点关注：

（1）是否构成问题：让我们再回顾问题的本质定义——它反映了对现实情况、个人能力以及决策的要求之间的不平衡或矛盾，因此一个问题不能仅仅是想要达到的状态和目前的状况不同，还需要个体在解决这些矛盾上存在障碍。例如柜子很乱对大多数人而言是一种想要改变的状态，但是它一般不构成问题，因为只需要简单整理一下就可以了。真正的问题一定会是难以解决或抉择的，因此才需要治疗师的帮助。

（2）是否有可行性：可行性评估主要关注来访者对该问题能够施加的控制程度。例如，患有糖尿病不是可行的问题，因为来访者无法做任何事情来消除疾病。然而，难以遵守疾病所必需的饮食限制，可能会影响疾病的发展，是更为可行的问题，因为来访者可以改变他们的饮食行为。同样，配偶饮酒过量不是一个可行的问题，因为来访者无法直接控制配偶的饮酒行为。另一方面，不知道如何处理配偶饮酒的问题更为可行，因为它将重点放在来访者身上。

在实际操作中，可以使用下面的"探索并阐明问题检查表"来帮助来访者检查是否合理地定义了问题，如果在某一个指标上没能符合要求，可以修改后重复使用该检查表，直到满足所有要求。

探索并阐明问题检查表

1. 是否构成问题	
是否处在非理想状态	
是否在解决矛盾上存在障碍	
2. 是否有可行性	
能否对问题施加控制	

在满足上表的所有要求后，问题定义才刚刚开始。为了避免治疗师错误地理解来访者的情况发生，治疗师需要特别注意关于问题的事实信息的收集，以便进行接下来的问题解决训练。治疗师可以尝试从下面的事实开始：

- 问题到底是什么？
- 什么时候发生的？
- 在哪里发生的？
- 这个问题涉及谁？
- 该问题发生的频率？
- 你采取过哪些方法来应对这个问题？效果如何？
- 你可以控制这个问题吗？

治疗师需要注意区分事实和假设。例如，一个心情抑郁的雇员可能认为他的经理因为不喜欢他所以远离他。虽然来访者可能对这种推理信以为真，但治疗师需要知道这只是一种假设而不是事实，来访者可能忽视了其他的信息。是这个经理只远离你，还是他就是一个冷漠的人？其他的雇员也和你有同样的感受吗？对经理的行为有其他什么解释？引导来访者思考这些问题，一旦假设被证实或者没有被证实，问题被准确地定义并且找出有效的解决方法的可能性也就增加了。

把大的问题分解成小的问题或是更好处理的部分　大的问题常常由很多小的但是有区别的、互相有联系的部分组成。在定义问题的过程中，来访者可能没有意识到自己的问题是由哪些方面组成的，因此对问题的定义过于模糊，反过来导致一种无效的问题解决咨询。当问题被分解为基本要素时，是最好解决的。这样做可以更全面地了解来访者的诉求，更具体地定义问题或需要关注的哪些问题，从而更有效地解决问题。下面是一个例子：

一位家庭主妇报告称有"家庭关系"问题。经过进一步调查，治疗师确定她有几个不同的家庭关系问题。首先，她对丈夫每周要在外面住四个晚上表示不满。其次，她觉得自己的家务质量被母亲批评了。最后，她不得不照顾患有慢性疾病又不懂感恩的妹妹。治疗师和患者仔细研究了这些问题，然后来访者选择了一个具体问题进行初步解决。

清晰客观地陈述问题　在来访者的日常生活中，问题的本质和范围没有被充分地定义。如果直接要求来访者定义问题，结果常常是不清晰的，例如"我的女儿常常对我不尊重"。这时咨询师除了应用之前介绍的把大的问题分解的方法外，还需要尝试使来访者以客观行为指标来陈述问题，从而产生客观目标和实用的解决方案。例如刚才的"我的女儿常常对我不尊重"，如果改用"我让我的女儿做什么事情的时候，她让我'闭嘴'"，问题就会变得更加清晰客观，而且治疗师和来访者可以很容易发现需要改变的行为。为了达成这样的目标，治疗师可以尝试如下的处理：

- 当来访者用一种主观的方式表述问题时，尝试询问他（她）这个问题对他（她）的家庭、工作以及社会活动造成了怎样的影响。
- 让来访者在大脑中想象问题的场景或者闭上眼睛努力使问题形象化。例如我们可以用一个人独自坐在家里或者看着窗外荒芜的花园来描述低自尊或者抑郁的形象。

下面是一个例子：

例如，"低自尊"的问题陈述，既是主观的，又是不可观察的。低自尊不是对两个及以上的人有相同意义的术语，它不在直接观察和测量的范围之内。低自尊往往与避开他人和孤立有关。对问题更有益的表述可能是，来访者"花太多时间独处"或"没有朋友"。独处时间既是行为性的，又是可测量的。在此基础上设定问题解决的目标也会变得更加容易，比如"花更多的时间跟朋友一起出去"。

　　建立现实的可以实现的问题解决目标 一旦问题被恰当地定义，下一阶段就是确定一个从陈述的问题中直接得到的可以实现的目标。这包括询问来访者他们希望看到问题的哪方面有所改善。如果来访者在这时表现出一些困难，治疗师可以尝试询问："如果问题不再存在了，会有什么不同？"这就允许患者预测未来，想想不存在问题的生活，并将这种生活作为他们的目标。

　　与定义问题时相同，在建立目标的时候同样也要保证目标是清晰和可控的，最好采用客观可测量的方式来描述目标，并且针对个体的行为设定目标。

　　"下月内体重下降5斤。"这个目标是现实可行的吗？当然，它是现实可行的，而且也是一个客观的描述，但是这个目标是用超过来访者可以控制的范围的形式表述的。来访者既不能控制体重是否下降，也不能通过这种目标的表述方式知道要怎么去行动。一个更好的目标表述应该是"我会减少油脂的摄入"或者"我会提高我的活动水平"。这些是能直接控制的目标。无论是改变油脂摄入或者活动水平都完全取决于自己。两个行为都是可以观察并可以测量的，这样就能知道是否达到了自己的目标。

　　治疗师可以使用如下的选择和定义问题总表来结构清晰地呈现这一步骤，帮助来访者选择和定义问题。

　　问题定义＋选择目标

　　回顾一下定义问题的原则吧：

- 原则一：是否构成一个问题
- 原则二：这个问题对你来说是可控的
- 原则三：将较大的问题拆解成更小的问题
- 原则四：最好采用具体的行为指标或对生活的影响

　　接下来，试着清晰地定义你的问题：

　　收集以下事实：

- 问题到底是什么？
- 什么时候发生的？
- 在哪里发生的？
- 这个问题涉及谁？
- 该问题发生的频率？
- 你采取过哪些方法来应对这个问题？效果如何？
- 你可以控制这个问题吗？

　　根据你的问题，确定你的目标。

　　4.头脑风暴与方法选择

　　条条大路通罗马，解决问题的途径往往不止一种，且不同的路径优势和劣势各不相同。为了防止如冲动型问题解决方式那样狭隘、仓促而不完整地解决问题，甚至导致新问题的产生，在开始解决问题前应尽可能多地产生解决方案，并在之后对解决方案做细致的评估，选择一到两个最合适的方法来解决问题。

在寻找解决问题的方法时，一般会先尝试列出所有可能的解决方法。因为一般而言，针对某问题的办法越多，解决问题的可能性越大。不仅如此，解决问题的方法增加可以提高来访者的控制感和安全感，反之则会降低个体解决问题的动力，甚至由于视野狭窄导致抑郁情绪的产生。因此提出尽可能多的解决问题的方法，不仅对于选择合适的解决方案十分重要，而且对于培养积极的问题解决态度也有着重要意义。

头脑风暴（brainstorming）方法可以帮助来访者产生大量解决方案以供选择。头脑风暴有如下3个原则：

- 数量原则：提出的方案越多越好，提出的方案越多，可供选择的选项就越多。另外，此时将方案记录下来要比记在脑中更好，因为如果把点子记在脑中，可能会反复陷在同一个点子上；且没有具体化的记录很难对方法进行修改或补充。

- 不评价原则：不要急于评价产生的方案，头脑风暴的唯一目标就是增加方案的数量，权衡利弊会在下一步进行。在头脑风暴的过程中不评估想到的方案，一个重要原因是评价会降低创造性，头脑风暴提供了一个纯粹的创造性思维环境，使个体重新分配认知资源，专注于创造性思维和问题解决。尤其是当个体处于情绪主导状态时，不评价原则的重要性更加明显，此时个体容易变得消极和固执，会执着于自己的情绪状态以及与情绪相关的解决方案，不利于创造更多好的方案。很多时候来访者急于评价方案可能是担心方法看起来很傻，但实际上这种担心是多余的，有些看似傻的方法可能会启发其他想法的产生，而那些不合适的方法会在之后的阶段被筛选掉。

- 种类原则：尽可能增加产生方法的种类，种类的增加有助于解决方法的增加。种类与方法相比要更加宏观，它指的是一般性的/宏观的行动方案，而方法指的是将策略付诸实践的具体步骤方法。例如一个人要解决资金周转困难的问题，那么他（她）可以有"开源"和"节流"两个种类，每个种类下面可以有很多不同的方法。

头脑风暴的开展可能并不顺利，来访者可能陷入各种各样的困境中，一种比较常见的困难是难以想出新的办法，此时治疗师如果能提供一些帮助来访者保持创造力的方法可能是有帮助的，比如：

- 尝试将已有的方法结合起来；

- 对已有方法进行微调；

- 想想其他人可能会如何解决问题；

- 进行一些启动性练习，比如思考"一块砖有什么用？""一个衣架有什么
  用？"等问题以激发创造力。

当来访者难以想出新的办法时，一些其他的问题可能也会随之出现，例如情绪
问题和依赖问题。

当来访者感觉思维被"卡住"时，很可能产生一些消极情绪，这时治疗师可以
尝试使用我们在构建积极的问题解决态度部分介绍的"停下来思考"方法帮助来访
者摆脱负面情绪的主导。

依赖问题表现为来访者向治疗师求助，如果治疗师对来访者"有求必应"，将是
非常危险的，这可能会阻碍来访者习得问题解决的能力。此时治疗师应该明确职责，
可以通过适当的沉默拒绝来访者，也可以通过引导来访者借鉴其他生活领域或过往
的经历，来帮助来访者。一个更有创造性的方法是，将"如何想出更多的方法"作
为新的问题加以解决，引导来访者思考"如何搜寻信息""可以询问谁"等问题，这
种方法尤其适用于已经有过一些问题解决经验的来访者。

现在来访者已经得到了大量用以解决问题的方法，接下来个体需要从中选择一
个或几个方法来应对问题。本章在介绍解决方案时已经涉及了一些评估方案的原则，
一个有效的解决方案首先必须要能够达成解决问题的一个或一组目标，在此基础上
最大限度地扩大其他积极后果并尽量减少消极后果。在评估解决方案的有效性时，
不仅需要考虑其能否有效解决问题，还需要考虑该方案对自己、他人和社会的影响，
既包括短期影响，也包括长期影响。

因此在评估问题解决方法时，可以从如下几方面考虑：

- 能否有效解决问题；

- 能否有效实施；

- 对个人的积极和消极影响；

- 对他人／社会的积极和消极影响；

- 在实践中可以使用附录中的工作表，对头脑风暴得到的诸多问题解决方法
  进行评估。

在选择方法的时候，最核心的要求是：完成之前设定的目标并带来最小的损害。
此时不需要过度看重方法的可行性，只需要保证方法不是不可行即可。因为选择方
案最重要的指标是能否最大可能地实现目标，最容易实现的解决方案不总是最好的
解决方案，不需要特地筛选出来。此外，可行性的问题可以之后使用SMART方法

（在下一种实用技术中介绍）加以考虑和解决，不需要在此阶段过度担忧。

现实中的多数情况下，很少有备选方案完全由积极元素或消极元素构成，这意味着在选择"最佳"解决方法时不得不做出取舍，因为不存在完美的解决方法。需要提醒读者，采用优缺点的分类方式实际上是一种人为构建的二分框架，并不能真实反映人类决策的复杂过程。将优缺点解读为促进或阻碍方案执行的因素可能更加合适，即每种备选方案仅仅是相对其他解决方案增加或减少价值。由于不存在完全好或坏的解决方案，做出选择的方法就是对比各方案的有重合的部分，评估它们促进或阻碍的程度。

由于选择方法这一步骤是接下来执行问题解决方法的基础，因此决策过程应尽可能地谨慎。治疗师在决策前帮助来访者回顾备选方案的优缺点；在决策中应根据自己的常识来判断来访者选择的方案是否真正能够改变问题现状，并关注来访者的冲动决策行为，确保来访者在深思熟虑的情况下做出选择；在决策后，治疗师要让来访者参与讨论和回顾重要的决策信息，从而验证来访者具备使用证据来选择解决方案的意识。

读者可以使用下面的方案评估表格来辅助进行方案评估。

方案评估表格

解决方法	能否解决问题	我能否实施	个人积极影响	个人消极影响	社会积极影响	社会消极影响
1						
2						
3						
…						

5. 应用SMART原则制定行动计划

这一步骤形成和实施行动计划，它是一个循序渐进的行动大纲，让来访者将选择的解决方案变成具体的行动。这一步需要讲究细节，把方案细分成小而可行的步骤是非常重要的，尤其当来访者第一次尝试解决问题，或者选择的解决方案十分复杂时。

如果读者还记得在本章前面提及的情景-行为联结，或是素质-应激模型的系统Ⅲ对自动化通路更容易激活的描述，那么读者将更容易理解为什么要在行动计划上花费如此多的精力。问题的不能解决往往伴随着消极的应对方式，换言之，当个体再次面临问题时，消极的应对方式总是比在咨询中探寻的有效的问题解决方法更容易被实施。个体需要耗费巨大的努力才能在再次面临问题时尝试新的解决方法，而制定具体行动计划的目的就在于将这种需要花费的努力尽可能地减少。行动计划尝试创建一种新的情景-行为联结，通过详细的计划，个体规定了在何种情境中应做何反应，从而增加了有效应对得以实施的概率。为了进一步加强这种情景–行为联结，除了像说明书一样写下计划的每一步细节以外，还可以通过邀请来访者在脑海里预演计划的方式，或者用角色扮演预演计划的方式来实现。

为了保证问题解决方法的顺利执行，治疗师可以教会来访者使用SMART方法来具体规划他们的行动计划。SMART原则规定了行动计划必备的一些特征，包括：

- 行动计划必须是具体的（specific），计划必须用具体的语言清楚地规定要做出哪些行为。

- 行动计划必须是可以衡量的（measurable），计划中不仅应该包含具体的行为，还要对这些行为的量做规定，用以判断是否成功执行了计划。

- 行动计划必须是可以达到的（attainable），计划必须是来访者力所能及的，来访者需要在保证可以满足解决方案的要求的前提下，识别并选择出他们感觉舒适的行动计划。行动计划越容易，那么它就越容易被来访者执行。如果行动计划对于来访者而言过于困难，那么就要选择新的解决方案。

- 行动计划要与目标有一定的相关性（relevant），行动计划必须能够帮助来访者达成目标，解决问题，只有这样行动计划才有意义。尤其是当来访者制定了过于舒适的行动计划，以至于它不能满足解决方案的要求时，治疗师应该及时加以纠正。

- 行动计划必须具有明确的截止期限（time-bound），一个行动不能无限期地延续，否则它可能根本不会被执行。

这五个特征对应的英文单词的开头字母连接起来，刚好就是SMART，可以用来帮助读者记忆这五个特征。

由于时间限制，行动计划的具体执行通常会在两次治疗之间完成，即作为来访者的"家庭作业"。为了保证"家庭作业"的顺利执行，治疗师应该邀请来访者思考完成当前计划可能遇到的障碍，并想出对应的解决方案。如果障碍实在难以克服，则应考虑更换解决方案。

读者可以使用如下的行动计划核查表来检查行动计划是否符合SMART原则的要求。

SMART行动计划核查表

应用方法的情景	如何具体行动	SMART原则核查				
		S	M	A	R	T

6.问题回炉

当来访者尝试过使用实际行动来解决问题、应对压力后，问题回炉技术可以帮助来访者成长。这一部分的主要任务即是对行动计划的进展进行检测，目的在于监察计划是否被执行、设定的方案是否达到预想中的效果、是否出现相关的衍生问题需要解决以及解决问题的方法是否需要调整等。

问题回炉过程可以帮助来访者回顾整个问题解决过程，如果来访者成功解决了问题，那么来访者可以从问题回炉过程中发现哪些步骤对于解决问题的帮助更大，哪些步骤可以改善，为下一次的问题解决做好准备。如果来访者没能成功解决问题，那么问题回炉过程可以帮助来访者发现是在哪些步骤没有做好，导致了问题解决的失败，来访者可以根据回炉的结果对问题解决过程做出修改，继续尝试解决问题。

可以使用如下的问题回炉对照表进行问题回炉。

问题回炉七步细探

1.问题解决态度	面对问题的态度积极吗？
2.问题清单	有没有遗漏重要的问题？
3.选择和定义问题	应该先解决这个问题吗？
4.明确预期的目标	目标合适吗？
5.选择合适的方法	方法可行吗？
6.形成和实施SMART计划	计划出错了吗？
7.进展回顾	如果都没问题，那就再试一次吧！

问题回炉对于培养积极的问题解决态度也具有重要意义。它为个体提供了一个反馈过程，如果反馈结果表明行为无效或不适宜，人们就会调整自己对刺激事件的次级评价甚至初级评价，并相应地调整自己的情绪和行为反应。问题回炉不一定每次都会减轻压力，有时也会加重压力，有效化解压力的关键在于对压力的积极评价。当消极评价产生时，我们需要利用在培养积极问题解决态度部分介绍的方法来进行应对。

本章小结

问题解决训练是一种自我引导过程，个体通过这种过程来尝试识别、发现或发展出适应性的应对方法，以解决他们在日常生活中遇到的各种问题。问题解决训练重点培养个体积极的问题解决态度和更好的问题解决方法，从压力源入手帮助个体应对压力，大量的循证证据表明有效的问题解决可以减少压力造成的有害影响。

本章还介绍了一些问题解决的实用技术。在培养积极的问题解决态度方面，可以使用接纳问题作为生活的一部分、信任一个人有效解决生活问题的能力以及"停下来思考"技术。在提高问题解决能力方面，可以通过标记不适、痛苦和生理症状来识别问题；通过建立问题清单来系统地寻找问题；借助问题定义+目标选择表单来清晰客观地定义问题；使用头脑风暴方法来寻找问题解决方法并进一步系统地评估解决方案；使用SMART原则制定行动计划；使用问题回炉来帮助个体提高问题解决能力并强化积极的问题解决态度。与其他所有压力应对方法相似，问题解决训练也不能解决每一个人的所有问题。但只要坚持理解和实施问题解决训练的一系列原则和目标，相信你一定能有所收获。

思考题

1. 问题解决态度是什么？包含哪两个方面？
2. 你在哪些生活领域的问题解决态度是积极的，哪些领域是消极的？
3. 有哪些方法能使问题解决态度变得更积极？
4. 理性问题解决方式包含哪些技能？
5. 如果问题解决失败了，你会怎么做？本章的内容给你带来了哪些启发？

参考文献

[1] D'ZURILLA T J, GOLDFRIED M R. Problem solving and behavior modification [J]. Journal of Abnormal Psychology, 1971, 78(1): 107.

[2] NEZU A M, NEZU C M, D'ZURILLA T. Problem-solving therapy: A treatment manual [M]. Berlin: Springer Publishing Company, 2012.

[3] LAZARUS R S, FOLKMAN S. Stress, appraisal, and coping [M]. Berlin: Springer Publishing Company, 1984.

[4] D'ZURILLA T J, SHEEDY C F. Relation between social problem-solving ability and subsequent level of psychological stress in college students [J]. Journal of Personality and Social Psychology, 1991, 61(5): 841–846.

[5] NEZU A M. Problem solving and behavior therapy revisited [C]//Behavior Therapy. Association for Advancement of Behavior Therapy, 2004, 35(1): 1–33.

[6] D'ZURILLA T J, NEZU A M. Development and preliminary evaluation of the Social Problem-Solving Inventory [J]. Psychological Assessment: A Journal of Consulting and Clinical Psychology, 1990, 2(2): 156–163.

[7] D'ZURILLA T J, CHANG E C, NOTTINGHAM IV E J, et al. Social problem-solving deficits and hopelessness, depression, and suicidal risk in college students and

psychiatric inpatients [J]. Journal of Clinical Psychology, 1998, 54(8): 1091–1107.

[8] SADOWSKI C, KELLEY M Lou. Social problem solving in suicidal adolescents [J]. Journal of Consulting and Clinical Psychology, 1993, 61(1): 121.

[9] BECKER–WEIDMAN E G, JACOBS R H, REINECKE M A, et al. Social problem–solving among adolescents treated for depression [J]. Behaviour Research and Therapy, 2010, 48(1): 11–18.

[10] NOCK M K, MENDES W B. Physiological arousal, distress tolerance, and social problem–solving deficits among adolescent self–injurers [J]. Journal of Consulting and Clinical Psychology, 2008, 76(1): 28–38.

[11] BELZER K D, D'ZURILLA T J, MAYDEU–OLIVARES A. Social problem solving and trait anxiety as predictors of worry in a college student population[J]. Personality and Individual Differences, 2002, 33(4): 573–585.

[12] MCMURRAN M, DUGGAN C, CHRISTOPHER G, et al. The relationships between personality disorders and social problem solving in adults[J]. Personality and Individual Differences, 2007, 42(1): 145–155.

[13] BELL A C, D'ZURILLA T J. Problem–solving therapy for depression: a meta–analysis [J]. Clinical Psychology Review, 2009, 29(4): 348–353.

[14] MALOUFF J M, THORSTEINSSON E B, SCHUTTE N S. The efficacy of problem solving therapy in reducing mental and physical health problems: a meta–analysis[J]. Clinical Psychology Review, 2007, 27(1): 46–57.

[15] MISCHEL W, SHODA Y. A cognitive–affective system theory of personality: reconceptualizing situations, dispositions, dynamics, and invariance in personality structure [J]. Psychological Review, 1995, 102(2): 246–268.

[16] D'ZURILLA T J, NEZU A M, MAYDEU–OLIVARES A. Social problem solving: theory and assessment.[J]. International Review of Mission, 2004, 87(347):480–484.

[17] NEZU A M, D'ZURILLA T J, OTHERS. Problem–solving therapy: A positive approach to clinical intervention[M]. Berlin: Springer Publishing Company, 2006.

[18] MALOUFF J M, THORSTEINSSON E B, SCHUTTE N S. The efficacy of problem solving therapy in reducing mental and physical health problems: A meta–analysis [J]. Clinical Psychology Review, 2007, 27(1): 46–57.

[19] WILHELM K, SIEGEL J E, FINCH A W, et al. The long and the short of it: associations between 5–HTT genotypes and coping with stress [J]. Psychosomatic Medicine, 2007, 69(7): 614–620.

[20] GUNNAR M R, FRENN K, WEWERKA S S, et al. Moderate versus severe early life

stress: Associations with stress reactivity and regulation in 10–12–year–old children [J]. Psychoneuroendocrinology, 2009, 34(1): 62–75.

[21] NEZU A M, RONAN G F. Life stress, current problems, problem solving, and depressive symptoms: An integrative model [J]. Journal of Consulting and Clinical Psychology, 1985, 53(5): 693–697.

[22] NEZU A M, NEZU C M, SARAYDARIAN L, et al. Social problem solving as a moderating variable between negative life stress and depressive symptoms [J]. Cognitive Therapy and Research, 1986, 10(5): 489–498.

睡眠教育

作者：朱婷飞

引入

　　学生A，某中学高三考生。每次考试来临前，他都会感觉压力很大，晚上无法入睡，在睡前闭眼的时刻总能想起没有完成的事情——比如漏复习的知识点，但是想到明天一早还有考试，只能强迫自己快速入睡，告诉自己再不睡觉就没有足够的精力来面对考试，但是越想越无法睡着，他不停拿起手机看时间，看着时间一点点流逝，A越发着急，眼看着天就要亮了……

　　学生B，某高校大一新生。B一直是班里的优等生，高考也顺利考上了知名大学，但是当她满怀憧憬地开始大学生活时，却产生了很大的心理落差，因为周围的同学才艺广泛、人情练达、运动矫健、善良友好、颜值也赏心悦目，和他们相比，只会学习的自己就像井底之蛙。她开始自惭形秽，发现自己没有任何出众的地方，过去唯一的优势——学习好，在这里也不再成为优势。她感觉自己成了一个完完全全平庸的人。白天她在家人朋友面前，假装自己什么都无所谓，每天开心地买零食，偶尔看个电影，买点衣服，吃到好吃的食物也要发朋友圈然后看看有多少人点赞，但是"焦虑"两个字总是在深夜飘到她的眼前，压得她喘不过气来，躺在床上辗转反侧，无法入眠。

　　上面的故事引导我们思考，各种形式的压力容易以睡眠困扰的方式对我们造成影响。当我们意识到当下所面对的形势可能出现危机时，就会产生压力感。在原始时代，对于周遭环境中危险的判断和压力的感知能促使个体远离危险免受伤害，它帮助人类在恶劣的环境下生存下来。然而，在当下的社会中，压力却让人们产生了许多烦恼和健康上的影响，当我们感知到压力时：

　　我们分泌肾上腺素的水平会提升，神经系统开始紧绷，警觉的程度和肌肉紧张程度提升。

　　我们的心跳频率、血压、呼吸频率和血糖水平立即升高。

　　我们的脑电波频率加速，处于高频状态，人变得更加警觉，感知觉更加敏锐。

上述的这些躯体表现和我们的睡眠有着明显的拮抗关系，很明显，压力状态下我们很容易无法获得高质量的睡眠，甚至难以入睡。如果不加以及时的调整，不良的睡眠习惯和睡眠认知习惯将转化成慢性、长期的睡眠障碍，并且对人们的认知、情绪等身心健康的维度都造成持久的恶性循环的影响。

一、压力与睡眠

不同的压力源引起不同强度、不同持续时间的压力。压力会以不同的方式影响睡眠。高强度的压力会延长入睡的时间，使睡眠变得支离破碎，从而影响睡眠。睡眠不足会触发我们身体的应激反应系统，导致应激激素即皮质醇的升高，从而进一步扰乱睡眠。本部分将介绍压力来源、压力强度及持续时间对于睡眠的影响，压力影响睡眠的机制，以及睡眠对压力的影响等方面。

（一）不同来源的压力对睡眠的影响

1.家庭压力对睡眠的影响

家庭压力是导致个体紧张和威胁感的重要来源，可表现为可观察的压力事件（比如搬迁、丧亲、高额负债等），也可能表现为无形因素所造成的潜在影响（比如亲子关系、经济方式等）。研究表明，家庭压力事件对受压个体的睡眠质量造成了不同程度的影响。McMurrain（1980）将促发家庭危机的家庭压力事件分为渐发成熟性事件、消耗性危机事件和冲击性危机事件等三类。

消耗性危机给睡眠质量带来严重的影响，比如，家庭成员长期患病属于消耗性危机事件。有研究发现，家庭成员长期患病给照料者带来极大的压力，从而影响他们的睡眠质量。相比于普通健康儿童，患慢性呼吸系统疾病的儿童的母亲睡眠时间更短、夜间醒来更频繁、更早醒以及主观睡眠质量更差，其中对孩子病情的关注以及照顾孩子的需要是照料者睡眠质量受干扰的主要因素[1]。研究发现，有明显睡眠障碍的儿童，其母亲的睡眠质量显著低于正常儿童的母亲，且其睡眠质量与孩子的入睡时间和睡眠质量显著相关。由于要照顾睡眠不好的孩子属于压力事件，母亲的睡眠质量下降，其焦虑、抑郁、疲劳等负性情绪上升，看护耐心与细心程度下降，导致孩子入睡过程更容易受到干扰，对应地，母亲的看护压力又变得更大，形成恶性循环[2]。因此，消耗性危机事件可以构成家庭成员睡眠质量下降的重要因素，会造成"压力水平上升—睡眠质量下降"的恶性循环。

渐发成熟性事件（如子女离家上大学、儿女长期离居外地就业等），经常伴随着家庭成员面对生活周期的转折点，此时家庭成员睡眠质量或许会受到双重可能的影响。以子女离家上大学为例，其父母既可能因担忧子女离家独立生活而影响睡眠，也可能因紧张高考的连累得到解脱而睡眠质量提高。不过一般情况下，在转折事件结束以后，家庭的睡眠质量基本能够恢复正常。

但是冲击性事件，如亲人过世、突然彩票巨额中奖等，对家庭成员睡眠质量的影响可能更为巨大而波动剧烈，甚至可能造成长期的睡眠问题。

2.学习压力对睡眠的影响

Humphrey J. H.（1985）认为教师教学行为不当、特定科目焦虑、考试焦虑、竞争激烈的学习环境是造成学业压力的重要来源，Misra 等人认为学习是大学生最大的压力源[3]，刘贤臣等人认为学习压力是导致学生睡眠质量下降的主要因素之一[4]。此外，中国的应试教育的文化传统，强化了学生的分数期望与升学压力[5]。从压力维度来分析，学习压力源可以分为三个维度，即来自学习环境等客观条件的压力、来自他人和社会对学习的态度压力，以及来自学生自我学习系统的压力等，这些维度对睡眠质量的下降都可能起到重要作用[5]。

学习压力影响睡眠质量，睡眠质量同样对学习产生影响。目前学生群体由于繁重的课业压力，睡眠不足十分常见[6]，睡眠不足会导致疲劳、记忆功能降低、注意力不集中、情绪低落、工作绩效下降等[7]。睡眠不足可能通过对个体身心状况的影响进而作用于学习过程和学习效果，从而增加学习压力，形成"睡眠不足—精力下降—学业压力大—睡眠质量下降"的恶性循环。

3.工作压力对睡眠的影响

个体–环境匹配论认为工作压力来自个体能力、个性特点与工作环境特征的不匹配；努力–奖酬失衡模型认为，工作压力来自个体感知到的工作投入和所得包括酬劳、个人发展、尊重等要素的失衡[8]。Karasek（1979）从工作特征的角度提出了工作压力的需求–控制模型，工作需求是指员工所从事工作任务的数量和难度（包含工作负荷、问题解决要求和角色冲突等因素）；工作控制是指员工对工作行为的影响程度（主要包括技能、技能类型、工作复杂性等），他认为工作压力来自需求和控制维度的交互作用，高工作需求对睡眠质量具有破坏作用，高需求–低控制的紧张型工作对睡眠质量的危害很大[9, 10]。也有研究者认为，工作的持续才是睡眠质量的预测因子，工作需求本身并不直接影响睡眠，它通过增加业余时间对工作的关注和担忧而造成睡眠质量下降[9]。工作中的人际角色冲突[11]、重复的工作任务、工作负荷和角色冲突[10]、无规律的工作作息时间（比如经常加班、值夜班）[12]都会对员工的睡眠质量造成消极影响。

4.社会文化压力对睡眠的影响

社会文化压力指生活大环境的改变所带来的压力，如社会制度的变迁、社会文化背景的变换、族群生活方式的改变等[5]。Voss 等人调查了现居住在德国的摩洛哥女性移民者的睡眠质量，结果发现相比于还保持着原来生活习惯的受访者，接受新的生活方式给移民者带来了更大的压力，以致她们的睡眠质量下降[13]。这表明社会文化融合过程会对睡眠质量产生影响。虽然社会文化与个体的身心健康有着密不可分的关系，但对社会文化压力与睡眠质量关系的研究整体上较少，也尚未得到统一的结论。

5.疾病压力对睡眠的影响

在心理相关疾病（如应激相关障碍）和躯体相关疾病（如慢性疾病）的作用下，压力可能与疾病发生作用并构成新的压力源，共同作用于个体的睡眠过程。

应激相关障碍包括急性应激反应、创伤后应激障碍和适应障碍等，这些疾病由不同时间和程度的压力造成，并且伴有明显的情绪与睡眠问题。以创伤后应激障碍（PTSD）为例，PTSD是指突发性、威胁性或灾难性生活事件导致个体延迟出现和长期持续存在的精神障碍，伴随高度压力及其紧张状态，睡眠问题是PTSD的主要症状之一，常表现为失眠、噩梦、易惊醒等形式。PTSD造成的压力会作用于自主神经系统，影响患者的生理功能[14]，可能引起睡眠质量的下降。

躯体疾病与心理因素之间的关系也逐渐引起关注，慢性疾病患者经常受到睡眠问题的困扰，他们除了需要面对疾病本身的压力，还需要承担健康人群共同需要面对的压力。疼痛是许多疾病的重要特征，患者常常因疼痛困扰而出现难以入睡或睡眠难以维持等症状，疼痛本身不仅降低了病患的睡眠质量[15]，而且还使其对负性刺激的反应更为强烈，降低了他们的抗压能力[16]。随着睡眠质量的下降，患者的痛觉阈限更低，加之患者对睡眠质量的错误估计，从而加剧了躯体疾病患者的压力感和疼痛感[17]，形成恶性循环。此外，因疾病直接引起的日常生活不便所造成的压力（如日常起居的不便、对疾病的污名化、繁杂的治疗活动等）可以预测患者的睡眠情况，增强压力敏感性，强化入睡困难和白天困倦问题[18]。

（二）压力的不同属性对睡眠的影响

1.压力强度对睡眠的影响

压力影响睡眠的过程受到压力强度的影响，Pawlyk等人指出轻度的压力偶尔能够引起快速眼动睡眠（REM）的增加，但巨大的压力才是造成睡眠障碍的主要变量[19]；PTSD的重大压力会引起睡眠紊乱[20]。由此可见，当轻度压力出现时，例如某天工作任务比较紧张，睡眠质量受到的影响较小，可能表现为当天晚上的失眠；当遭受巨大的压力事件，如丧亲、自然灾害等时，其睡眠情况则会受到较为深长久远的影响，可能表现为长期噩梦或失眠等。

2.压力持续时间对睡眠的影响

压力对睡眠问题的持续作用可能有两种方式：一是生活事件频繁出现，个体对后续出现的压力事件表现出与先前类似的反应；二是某个压力事件的持久影响，持续压力可能引发或者加重睡眠问题[18, 21]。比如持续的经济压力与低睡眠效率有显著相关，持续经济紧张的老年人和基本没有经济问题的老年人相比，前者的入睡时间更长，睡眠更难以持续，睡眠效率更低[22]。

（三）压力影响睡眠的机制

压力引起个体的身心反应，包括生理反应、认知反应、情绪反应，而这些反应作用于个体以及内部的相互作用构成了睡眠质量变化的基础。

1.生理机制

压力和睡眠的生理机制有着相通之处，压力可以通过神经和内分泌系统的活动来影响睡眠质量。生理层面上，压力对于睡眠的影响，可以表现为睡眠过程的大脑中枢神经生理反应、神经–内分泌反应以及细胞分子基因反应等[23]。

睡眠过程的大脑中枢神经生理反应主要体现在脑中枢特异传导加工系统与非特异觉醒系统，压力及对应刺激构成生物电信息传入大脑加工体系，并产生评价，构成影响睡眠的认知因素，进而作用于个体的睡眠质量[9]。当压力导致神经和激素调节无法实现机体平衡时，睡眠问题就产生了。有学者认为，压力对睡眠的作用主要通过下丘脑–垂体–肾上腺（HPA轴）的活动来实现，当压力产生时，内分泌系统的活动加强，下丘脑开始分泌促肾上腺皮质激素释放因子（corticotropin releasing factor, CRF），启动了垂体和肾上腺分泌应激激素，从而提高个体警觉水平，妨碍睡眠。以小鼠为例，在受过电击惊吓后12小时，注射CRF的小鼠的快速眼动睡眠减少，慢波睡眠的脑电波振幅也降低[24]。人类在压力状态下的皮质醇分泌曲线与睡眠干扰有显著相关[25]。有学者总结了失眠的压力反应模型，认为在压力作用下，神经内分泌系统会产生一些对睡眠具有调节作用的激素，如CRF，这种激素导致促肾上腺皮质激素和皮质醇增多，引发失眠[26]。

随着科学技术的发展，对压力反应的研究已经达到分子基因水平，有研究发现细胞白介素–6的水平与睡眠效率和慢波睡眠呈负相关[27]。不过，这些分子基因如何影响睡眠质量，其机制研究目前还处于探索中。

2.情绪机制

压力能够唤起焦虑和抑郁情绪，从而对睡眠质量产生消极影响。有学者发现压力通过抑郁、焦虑、绝望等负性情绪直接作用于家庭照料者的睡眠质量[28]。压力还会产生愤怒、害怕等其他情绪，情绪能够引发明显的生理变化，比如焦虑是一种常见的压力反应下的情绪状态，常伴有失眠、呼吸加快、肌肉紧张、心慌、出汗等生理症状。研究表明，5–羟色胺、CRF通路与焦虑的生物学基础直接相关，而5–羟色胺和CRF又是压力调节睡眠的重要生理变量，因而，情绪可能可以通过神经生理过程对睡眠质量产生影响。

3. 认知机制

睡眠不佳者对于这样的场景应该并不陌生：虽然已经闭上双眼，但是萦绕在脑海中的许多想法就像一个个灯泡点亮脑袋里的房间，使人无法入睡；即使睡着了，也会因为某一个念头划过脑海后猛然惊醒。这就是睡前思维对于睡眠影响的典型表现。睡前思维的内容包括对压力事件和睡眠本身的过度思考。遇到压力事件后，人们会进行评估，如果评估为积极，这些事件就不会造成压力感；如果评价为消极，那么容易产生过多的担忧，增加觉醒水平。

当出现偶尔的睡眠异常时，人们也会担忧将来（并未发生的）可能出现的睡眠不良结果，这些对睡眠的错误信念（对睡眠质量以及睡眠效果的错误期待）会增加对睡眠的关注[29]，提高觉醒水平，增加入睡难度。可见，压力条件下的认知过程显著影响睡眠质量。

（四）睡眠对压力的影响

1. 生理层面

压力产生的生理反应会扰乱睡眠，降低睡眠质量；对应地，低睡眠质量也可以通过紊乱的生理活动增加压力。睡眠对于压力的影响体现在两个方面：一是对神经系统生理生化过程的影响；二是对新压力事件生理反应系统的影响[23]。

睡眠质量不佳引起了HPA轴活动的变化，引起肾上腺素、皮质醇等激素的增多[30]，影响交感神经系统活动，例如睡眠不足会使人出现心跳加快、血压升高等反应[31]。不难发现，睡眠质量差和压力引起机体共同的生理变化，然而，是不是压力引起的生理变化导致了不良的睡眠状态，目前尚无定论。

此外，睡眠质量差将造成压力应对能力的不足。研究发现REM睡眠被部分剥夺的动物中，出现肾上腺活动减弱以及胃溃疡等压力症状[32]，睡眠质量差会导致面对压力时的皮质醇分泌降低[33]，这些结果意味着睡眠质量减弱了生理活动及其平衡能力，不利于对新出现的压力事件的应对，甚至可能增加额外的压力。

2. 情绪层面

将睡眠不好视为一种压力将引起消极情绪反应，引发焦虑、抑郁的情绪。有学者提出，睡眠质量可以调节压力的情绪反应[25]。有研究指出，睡眠质量并不能独立预测情绪，睡眠质量对压力的情绪反应的预测需要条件，只有当人们面对压力时，睡眠质量才成为情绪的预测因子[16]。睡眠可以调节压力和情绪，而睡眠质量差会增加对情绪性刺激的敏感性，影响个体应对能力。尤其是慢性疼痛患者，睡眠不佳会增加其感知到的压力，并使日常负性压力事件所引起的情绪难以恢复，可能表现为细微的疼痛增加也容易引起较大的情绪反应。

3.认知层面

个体对睡眠本身的认知过程不仅会使睡眠问题恶化，还可能进一步加重压力感，不利于后续对于压力事件的应对[23]。

（五）小结

由此可见，压力会从认知、情绪、生理等多个维度对睡眠产生影响，同样，不良的睡眠状态也会进一步增加压力的感知，从认知、情绪、生理多维度增加压力反应，不利于对已有的压力事件及新出现的压力事件的应对。

我们无法预防客观压力事件的产生，但是可以通过对于睡眠状态的调整，阻止不良的睡眠状态造成压力的进一步恶化。那么，我们应该如何通过睡眠教育帮助人们改善睡眠质量，让良好的睡眠成为应对压力的加油站？

压力　　　　睡眠质量下降

二、睡眠教育的定义与效果

睡眠教育是通过结合失眠的认知行为疗法及正念减压干预中的关键内容，针对常见的睡眠困扰和不合理的认知进行的认知教育和行为训练。失眠的认知行为疗法与正念疗法对于睡眠都有显著的改善效果。失眠的认知行为治疗试图通过一定的方法去改变患者的负性观念和不良的态度，而代之以健康、有效的观念、情感和行为[34]。元分析表明，失眠的认知行为治疗可以显著降低入睡潜伏期（均值19.03分钟，95% CI，14.12 ～ 23.93），减少入睡后清醒时间（均值26.00分钟，95%CI，15.48 ～ 36.52），增加睡眠总时间（均值7.61分钟，95% CI，−0.51 ～ 15.74），提高睡眠效率（均值9.91%，95% CI，8.09% ～ 11.73%）[35]；合并药物治疗时，失眠的认知行为治疗对于失眠问题（入睡延迟时间及睡眠效率）的改善效果皆优于单纯使用安眠药物[36]。而正念疗法可以显著改善总清醒时间、入睡潜伏期、睡眠效率[37]、睡眠质量[37, 38]，具体介绍参见第三章。

三、压力条件下常见的不合理睡眠认知

（一）不合理认知1

最近压力太大了，晚上睡不好也不够睡，终于到了周末，我可以多睡一会补觉了！

不合理原因：

1.周末补觉会造成体温节律的破坏。如果不停地变化睡眠规律，你的体温节律会受到影响，周末两天睡眠节律的变化需要几天时间进行调整，调整回归正常后没几天又开始新一轮的调整（周末又一次来临），那要如何获得良好的休息呢？

知识点：体温节律对于睡眠的重要性

我们的体温并不恒定的37℃，实际上，体温以一定节律变化，随着时间行进而升降，每天的温差大约在2℃。当体温升高时，我们会感觉更清醒，脑电波频率更高；当体温下降时，我们会感觉到打瞌睡，身体疲乏，也会感觉懒惰。

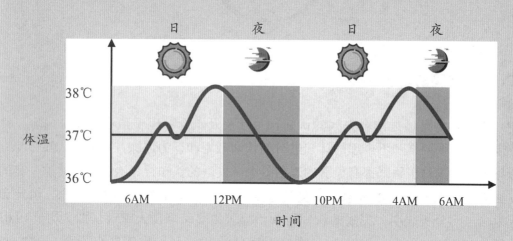

体温节律图
（源自《神奇的睡眠》）

体温节律与午休

根据上图，中午时分体温会有一点下降，因此我们在午间总会觉得困倦。

体温节律与时差

当你快速穿越几个时区后，虽然身体所处的时区发生了变化，但你的体温节

律却没有变。举例而言，如果你住在杭州，然后坐飞机去了美国纽约（夏令时时差为12小时），到达纽约的时候，已经是当地时间晚上8点，但你的身体仍认为现在是早上8点，你可能毫无睡意。虽然体温节律是可以调整以适应新的时区和新的睡眠习惯的，但需要几天或几周的时间。

2. 周末补觉会延长在室内停留的时间，导致你无法摄取足够的阳光。周末在房间里待太长的时间，会减少你在这两天接触阳光的机会，由于体温曲线缺乏常规波动，褪黑素含量高，白天昏昏沉沉，周日晚上则可能难以入睡。

知识点：光照对于睡眠的重要性

阳光对于我们的褪黑素分泌和体温都有重要的影响。当我们暴露于高强度的光线下时，我们的体温上升，并且褪黑素量急剧降低。缺乏阳光会导致：

- 体内的褪黑素含量提高，感觉到瞌睡；
- 体温降低，由于体温没法升高到足够的程度，你的体温在晚上也不会降低到足够的程度。如果你的体温变化太过平坦，可能会导致难以入睡的问题。

褪黑素

褪黑素是人体大脑松果体分泌的光信号激素，在调节动物昼夜和季节节律以及机体"睡眠—觉醒"节律方面有重要作用。褪黑素一般是晚上8点左右开始分泌，晚上11点左右分泌迅速升高，凌晨2点至3点逐渐下降。褪黑素分泌减少会影响到睡眠质量，随着年龄的增长，体内自身分泌的褪黑素会下降。补充外源性褪黑素一定程度上可以改善睡眠，能缩短入睡时间，改善睡眠质量，睡眠中觉醒次数明显减少，浅睡眠时间缩短，深睡眠时间延长。褪黑素是高亲和力受体激动剂，有直接诱导睡眠的作用[39]，能有效治疗昼夜节律紊乱，对于倒时差有一定效果，可以帮助跨时区旅行的人重置生物钟。对于夜晚值班、白天睡觉的轮班工作人员、经常长途旅行需要倒时差的出差人士等，可以加速进入梦乡的时间。但用于慢性失眠尚缺乏证据，长期使用安全性仍不清楚[40]。

阳光和其他光线的不同？

光线强度（照度）的单位是lux（勒克斯，简写为lx，是一种常用衡量光线的单位，跟亮度和距离有关）。1 lx大约相当于在一个暗室中点亮一根蜡烛后，人的眼睛所接收到的光的亮度。下面为不同条件下的光线类型及其照度：

- 正午的阳光：约有10000 ～ 100000lux

- 清晨的朝阳：约 2500lux
- 阴天：约 10240 lux
- 有窗的办公室：约 640 lux
- 日出／日落：约 400 lux
- 室内的灯光：约 60 ～ 300lux
- 满月：约 1 lux

如何摄取足够的阳光？

- 试着把办公地点转移到窗户边上。
- 多计划一些户外活动。
- 醒来后马上掀开窗帘或其他遮光物。
- 在早晨和傍晚别戴太阳镜（太阳镜可以将20%到90%的阳光挡在你的眼睛外，但是需要注意：自然日光是由很多种不同的光线组成，包括紫外线（UV），过度接触紫外线会导致皮肤癌和白内障）。

3. 从睡眠结构角度出发，补觉往往是延迟起床的时间，"补"的是睡眠的后期，此时第二阶段和REM睡眠占比高，而休息的主要时期集中于睡眠的第三阶段和第四阶段，这个阶段处于睡眠周期的前期，难以通过"晚起床补觉"的形式补回来。

知识点：睡眠结构

了解睡眠的结构可以帮助我们更好地理解各个阶段的关键特征，睡眠有5个阶段，即清醒阶段、睡眠的第一阶段（N1）、睡眠的第二阶段（N2）、睡眠的第三和四阶段（N3）、睡眠的第五阶段（REM期）。

清醒阶段

入睡前，我们身体中的觉醒系统十分活跃，大脑则发出高频脑电波，我们称之为β波。此时，我们思维高速运转，维持着日常学习和生活。

睡眠的第一阶段（N1）

你是否有这样的经历：

在下午第一节课时，脑袋沉沉的，撑着头的手臂慢慢失去力气，耳边老师的声音越来越远……

在坐公交车回家时，随着车身的起伏，不一会就打起了瞌睡，甚至做起梦来……

一般情况下，此时你进入了睡眠的第一阶段（N1期）。这时，我们的大脑会发出低频率的、微弱的脑电波，称之为 α 波，以及一些 θ 波。我们的身体开始放松，呼吸和心跳频率开始轻微下降；大脑则进入了休息的状态，思维渐渐放慢速度。

睡眠的第二阶段（N2）

在N2期，我们发出了睡眠纺锤波和K–复合波（K–Complexes）。此时，我们很容易被惊醒。有研究发现，在这个阶段被叫醒的人，会认为他们没睡着。

睡眠的第三、四阶段（N3）

在N3期，我们的脑电波频率降到了最低，主要为 δ 波和 θ 波，这时是人们常说的"熟睡"时期。此时，血管开始扩张，血压、呼吸和心跳频率降低，肌张力减弱。如果我们缺乏该阶段的睡眠，白天会感到瞌睡、恶心、头痛、肌肉酸疼，也无法集中精力。

睡眠的第五阶段（REM期）

睡眠的第五阶段也称"快速眼动期"，因为 Nathaniel Kleitman 发现，当人类处于这个睡眠阶段时，他们的眼球以非常快的速度向各方向运动[41]。当人们从这个阶段醒来时，95%的人说他们睡醒前正在做梦。此时，脑电波以 α 波和 β 波为主，类似清醒时的脑波。缺乏REM期睡眠同样会影响人们白天的表现，主要为无法集中精力。REM期对人们的学习和记忆巩固都有重要的作用[42]，并且有研究发现，人类和动物从快速眼动睡眠中醒来时比从非快速眼动睡眠中醒来时更加警觉[43]。

注：β 波频率大于13Hz；α 波频率约为 8 ～ 13Hz；θ 波约为 4 ～ 7.9Hz；δ 波约为 0.5 ～ 3.9Hz。

睡眠结构图

上述阶段在整晚的睡眠中会多次重复出现，称为睡眠周期（见下图）。

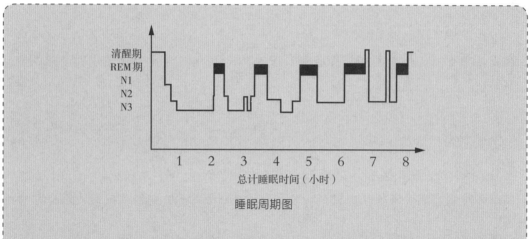

睡眠周期图

从上图可见，第一个深睡眠阶段最长，后面会越来越短，第一个REM睡眠阶段最短，往后则越来越长，就像我们常说的，睡眠越到后半夜越轻，越容易醒。

（二）不合理认知2

昨天晚上赶DDL（deadline，最后期限）没睡好，我今天白天多睡两个小时午觉补回来。

不合理原因：

午睡时间过长，会让人们进入深睡眠阶段，则会从以下3个角度影响人们的状态：

（1）在醒来后感到非常困倦、觉得头脑昏沉甚至感觉到有些恶心（可以回想一下，如果你曾有过在半夜熟睡中被惊醒的经历，你应该知道那时你很难立刻做出反应，翻身起床都会迟缓）。

（2）体温节律受到影响。进入深睡眠状态后，人的体温会下降，这会影响我们原本形成的体温节律。

（3）影响睡眠的恒定系统。由于个体每天所需要的睡眠量是相对稳定的，以"方糖"为例，我们每天的睡眠量为8块方糖，如果白天睡得过久，将消耗2块方糖，那到了夜晚，我们躺在床上的时间为一杯水（500ml），原本8块方糖溶解在一杯水中的甜度为100%（即达到了良好的睡眠状态），由于白天已经消耗了2块方糖，晚上只剩下6块方糖，然而我们躺在床上的时间仍然是一杯水（500ml），因此甜度降为原来的75%，人们自然就觉得"不香甜"了（睡眠质量变差）。

知识点：睡眠的恒定系统（内稳态系统）

　　根据睡眠调控的双历程模式理论，睡眠的稳态调节和昼夜节律调节会影响睡眠，如果其中一个模式功能失调，就可能导致失眠[44]。本知识点着重解释睡眠的恒定系统（内稳态系统）。

　　内稳态系统主要控制个体使其能获得一定量的睡眠，也就意味着个体所需要的睡眠量基本是恒定的，不会上周平均每天需要6个小时的睡眠，这周平均每天需要8个小时的睡眠。而睡眠驱力取决于清醒的时间，清醒了越久越想睡，这也就为什么某天早起后，当天会更早地感觉到困。其中，腺苷酸是主要的神经调控物质，腺苷酸的浓度会随着清醒的时长不断增加，浓度高时人们就会觉得困。而咖啡因是拮抗腺苷酸的，这也是为什么人们可以通过喝咖啡提神的原因。

　　了解睡眠的恒定系统同样可以帮助我们理解，为什么"补觉"不可行，因为我们身体每天所需要睡眠量是相对稳定的，就像一个杯子的容量只有500毫升，再多的水加进去也装不下了。

（三）不合理认知3

最近压力太大了，感觉睡了和没睡一样，我这几天就多休息一会，少运动一些。
不合理原因：
适当适时地运动对睡眠有积极的作用。

知识点：运动与睡眠

　　运动能提高人的体温，体温升高时，你会更加容易集中注意力，更加清醒；当体温开始下降，你就会感到困倦、打瞌睡。不仅如此，运动可以提升体温的峰值，规律的运动可以防止体温变化曲线过于平坦。此外，运动能延缓你的体温在傍晚的下降，帮助人们在傍晚时分更加警觉清醒。

　　除了运动带来的体温变化对睡眠有良好的作用外，运动本身带来的内啡肽也可以帮助人们感觉到积极的情绪状态，缓解压力带来的紧张感。

　　运动小技巧

　　（1）每天进行至少15分钟的有氧运动

　　因为运动对于睡眠的影响的一个重要路径是体温的提高，因此需要一定强度和时间的运动来保证体温的提升。

（2）尽量在早晨进行运动

一方面，早晨的体温处于较低的水平，此时的运动可以帮助你更好地从瞌睡状态中清醒过来；另一方面，早晨的阳光较为温和，此时进行户外运动是摄取阳光的最佳时机。

（四）不合理认知4

听说运动对睡眠有帮助，睡前正好有一段空闲时间，抓紧时间多运动运动。

不合理原因：

这取决于运动的程度，如果是温和的运动，是合理的，但如果是剧烈的运动，则不合理。因为睡前运动会提高你的体温，运动后体温会持续上升很长一段时间，而较高的体温不利于困意的形成，并且深睡眠阶段一般发生在睡着后的3～4小时，而过高的体温可能会导致无法进入睡眠或在深睡眠阶段维持。因此，建议在睡前3小时内不要进行剧烈的运动。

（五）不合理认知5

最近太忙了，到了晚上脑海里的想法像转陀螺似的停不下来，要不喝点酒助助眠。

不合理原因：

酒精虽然可以使肌肉放松，可能会帮助入睡，但是使人睡得浅，且多梦。

知识点：酒精与睡眠

酒精虽然可以使肌肉放松，但是会激发抑制深睡阶段和REM睡眠阶段，也就是说，虽然喝酒后容易进入睡眠状态，但是睡得很浅，并且多梦。

另外，酒精会使身体脱水，一般情况下，睡眠过程中人的血管会扩张，血压降低，血液进入肌肉，但是在脱水状态下，这个过程会受到严重影响。

四、睡眠教育的常用技术

（一）睡眠的基础知识教育

1.了解睡眠

（1）年龄对睡眠的影响

随着年龄的增长，人们对于睡眠的需求也发生了变化（表5-1），睡眠需求的降低属于正常的自然规律，不属于"睡眠变差"的表现。

表5-1　年龄对睡眠需求的影响

年龄	建议睡眠时数	不建议睡眠时数
新生儿（0～3个月）	14～17	<11；>19
婴儿（4～11个月）	12～15	<10；>18
学步期幼儿（1～2岁）	11～14	<9；>16
学龄前儿童（3～5岁）	10～13	<8；>14
小学生（6～14岁）	9～10	<7；>12
青少年（14～17岁）	8～10	<7；>11
青年（18～25岁）	7～9	<6；>11
成人（26～64岁）	7～9	<6；>10
老人（≥65岁）	7～8	<5；>9

（2）影响睡眠的因素

根据研究，影响睡眠的因素很多，包括睡前饮食情况、就寝环境、睡眠规律性、身体健康状况，学习压力、近期心情、就业前景、经济情况等因素都会对睡眠产生影响[45]。

（3）睡眠与生物钟

生物钟是一个告知我们什么时候该睡、什么时候该醒的机制，此机制位于下视丘的神经核，通过与松果体的联结来控制体内褪黑素分泌的时间，影响我们嗜睡与清醒的程度。其会影响体内其他生理活动的节律，如体温、内分泌系统、消化系统的活动等。

生物钟可以调节，且具有往后延迟的倾向。日光的照射、生活作息的习惯、服用褪黑素等都会影响生物钟的节律。并且生物钟具有较大的个体差异，可以大致分为早睡早起的云雀型、晚上不困白天不起的夜枭型以及中间型，不同类型之间没有好坏之分。

（4）保持生物钟稳定的系列方法：

①维持固定的起床与上床时间；

②维持固定的生活作息时间；

③避免早上赖床；

④避免周末补觉；

⑤维持卧室有适当的光线；

⑥早上起床后照射日光；

⑦规律的运动。

（5）睡眠日志

睡眠日志是国际公认的辅助检查睡眠疾病的方法。我们可以通过写睡眠日志来自测睡眠质量，了解自己的睡眠情况。通过检查或分析自己的睡眠日志，可对自己的睡眠情况有一个全面、客观的了解，从而可消除或减轻自己对失眠的担心、焦虑和恐惧，并有助于纠正自己对睡眠的错误认识，养成良好的睡眠卫生习惯。部分假性失眠的患者经常低估自己的睡眠时间，通过记录睡眠日志，系统地追踪自己的睡眠情况，可以帮助假性失眠患者发现自己为之担心、焦虑的所谓睡眠不良其实并不存在，从而使"失眠"及其导致的焦虑现象能够自发缓解。

操作建议：写睡眠日志的时间通常限制在起床后的30分钟内，方便精确地记录睡眠信息。

模板见下：

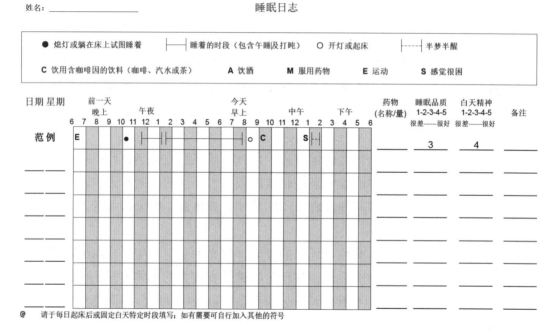

2.了解失眠

了解失眠与偶尔睡眠不佳的区别，可以避免将偶尔出现的睡眠不佳以及正常的生理规律引起的睡眠变化理解为失眠，从而造成更大的心理压力。

（1）失眠的定义与特征

失眠泛指对睡眠持续时间、效率、品质的不满意与抱怨，常包含以下特征：

·主观抱怨睡眠不佳；

·入睡时间超过30分钟；

·半夜醒来总时间超过30分钟；

·睡眠效率（睡眠效率=实际睡眠时间／躺床时间）低于85%；

·一星期中至少有三个晚上有睡眠困扰；

·失眠持续时间超过三个月以上。

失眠对人们造成了巨大的影响，包括白天呈现疲累状态，情绪波动、低落，工作表现不佳，影响健康，整体生活品质下降。

（2）失眠的易感因素

我们经常看到，在同样的压力事件下，有些人会出现失眠的症状，而有些人的睡眠状态则不会受到任何影响，这是由于人们失眠的易感因素是不同的。

·遗传易感因素：例如家庭的直系亲属中有长期失眠的问题；

·生物易感因素：例如某人更容易受到外界刺激的影响或知觉更敏感；

·心理易感因素：例如某人更容易出现思维"反刍"的情况，更容易纠结于一些事件且反复思考；

·社会易感因素：例如某学生想要晚上10点睡觉，可是室友都是"夜猫子"，总是打游戏到凌晨一两点。

（3）失眠的形成

可以用失眠病因的3P模式来分析失眠形成的原因：前置因子（predisposing factor）、诱发因子（precipitating factor）、持续因子（perpetuating factor）。

①前置因子：容易产生失眠的个人特质。

例如：

·遗传、家族史；

·较为脆弱的睡眠系统；

·极端的昼夜节律形态（前移或后移）；

·生物钟缺乏弹性；

·人格特质（情绪内化、焦虑倾向、抑郁倾向、完美主义、情绪压抑倾向、控制要求高、A型人格等）。

②诱发因子：导致失眠开始发生的事件。

例如：

·压力（正向或负向）：工作、家庭、人际等方面；

·生活事件：退休、生孩子、更年期；

·情绪困扰：过度焦虑、担心、抑郁情绪等；

·生理、健康状况的变化：更年期、开刀、生病等；

·工作或休息时间变换。

③持续因子：让失眠长时间维持的因素。

例如：

·心理过度亢奋、无法停止思考；

·过度担心睡眠或身体的问题；

·失眠相关的不良信念；

· 不良的睡眠习惯（在卧室进行非睡眠相关的活动、提早上床等）；

· 白天睡太多或缺乏活动；

· 缺乏适当的光照；

· 生理过度亢奋；

· 安眠药的不当使用（如突然停药）；

· 刺激性物质的使用（如咖啡、尼古丁、酒精）；

· 生活作息不规律；

· 周末过度补觉；

· 缺乏运动；

· 睡眠环境与焦虑情绪的联结；

· 卧室环境不利于睡眠（太亮、太热、太冷、太吵）；

· 床具不舒适。

可以通过对应的练习帮助个体思考自己失眠的成因。

3.失眠药物治疗的一般性原则与减药策略

（1）安眠药的好处

快速改善失眠症状，恢复精力，保证白天有精力从事各项活动。

（2）安眠药的坏处

①如选择不当或过量使用会产生白天精神不佳、注意力受损、记忆力受损、动作协调性差等副作用；

②长期使用可能会对药物产生依赖性、耐受性；

③突然停药容易产生反弹性失眠（失眠症状可能变得更严重）。

（3）一般安眠药使用的原则

建议不要在没有医嘱的情况下长时间持续使用。针对暂时性的失眠，可能不需要药物或偶尔使用短效型安眠药；针对急性失眠，建议遵医嘱使用并停用安眠药物；针对慢性失眠，需要详细评估，在服用药物的同时辅以认知行为治疗。

①有失眠困扰且已长期使用安眠药者

· 切勿突然停止使用，否则会出现反弹性失眠；

· 制定适当的减药策略，逐渐减低剂量，并配合认知行为治疗。

②有失眠困扰，但尚未或无规律使用安眠药者

· 思考失眠问题的形成（以3P分析）；

· 运用认知行为治疗技术改善失眠状况；

· 偶尔或短暂使用助眠药物对失眠是有帮助的，但须配合认知行为治疗。

③助眠药物的减药原则

· 如已长期使用，请勿突然断药；

·一次只减一种助眠药物，切勿同时减多种助眠药物。

④减药前的准备工作

·熟悉并执行各项助眠认知行为技巧；

·记录睡眠日志，包括药物使用的情况；

·固定睡／醒时间；

·熟悉放松技巧；

·了解减药过程中可能面临的问题或阻碍；

·与主治医生讨论助眠药物的减药优先顺序及方法。

⑤注意事项

a.依照计划服药，而不是依照睡眠情况服药。

b.预期与处理可能会发生的短暂性失眠困扰。

4.常见的睡眠疾病

（1）睡眠相关的呼吸疾病

【睡眠呼吸暂停综合征（obstructive sleep apnea，OSA）】

相关症状： 大声打鼾、睡眠时呼吸中断或咳嗽、白天嗜睡、白天做事情不专注、夜间尿频、晨起头痛／口干，嘴角流涎、胃部反酸。

危险因素： 肥胖、中年以上、男性、更年期后的妇女。

·**治疗方案：** 持续性呼吸道正压治疗（CAPA）、耳鼻喉科手术（如镭射）、减肥、侧睡。

（2）睡眠相关的动作疾病

【不宁腿综合征（restless legs syndrome）】

相关症状： 双腿深部有难以描述的不舒服、怪异的感觉，站起来走动或摩擦双腿不舒适感可以减轻；入睡困难。

危险因子： 缺铁、末梢神经病变、药物引起（如抗抑郁药）等。

·**治疗／处理方式：** 药物、维持良好的睡眠卫生、避免饮酒、适度按摩、运动、泡温水。

【周期性腿动（periodic leg movements）】

相关症状： 睡眠中部分肢体呈现周期性抽动的现象，常见的肢体动作为足踝弯起、大脚趾外展、膝盖和髋骨也可能同时内弯；白天会有嗜睡、不易专注等现象。

危险因子： 缺铁、药物引起（如抗抑郁药）等。

·**治疗／处理方式：** 药物、维持良好的睡眠卫生、避免饮酒、适度按摩、运动、泡温水。

（3）类睡症

发生在熟睡期的干扰疾患：

【**觉醒混淆**（confusional arousals）】由熟睡期醒来处于半睡半醒的意识不清、反应不明的状态。

【**梦游症**（sleep walking）】在慢波睡眠中不自觉起来游走。

【**夜惊**（sleep terrors）】在深睡中忽然醒来，尖叫或哭泣，并伴随着自主神经系统及行为上的恐惧反应。

·**治疗／处理方式**：保持安全的睡眠环境、避免饮用酒精、维持良好的睡眠卫生、避免睡眠剥夺、药物治疗（三环抗抑郁剂、BZD）。

发生在快速眼动期的干扰疾患：

【**快速眼动睡眠行为障碍**（REM sleep behavior disorder，RBD）】：快速眼动睡眠时肌肉张力的机制失常，因而出现和梦境内容相关的肢体动作（如打人、打墙等）。

【**梦魇**（nightmare）】因为吓人的梦境而由快速眼动睡眠中惊醒。

·**治疗／处理方式**：保持安全的睡眠环境、避免饮用酒精、维持良好的睡眠卫生、药物治疗（如，氯硝西泮 clonazepam）。

（二）睡眠卫生教育

睡眠卫生教育属于心理教育的一种，对于入睡及睡眠维持困难，研究建议在进行行为技术（如刺激控制法和睡眠限制法）的同时，进行睡眠卫生教育[46]。

有碍睡眠的习惯包括：

（1）睡眠相关习惯	（2）日常生活习惯	（3）睡眠环境
·醒睡时间不规律 ·周末补觉 ·睡前有不愉快的谈话 ·睡前没有足够的时间让自己放松 ·睡前担心自己会睡不着 ·躺上床后仍在脑海中思考未解决的问题 ·半夜会起来看钟／表 ·在床上做其他与睡眠无关的事（如看电视、看书，性行为除外），或开着电视／音响入睡 ·使用酒精来帮助自己入睡	·白天小睡，或躺床休息的时间超过一小时，或下午三点以后小睡补觉 ·缺乏规律的运动 ·白天缺乏接受太阳光照 ·白天担心晚上会睡不着 ·晚上饮用含咖啡因的饮料（如：咖啡、茶、可乐、提神饮料），或使用刺激性物质（如：抽烟） ·睡前两小时做剧烈的运动 ·睡前吃太多食物或喝太多饮料	·声音：卧室内外是否有声音干扰或是过度安静 ·光线：太亮、太暗、室内温度与湿度 ·卧室空气不流通 ·寝具的舒适程度（如：床的大小、床垫的软度、枕头的高低软硬等） ·床伴是否会干扰睡眠（如：打鼾、不同的就寝时间等）

根据张斌等人译著的《失眠的认知行为治疗：逐次访谈指南》[46]14-15，标准的睡眠卫生教育指南见下表：

睡眠卫生教育指南

1. 你只需睡到能第二天恢复精力即可 限制在床时间能帮助整合和加深睡眠。在床上花费过多时间，会导致片段睡眠和浅睡眠。不管你睡了多久，第二天规律地起床
2. 每天同一时刻起床，1 周 7 天全是如此 早晨同一时间起床会带来同一时刻就寝，能帮助建立"生物钟"
3. 规律锻炼 制定锻炼时刻表，不要在睡前 3 小时进行体育锻炼。锻炼帮助减轻入睡困难并加深睡眠
4. 确保你的卧室舒适而且不受光线和声音的干扰 舒适、安静的睡眠环境能帮助减少夜间觉醒的可能性。不把人吵醒的噪声也有可能影响睡眠质量。铺上地毯、拉上窗帘及关上门可能会有所帮助
5. 确保你的卧室夜间的温度适宜 睡眠环境过冷或过热可能会影响睡眠
6. 规律进餐，且不要空腹上床 饥饿可能会影响睡眠。睡前进食少量零食（尤其是碳水化合物类）能帮助入睡，但要避免过于油腻或难消化的食物
7. 夜间避免过量饮用饮料 为了避免夜间尿频而起床上厕所，避免就寝前喝太多饮料
8. 减少所有咖啡类产品的摄入 咖啡因类饮料和食物（咖啡、茶、可乐、巧克力）会引起入睡困难、夜间觉醒及浅睡眠。即使是早些使用咖啡因也会影响夜间睡眠
9. 避免饮酒，尤其在夜间 尽管饮酒能帮助紧张的人更容易入睡，但之后会引起夜间觉醒
10. 吸烟可能影响 尼古丁是一种兴奋剂。当有睡眠障碍时，尽量不要于夜间抽烟
11. 别把问题带到床上 晚上要早些时间解决自己的问题或制定第二天的计划。烦恼会干扰入睡，并导致浅睡眠
12. 不要试图入睡 这样只能将问题变得更糟。相反，打开灯，离开卧室，并做一些不同的事情如读书。不要做兴奋性活动。只有当你感到困倦时才再上床
13. 把钟放到床下或转移它，不要看到它 反复看时间会引起挫败感、愤怒和担心，这些情绪会干扰睡眠
14. 避免白天打盹 白天保持清醒状态有助于夜间睡眠

（三）助眠的行为技术

1.刺激控制法

刺激控制法

适用状况	适用于各种失眠，用以协助入睡，用以减少不适当的睡眠联结，重新建立"床—睡眠"的联结
不适用状况	因动作或认知能力的限制而不宜在夜间多次上下床者

续 表

原理	1.通过强化辨别睡眠和清醒的环境刺激，以达到睡眠的增强行为 2.通过加强睡眠与睡眠环境的联结，减少焦虑与睡眠环境的联结，来强化夜间睡眠的运作
程序	在解释原理后，给予下列规则： 1.只有在想睡觉的时候才可以躺在床上 2.避免在床上（或卧室）做无关睡眠的活动（性行为除外），床只用来睡觉 3.躺在床上约15～20分钟后仍无法入睡时，要离开床（或卧室）去做一些放松的活动，直到有睡意时才去躺床 4.如果仍睡不着，必须反复进行上述步骤，离开床做静态放松的活动 5.每天固定起床时间
注意事项	1.与个体本身的想法相互抵触，需清楚说明原理（建立"睡眠—床"的条件反射）才容易执行 2.本技术需要执行一段时间才会起效，须先提醒个案以避免未见到效果前就太快放弃 3.由于个案可能必须在夜间醒来多次，若没有事先预设夜间从事的活动可能不易维持，需先商量安排 4.特别强调固定起床时间 5.由于一开始可能会出现睡眠不足的情况，影响白天精力及注意力，因此治疗开始阶段避免开车等活动

2.睡眠限制法

睡眠限制法

适用状况	适用于各种失眠，特别针对睡眠效率不佳者（睡眠效率低于85%适用），通过调整睡眠时间以维持最佳睡眠效率
不适用状况	1.工作需要维持高度警觉状态者（技师或飞行安全相关人员、大型器具操作人员、长途交通驾驶等） 2.共病问题可能因睡眠剥夺而有负面影响者（如，癫痫、严重睡眠呼吸暂停综合征） 3.原本躺床时间就偏短（<5小时）或入睡时间很快的人
原理	利用暂时睡眠剥夺以快速提高睡眠恒定驱力，以达到 1.缩短入睡时间 2.提升睡眠深度 3.重新经历嗜睡感受 4.减少睡前担忧以及认知活动 5.降低睡前焦虑以及焦虑与睡眠情境的联结
程序	1.写睡眠日志（至少一周） 2.计算平均的睡眠总时间，作为一开始的基准，但不少于4.5小时 3.继续写睡眠日志，每个礼拜与治疗师见面一次，计算平均睡眠效率（SE） 4.根据下列规则调整下周的基准 SE≥90%：延长基准值15~30分钟 SE<85%：缩短基准值15~30分钟 85%≤SE<90%：维持原来的基准

续　表

注意事项	1.与个体本身的想法相互抵触，需清楚说明原理才容易执行（先求质，再求量） 2.本技术需执行一段时间才会出现效果，须先提醒个案以避免未见到效果前就太快放弃，一般需要三周至一个月 3.需要改变生活作息，延后上床时间或提前起床，需与其详细讨论执行方案 4.避免过长的午睡与周末补觉 5.老年人的睡眠效率本来就因老化比较低，调整标准可下调约5%

例如：

晚上11点躺床准备睡觉，一直到凌晨1点才睡着

早上6点醒来，赖床到7点下床

睡眠效率=实际睡眠时间/躺床时间×100%=5/8×100%=62.5% → 有1/3的时间躺床上失眠

调整躺床时间：12:30上床，6:00起床（将躺床时间缩短）

睡眠效率=5/5.5×100%=90%

根据个体需求与睡眠状况，在保证睡眠效率的情况下，慢慢调整上床/起床时间

（四）助眠的其他方式

1.生物钟的调整方式——光照治疗

（1）光照对生物钟的影响

·靠着日光照射可调整内在生物钟

·晚上接受光照 → 延迟入睡时间

·清晨接受光照 → 提早入睡时间

例如：

	上床时间	起床时间
治疗前	1:30AM	10:00AM
治疗前一天	1:15AM	9:45AM
治疗第二天	01:00AM	9:30AM
治疗第三天	12:45AM	09:15AM
治疗第四天	12:30AM	9:00AM
治疗第五天	12:15AM	8:45AM
……		
期望的睡眠作息	11:30PM	6:30AM

（2）光照强度

·2500lux以上才有明显效果

·清晨的朝阳：约2500lux

·正午的阳光：约有10000～100000lux

·室内的灯光：约60～300lux

（3）光照时间

·能达到一个小时以上效果最佳，至少需要半个小时。

（4）光照方式

·日光

到户外接受光照，让光线能够进入眼睛，效果最好。

注意：避免直视光源，夏季做好防晒，冬季做好保暖。

·光照治疗仪器

2.改变不良的睡眠信念

与睡眠有关的不良信念会加重睡眠问题（比如高估自身情况的严重程度，低估自己恢复的可能性），帮助个体挑战这些不良信念的正确性，有助于缓解睡眠不佳引起的焦虑。

诱发事件：前一晚失眠、睡不好。

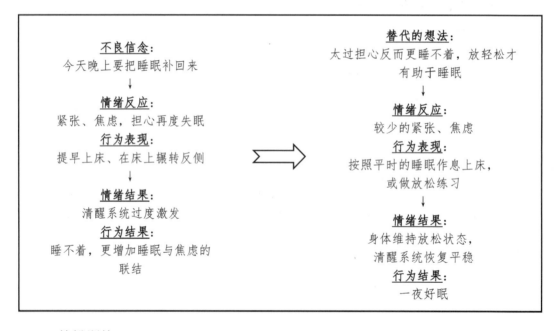

3.放松训练

（1）腹式呼吸

①腹式呼吸的原理与功能：

a.缓慢的腹式呼吸可以使肺泡与微血管有充足的时间做气体交换。

b.缓慢的腹式呼吸 → 调节自主神经 → 调节清醒、焦虑唤起机制 → 让头脑、身体感到放松。

②练习腹式呼吸的方式：

a.松开过紧的衣物，安静地坐着。

b.一手放在腹部，另一手则放在胸部，以鼻子吸气，嘴巴吐气，集中注意呼吸时哪一只手起伏得比较大。

c.缓慢地吸气，然后缓慢地吐气。吸气时，引导让腹部鼓起，此时放在腹部的手应该可以感到腹部上升，呼气时，感受到腹部的手下降。

d.练习重点集中在缓慢、轻松的呼吸。每天至少练习两到三次，每次五到十分钟。

e.每分钟12次：用鼻子吸气，吸气时心中默数"一秒钟、两秒钟"，再暂停约半秒钟。用嘴巴呼气，呼气时心中默数"一秒钟、两秒钟"。

f.每分钟8次：用鼻子吸气，吸气时心中默数"一秒钟、两秒钟、三秒钟"，

g.再暂停约半秒钟。用嘴巴呼气，呼气时心中默数"一秒钟、两秒钟、三秒钟"。

h.待呼吸速率调整稳定之后，吸气时心中可默念"吸气"，吐气时则默念"放松"。

提示：

a.如呼吸时不能感觉到腹部鼓起，可试着先用嘴巴慢慢地把空气吐完，再用鼻子深深地吸气，来体验腹部隆起的感觉。

b.若以上的方法还是不能帮助你用腹部呼吸，则可改用以下的方式：趴在毯子上，手互叠在头的下方，枕头在手上，深呼吸就可以感觉到腹部压迫着毯子。

③应用于压力情境：

在压力情境或日常生活特定的状况下，开始做：

a.让自己安静下来，开始做2到3次的腹式呼吸。

b.在感觉到紧张、无法放松地呼吸时，可先用嘴巴慢慢地吐气，再用鼻子深深地吸气。

c.吸气时心中可默念"吸气"，吐气时则默念"放松"。

d.平时勤于练习，让身体在自然状态下就能熟悉腹式呼吸，如此才能在压力情境下快速地应用。

（2）肌肉放松法

①肌肉放松的原理与功能：

a.紧张程度与肌肉放松状态是互为拮抗的，因此当肌肉放松时，你不可能会感觉到紧张。

b.当我们紧张、焦虑时，直接让自己的情绪立刻放松下来是不太容易的，可以利用肌肉放松的状态，与紧张状态竞争，达到抗焦虑的作用。

c.渐进式肌肉放松法是利用肌肉先绷紧、再放松，以达到能区别肌肉紧张与放松的状态。

d.直接放松法可应用于压力情境下，快速让自己的肌肉放松，进一步降低焦虑、紧张。

②练习肌肉放松的方式：

A.渐进式肌肉放松法：

a.以最舒服的方式坐好，闭上眼睛，做几个缓慢的呼吸。

b.将特定部位的肌肉收紧，让它保持紧张的状态，感受该部位肌肉的紧张。然后放松，尽量将肌肉放松，用心去感觉肌肉"紧张"和"放松"之间的不同。

c.练习的部位如下——

手臂与肩膀：拳头 → 手指与手前臂肌肉 → 手肘上臂肱二头肌 → 肩膀与颈部

脸部：前额与眉头 → 眼睛周围 → 下颚与牙关 → 嘴唇周围 → 下巴与颈部

胸腹：背部 → 胸部 → 腹部

腿：大腿 → 小腿

d.让自己那个部位的肌肉仍保持紧张，把注意力放在这个部位，然后试着将它放松。

e.每天找两个固定的时段练习。

B.直接放松法：

a.以最舒服的姿势放松坐好，闭上眼睛，做几个缓慢的呼吸。

b.安静地检视一下身上有无任何部位有紧张的感觉，试着放松该部位的肌肉。

c.可以顺着下列的顺序检视——双手前臂 → 上臂 → 肩膀 → 脸部 → 脖子 → 胸部 → 腹部 → 臀部 →腿部。

d.从一数到十，每念完一个数字，就感觉到更加的放松。

e.每天找两个固定的时段练习。

C.应用于压力情境：

a.让自己安静下来，做几个缓慢的呼吸。

b.检视身体各个部位是否有紧张的感觉，如果有，专注在该部位，试着放松紧张的肌肉。

c.平时勤练习，让身体在自然状态下就能熟悉肌肉放松，才能在压力情境下快速地应用。

4.正念冥想训练

具体参见第三章"正念觉察训练"。

（五）失眠复发的预防与处理

在睡眠恢复平稳之后，应该做到：

（1）保持良好的睡眠习惯；

（2）持续实行压力管理；

（3）持续练习放松训练。

当失眠复发时，需要：

（1）评估自己失眠的原因 → 想想失眠病因的3P模式；

（2）避免过度的担心 → 避免清醒、焦虑机制被唤醒；

（3）检视自己的睡眠卫生 → 良好的睡眠卫生是优质睡眠的第一步；

（4）检视自己的睡眠信念 → 与睡眠有关的不良信念会加重你的睡眠问题；

（5）实行帮助睡眠的行为技术 → 刺激控制法、睡眠限制法。

当失眠仍然持续时，可以：

（1）寻求专业人员的帮助

——各大医院精神科、心身科、内科等相关科室；

——各大医院睡眠中心或失眠门诊。

（2）在专业人员的协助下，进行心理或认知行为治疗；

（3）短期使用安眠药物。

五、睡眠教育中的常用测量工具

（一）睡眠质量——匹兹堡睡眠质量指数

匹兹堡睡眠质量指数（Pittsburgh Sleep Quality Index，PSQI）量表是评估睡眠质量的经典工具，是美国匹兹堡大学精神科医生Buysse博士等人于1989年编制的。该量表适用于睡眠障碍患者、精神障碍患者评价睡眠质量，同时也适用于一般人睡眠质量的评估。该问卷中文版的内部一致性Cronbach α 系数为0.842，具有较好的信效度。

（二）睡眠信念——睡眠信念与态度量表

睡眠信念与态度（Dysfunctional Beliefs and Attitudes about Sleep，DBAS）量表是评估睡眠信念的经典工具，用以评估失眠患者持有的与睡眠有关的功能失调的信念。睡眠个人信念与态度量表由美国尼亚大学医学院的睡眠专家Moirn编制，包含30个条目问题，分为5个分量表：引起失眠原因的细微概念、诱发或加重失眠后果的不良原因、对睡眠的不现实期望、对知觉控制减弱、对帮助睡眠方法的不正确信念和认识[47]。

（三）睡眠习惯——睡眠习惯量表

睡眠习惯量表（Sleep Hygiene Practice Scale，SHPS）是评估睡眠习惯的经典工具，常用于评估可能影响睡眠质量的睡眠习惯，其是由 Yang 等结合已发表的学术文章中影响睡眠质量的睡眠习惯、国际睡眠卫生准则编制[48]。该量表包含 30 个自评问题，涵盖 4 个维度，分别为睡眠规划（干扰稳态、昼夜节律的睡眠习惯）、觉醒相关的行为（增加焦虑、提高醒觉的行为）、饮食习惯、睡眠环境。

本章小结

面对压力情境时产生的睡眠问题对很多人造成了困扰。而睡眠困扰所产生的生理反应、情绪波动和认知负担则进一步加重了压力，更不利于我们进行应对和处理。虽然我们难以控制压力事件的产生，但是可以通过睡眠教育对睡眠质量和睡眠状态进行调整，防止睡眠质量下降造成新的心理压力，中断"压力—睡眠不良"的恶性循环。

在本章里，我们介绍了压力与睡眠的关系、压力影响睡眠的机制、睡眠教育的定义及效果、压力条件下常见的不合理睡眠认知，并列出了常用的睡眠教育的方法、团体辅导方案及睡眠测量工具，以供读者设计方案时参考。

思考题

1. 当你感觉压力较大时，你的睡眠是否受到影响？如果是，有哪些表现？
2. 睡眠对压力的影响是什么？这种影响是如何产生的？
3. 压力对睡眠的影响是什么？这种影响是如何产生的？
4. 压力条件下常见的不合理睡眠认知有哪些？请举出 3 条并说明不合理的原因。
5. 助眠的行为技术有哪些？放松训练有哪几种形式？

参考文献

[1] MELTZER L J, MINDELL J A. Impact of a child's chronic illness on maternal sleep and daytime functioning [J]. Archives of Internal Medicine, 2006, 166(16): 1749–55.

[2] MELTZER L J, MINDELL J A. Relationship between child sleep disturbances and maternal sleep, mood, and parenting stress: a pilot study [J]. Journal of Family Psychology, 2007, 21(1): 67–73.

[3] RANJITA M, MICHELLE M. College students' academic stress and its relation to their

anxiety, time management, and leisure satisfaction [J]. American Journal of Health Studies, 2000, 16(1): 41.

[4] 刘贤臣，郭传琴，陈琨，等. 青年学生的失眠及其相关因素 [J]. 上海精神医学，1995(3)：33-37，61.

[5] 严由伟，刘明艳，唐向东，等. 压力源及其与睡眠质量的现象学关系研究述评 [J]. 心理科学进展，2010，18(10)：1537-1547.

[6] 中国青少年研究中心：近六成中小学生睡眠不足，压力呈内化趋势[J]. 中小学管理，2016(11)：62.

[7] CURCIO G, FERRARA M, DE GENNARO L. Sleep loss, learning capacity and academic performance [J]. Sleep Medicine Review, 2006, 10(5): 323-337.

[8] 姜文锐，马剑虹. 工作压力的要求-控制模型 [J]. 心理科学进展，2003，11(2)：209-213.

[9] AKERSTEDT T, KNUTSSON A, WESTERHOLM P, et al. Sleep disturbances, work stress and work hours: a cross-sectional study [J]. Journal of Psychosomatic Research, 2002, 53(3): 741-748.

[10] KNUDSEN H K, DUCHARME L J, ROMAN P M. Job stress and poor sleep quality: data from an American sample of full-time workers [J]. Social Science & Medicine, 2007, 64(10): 1997-2007.

[11] NAKATA A, HARATANI T, TAKAHASHI M, et al. Job stress, social support, and prevalence of insomnia in a population of Japanese daytime workers [J]. Social Science & Medicine, 2004, 59(8): 1719-1730.

[12] AKERSTEDT T, WRIGHT K P, JR. Sleep Loss and Fatigue in Shift Work and Shift Work Disorder [J]. Sleep Medicine Clinics, 2009, 4(2): 257-271.

[13] VOSS U, TUIN I. Relationship of sleep quality with coping and life styles in female Moroccan immigrants in Germany [J]. Women's health issues : official publication of the Jacobs Institute of Women's Health, 2008, 18(3): 210-216.

[14] WOODWARD S H, ARSENAULT N J, VOELKER K, et al. Autonomic activation during sleep in posttraumatic stress disorder and panic: a mattress actigraphic study [J]. Biological Psychiatry, 2009, 66(1): 41-46.

[15] PALERMO T M, KISKA R. Subjective sleep disturbances in adolescents with chronic pain: relationship to daily functioning and quality of life [J]. The Journal of Pain, 2005, 6(3): 201-207.

[16] HAMILTON N A, CATLEY D, KARLSON C. Sleep and the affective response to stress and pain [J]. Health Psychology: Official Journal of the Division of Health Psychology,

American Psychological Association, 2007, 26(3): 288–295.

[17] LANDIS C A, LENTZ M J, TSUJI J, et al. Pain, psychological variables, sleep quality, and natural killer cell activity in midlife women with and without fibromyalgia [J]. Brain Behav Immun, 2004, 18(4): 304–313.

[18] PALESH O G, COLLIE K, BATIUCHOK D, et al. A longitudinal study of depression, pain, and stress as predictors of sleep disturbance among women with metastatic breast cancer [J]. Biological Psychology, 2007, 75(1): 37–44.

[19] PAWLYK A C, MORRISON A R, ROSS R J, et al. Stress–induced changes in sleep in rodents: models and mechanisms [J]. Neuroscience and Biobehavioral Reviews, 2008, 32(1): 99–117.

[20] HARVEY A G, JONES C, SCHMIDT D A. Sleep and posttraumatic stress disorder: a review [J]. Clinical Psychology Review, 2004, 23(3): 377–407.

[21] KOOPMAN C, NOURIANI B, ERICKSON V, et al. Sleep disturbances in women with metastatic breast cancer [J]. The Breast Journal, 2002, 8(6): 362–370.

[22] HALL M, BUYSSE D J, NOFZINGER E A, et al. Financial strain is a significant correlate of sleep continuity disturbances in late–life [J]. Biological Psychology, 2008, 77(2): 217–222.

[23] 严由伟，刘明艳，唐向东，等. 压力反应、压力应对与睡眠质量关系述评 [J]. 心理科学进展，2010(11)：1734–1746.

[24] YANG L, TANG X, WELLMAN L L, et al. Corticotropin releasing factor (CRF) modulates fear–induced alterations in sleep in mice [J]. Brain Research, 2009, 1276: 112–122.

[25] HAMILTON N A, AFFLECK G, TENNEN H, et al. Fibromyalgia: the role of sleep in affect and in negative event reactivity and recovery [J]. Health psychology : official journal of the Division of Health Psychology, American Psychological Association, 2008, 27(4): 490–497.

[26] RICHARDSON G S. Human physiological models of insomnia [J]. Sleep Medicine, 2007, 8 Suppl 4: S9–14.

[27] HONG S, MILLS P J, LOREDO J S, et al. The association between interleukin–6, sleep, and demographic characteristics [J]. Brain Behavior and Immunity, 2005, 19(2): 165–172.

[28] BRUMMETT B H, BABYAK M A, SIEGLER I C, et al. Associations among perceptions of social support, negative affect, and quality of sleep in caregivers and noncaregivers [J]. Health Psychology : Official Journal of the Division of Health Psychology, American Psychological Association, 2006, 25(2): 220–225.

[29] HARVEY A G. A cognitive model of insomnia [J]. Behaviour Research & Therapy, 2002,

40(8): 869–893.

[30] EKSTEDT M, AKERSTEDT T, SöDERSTRöM M. Microarousals during sleep are associated with increased levels of lipids, cortisol, and blood pressure [J]. Psychosomatic Medicine, 2004, 66(6): 925–931.

[31] VAN CAUTER E, SPIEGEL K, TASALI E, et al. Metabolic consequences of sleep and sleep loss [J]. Sleep Medicine, 2008, 9 Suppl 1(1): S23–28.

[32] KOVALZON V M, TSIBULSKY V L. REM-sleep deprivation, stress and emotional behavior in rats [J]. Behavioural Brain Research, 1984, 14(3): 235–245.

[33] WRIGHT C E, VALDIMARSDOTTIR H B, ERBLICH J, et al. Poor sleep the night before an experimental stress task is associated with reduced cortisol reactivity in healthy women [J]. Biological Psychology, 2007, 74(3): 319–327.

[34] 张斌，荣润国. 失眠的认知行为治疗 [J]. 中国心理卫生杂志，2004, 18(12): 882–884.

[35] TRAUER J M, QIAN M Y, DOYLE J S, et al. Cognitive Behavioral Therapy for Chronic Insomnia: A Systematic Review and Meta-analysis [J]. Annals of Internal Medicine, 2013, 47(2): 191–204.

[36] JACOBS G D, PACE-SCHOTT E F, STICKGOLD R, et al. Cognitive behavior therapy and pharmacotherapy for insomnia: a randomized controlled trial and direct comparison [J]. Arch Intern Med, 2004, 164(17): 1888–1896.

[37] GONG H, NI C X, LIU Y Z, et al. Mindfulness meditation for insomnia: A meta-analysis of randomized controlled trials [J]. Journal of Psychosomatic Research, 2016, 89: 1–6.

[38] RUSCH H L, ROSARIO M, LEVISON L M, et al. The effect of mindfulness meditation on sleep quality: a systematic review and meta-analysis of randomized controlled trials [J]. Annals of the New York Academy of Sciences, 2019, 1445(1): 5–16.

[39] ZEMLAN F P, MULCHAHEY J J, SCHARF M B, et al. The efficacy and safety of the melatonin agonist beta-methyl-6-chloromelatonin in primary insomnia: a randomized, placebo-controlled, crossover clinical trial [J]. Journal of Clinical Psychiatry, 2005, 66(3): 384–390.

[40] 田海军，黄流清，赵忠新. 慢性失眠的评价和治疗 [J]. 第二军医大学学报，2006, 27(5): 538–540.

[41] ASERINSKY E, KLEITMAN N. Regularly occurring periods of eye motility, and concomitant phenomena, during sleep [J]. The Journal of Neuropsychiatry and Clinical Neurosciences, 2003, 15(4): 454–455.

[42] PEEVER J, FULLER P M. The Biology of REM Sleep [J]. Current Biology, 2017, 27(22):

R1237–R1248.

[43] HORNER R L, SANFORD L D, PACK A I, et al. Activation of a distinct arousal state immediately after spontaneous awakening from sleep [J]. Brain Research, 1997, 778(1): 127–134.

[44] 苗素云，刘志强，赵君，等.慢性失眠原因的3P模式分析和认知行为疗法治疗策略 [J]. 国际神经病学神经外科学杂志，2020，47(6): 628–632.

[45] 戚东桂，刘荣，吴晓茜，等.大学生睡眠质量及其影响因素调查 [J]. 现代预防医学，2007, 34(5): 875–877.

[46] 帕里斯.失眠的认知行为治疗：逐次访谈指南 [M]. 张斌，译.北京：人民卫生出版社，2012.

[47] 胡恒芸，刘诏薄，陈秀湄，等.睡眠信念与态度量表在失眠患者健康教育中的应用 [J]. 中国心理卫生杂志，2008，22(11): 833–836.

[48] YANG C–M, LIN S–C, HSU S–C, et al. Maladaptive Sleep Hygiene Practices in Good Sleepers and Patients with Insomnia [J]. Journal of Health Psychology, 2010, 15(1): 147.

本章附录

睡眠教育的团辅方案

单元	单元目标	活动内容	所需材料
一	·团队初始 ·介绍睡眠教育团辅目的，订立契约 ·讨论对睡眠的认识 ·介绍睡眠教育 ·学习放松技术	1.认识成员 2.团体规则介绍 3.失眠问题讨论 4.认识睡眠机制与失眠病因的3P模式 5.正念冥想 6.布置家庭作业 （1）我的失眠病因模式 （2）填写睡眠日志 （3）完成正念冥想	睡眠日志
二	·讨论睡眠记录与觉察的结果 ·学习助眠的行为技术 ·学习放松技术	1.讨论家庭作业：我的失眠病因模式、睡眠日志 2.助眠的行为技术 （1）睡前助眠行为 （2）刺激控制法与睡眠限制法 （3）睡眠卫生教育 3.放松训练：腹式呼吸 4.布置家庭作业 （1）执行助眠行为技术 （2）腹式呼吸：每天2次，并记录 （3）填写睡眠日志	睡眠日志

单元	单元目标	活动内容	所需材料
三	·讨论睡眠教育执行情况 ·学习放松技术 ·学习其他助眠方式	1.讨论家庭作业：助眠行为技术的执行、睡眠日志 2.放松训练：渐进式肌肉放松法 3.助眠的其他方式：生物钟与睡眠 4.布置家庭作业 （1）执行助眠行为技术 （2）渐进式肌肉放松法的练习：每天2次，并加以记录 （3）调整生物钟 （4）填写睡眠日志	睡眠日志
四	·讨论睡眠教育执行情况 ·学习睡眠及药物相关知识 ·学习放松技术	1.讨论家庭作业：助眠行为技术与调整生物钟的执行、睡眠日志 2.常见睡眠疾病的认识及助眠药物的认识 3.正念冥想 4.布置家庭作业 （1）执行助眠行为技术 （2）放松法的练习：呼吸法+渐进式肌肉放松法的练习：每天2次，并加以记录 （3）填写睡眠日志	睡眠日志
五	·讨论睡眠教育执行情况 ·学习助眠的其他方式 ·学习放松技术	1.讨论家庭作业：助眠行为技术与放松训练的执行、睡眠日志 2.放松训练：直接放松法 3.改变影响睡眠的不合理认知 4.布置家庭作业 （1）执行助眠认知行为技术 （2）直接放松法的练习：每天2次，并加以记录 （3）记录影响睡眠的认知 （4）填写睡眠日志	睡眠日志
六	·总结回顾收获 ·讨论如何延续效果 ·讨论如何应对将来可能出现的情况	1.讨论家庭作业：助眠认知行为技术与放松训练的执行、睡眠日志 2.助眠认知行为技巧执行结果讨论 3.放松训练执行结果讨论 4.失眠复发的处理 5.讨论如何坚持 6.告别	睡眠日志

睡眠教育相关量表

匹兹堡睡眠质量指数（PSQI）

指导语：下面一些问题是关于您最近一个月的睡眠状况，请填写或选择出最符合您实际情况的答案。

1.近1个月，晚上上床睡觉时间通常是____点钟。

2.近1个月，从上床到入睡通常需要____分钟。

3.近1个月，通常早上____点起床。

4.近1个月，每夜通常实际睡眠时间____小时。

对下列问题请选择一个最适合您的答案。

5.近一个月，您有没有因下列情况影响睡眠而烦恼。

a. 入睡困难（30分钟内不能入睡）

①无 ②<1次/周 ③1～2次/周 ④≥3次/周

b. 夜间易醒或早醒

①无 ②<1次/周 ③1～2次/周 ④≥3次/周

c. 夜间去厕所

①无 ②<1次/周 ③1～2次/周 ④≥3次/周

d. 呼吸不畅

①无 ②<1次/周 ③1～2次/周 ④≥3次/周

e. 咳嗽或鼾声高

①无 ②<1次/周 ③1～2次/周 ④≥3次/周

f. 感觉冷

①无 ②<1次/周 ③1～2次/周 ④≥3次/周

g. 感觉热

①无 ②<1次/周 ③1～2次/周 ④≥3次/周

h. 做噩梦

①无 ②<1次/周 ③1～2次/周 ④≥3次/周

i. 疼痛不适

①无 ②<1次/周 ③1～2次/周 ④≥3次/周

j. 其他影响睡眠的事情

①无 ②<1次/周 ③1～2次/周 ④≥3次/周

如果有，请说明：

6.近1个月，总的来说，您认为自己的睡眠质量

①很好 ②较好 ③较差 ④很差

7.近1个月，您用催眠药物的情况

①无 ②<1次/周 ③1～2次/周 ④≥3次/周

8.近1个月，您感到困倦吗？

①没有 ②偶尔有 ③有时有 ④经常有

9.近1个月，您感到做事的精力不足吗？

①很好 ②较好 ③较差 ④很差

计分标准

各成分含义及计分方法如下：

·A睡眠质量:根据条目6的应答计分，较好计1分，较差计2分，很差计3分。

·B入睡时间

1）条目2的计分为≤15分计0分，16～30分计1分，31～60计2分，≥60分计3分。

2）条目5a的计分为无计0分，＜1周/次计1分，1～2周/次计2分，≥3周/次计3分。

3）累加条目2和5a的计分，若累加分为0计0分，1～2计1分，3～4计2分，5～6计3分。

·C睡眠时间:根据条目4的应答计分，>7小时计0分，6～7小时计1分，5～6小时计2分，＜5小时计3分。

·D睡眠效率

1）床上时间 = 条目3（起床时间）– 条目1（上床时间）

2）睡眠效率 = 条目4（睡眠时间）/ 床上时间 × 100%

3）成分D计分为，睡眠效率＞85%计0分，75%～84%计1分，65%～74%计2分，＜65%计3分。

·E睡眠障碍:根据条目5b至5j的计分为无计0分，＜1周/次计1分，1~2周/次计2分，≥3周/次计3分。累加条目5b至5j的计分，若累加分为0则成分E计0分，1～9计1分，10～18计2分，19～27计3分。

·F催眠药物:根据条目7的应答计分，无计0分，＜1周/次计1分，1～2周/次计2分，≥3周/次计3分。

·G日间功能障碍:

1）根据条目8的应答计分，没有计0分，偶尔有计1分，有时有计2分，经常有计3分。

2）根据条目9的应答计分，很好计0分，较好计1分，较差计2分，很差计3分。

3）累加条目8和9的得分，若累加分为0则成分G计0分，1～2计1分，3～4计2分，5～6计3分

·PSQI总分 = 成分A + 成分B + 成分C + 成分D + 成分E + 成分F + 成分G

评价等级：

0～5分	睡眠质量很好
6～10分	睡眠质量还行
11～15分	睡眠质量一般
16～21分	睡眠质量很差

睡眠信念与态度量表（DBAS）

	非常同意	同意	一般	不同意	非常不同意
1. 我每天需要八小时的睡眠，白天才会有精神，工作表现才会好。	☐	☐	☐	☐	☐
2. 当我前一天睡得不好，隔天一定需要睡午觉补眠，或是晚上早点上床睡觉。	☐	☐	☐	☐	☐
3. 因为年纪越来越大，所以需要的睡眠越来越少。	☐	☐	☐	☐	☐
4. 如果一两天没睡觉，我担心可能会精神崩溃。	☐	☐	☐	☐	☐
5. 我担心长期失眠可能会造成严重的身体健康问题。	☐	☐	☐	☐	☐
6. 如果我多花一些时间躺在床上，通常都可以多睡一点，隔天感觉也会比较好。	☐	☐	☐	☐	☐
7. 当我有入睡困难或是半夜醒来后很难再入睡的情况时，我应该要一直躺在床上并且更努力地睡觉。	☐	☐	☐	☐	☐
8. 我担心自己可能失去控制睡眠的能力。	☐	☐	☐	☐	☐
9. 因为我的年纪越来越大，所以晚上应该早点上床睡觉。	☐	☐	☐	☐	☐
10. 当前一晚睡得不好时，我知道隔天的活动一定会受到影响。	☐	☐	☐	☐	☐
11. 为了保持白天的清醒与工作表现，我认为比较好的方式是吃助眠药物，而不是让自己一整晚睡不好。	☐	☐	☐	☐	☐
12. 如果我在白天感到暴躁、忧郁、焦虑，大部分是因为前一晚没睡好。	☐	☐	☐	☐	☐
13. 我的床伴可以很快入睡并且一整晚都睡得很香甜，所以我应该也是如此。	☐	☐	☐	☐	☐
14. 基本上失眠是因为老化引起的，没有什么可以改善的方法。	☐	☐	☐	☐	☐
15. 有时候我害怕会在睡梦中死去。	☐	☐	☐	☐	☐
16. 如果我有一个晚上睡得很好，我知道隔天晚上就得为此付出代价。	☐	☐	☐	☐	☐
17. 如果某个晚上我睡得不好，我知道整个星期的睡眠时间就会被打乱。	☐	☐	☐	☐	☐
18. 如果晚上没有适当的睡眠，隔天我简直没办法做事情。	☐	☐	☐	☐	☐
19. 我始终没办法预测自己晚上的睡眠状况是好或是不好。	☐	☐	☐	☐	☐
20. 我只有一点点的能力可以处理睡眠困扰所产生的负面影响。	☐	☐	☐	☐	☐
21. 如果我在白天感到疲累、没有精力或是表现不好，通常是因为前一晚睡得不好。	☐	☐	☐	☐	☐
22. 我晚上会为自己过多的想法而感到无法负荷，并经常感到无法控制自己的思绪。	☐	☐	☐	☐	☐
23. 尽管我有睡眠的困扰，但我仍觉得自己可以有个满意的生活。	☐	☐	☐	☐	☐

续 表

	非常同意	同意	一般	不同意	非常不同意
24. 我相信失眠是因为体内化学物质不平衡所致。	□	□	□	□	□
25. 我觉得失眠摧毁自己享受生命的能力，而且让我不能随心所欲地做想做的事。	□	□	□	□	□
26.「睡前一杯酒」是解决睡眠问题的好方法。	□	□	□	□	□
27. 药物是解决失眠的唯一方式。	□	□	□	□	□
28. 我的睡眠情形一天比一天糟，而且我不相信有任何人能够帮助我。	□	□	□	□	□
29. 如果我有睡不好的情形，通常会反映在身体上的一些变化。	□	□	□	□	□
30. 如果我前一夜无法安眠，隔天我会逃避或取消自己应该做的事（社会的、家庭的）。	□	□	□	□	□

计分标准

"非常同意"为1分，"同意"为2分，"一般"为3分，"不同意"为4分，"非常不同意"为5分。第23题为反向计分。总分范围为30～150分，总分越低，错误的信念程度越严重。

睡眠习惯量表（SHPS）

	从不	极少	偶尔	有时	常常
1 晚上上床睡觉的时间不规律	□	□	□	□	□
2 早上起床的时间不规律	□	□	□	□	□
3 早上醒来后会赖床	□	□	□	□	□
4 周末补眠	□	□	□	□	□
5 在床上做其他与睡眠无关的事（如看电视、看书）	□	□	□	□	□
6 睡前太饥饿	□	□	□	□	□
7 睡前担心自己睡不着	□	□	□	□	□
8 睡前不愉快的谈话	□	□	□	□	□
9 睡前没有足够的时间让自己放松	□	□	□	□	□
10 开着电视或音响入睡	□	□	□	□	□
11 躺在床上仍在脑海中思考未解决的问题	□	□	□	□	□
12 半夜会起来看时钟	□	□	□	□	□
13 白天小睡或躺在床上的时间超过1小时	□	□	□	□	□
14 白天缺乏接受太阳光照	□	□	□	□	□
15 缺乏规律的运动	□	□	□	□	□
16 白天担心晚上会睡不着	□	□	□	□	□
17 睡前4小时饮用含咖啡的饮料（如咖啡、茶、可乐、提神饮料）	□	□	□	□	□
18 睡前2小时喝酒	□	□	□	□	□
19 睡前2小时使用刺激性物质（如抽烟、嚼香槟）	□	□	□	□	□

续 表

	从不	极少	偶尔	有时	常常
20 睡前2小时做剧烈运动	☐	☐	☐	☐	☐
21 睡前1小时吃太多食物	☐	☐	☐	☐	☐
22 睡前1小时喝太多饮料	☐	☐	☐	☐	☐
23 睡眠环境太吵或太安静	☐	☐	☐	☐	☐
24 睡眠环境太亮或太暗	☐	☐	☐	☐	☐
25 睡眠环境湿度太高或太低	☐	☐	☐	☐	☐
26 睡眠环境室温太高或太低	☐	☐	☐	☐	☐
27 卧室空气不流通	☐	☐	☐	☐	☐
28 寝具不舒适（如床太窄或太宽、床垫太软、枕头太高或太低、太软或太硬）	☐	☐	☐	☐	☐
29 卧室摆设过多与睡眠无关甚至干扰睡眠的杂物	☐	☐	☐	☐	☐
30 被床伴干扰睡眠	☐	☐	☐	☐	☐

计分标准

每个问题分为6个等级（从不、极少、偶尔、有时、常常、总是），计分为1～6分，总分为30～180分，分值越大睡眠习惯越差。"睡眠规划"分维度包含的题目为1、2、3、4、13、14、15；"觉醒相关的行为"维度包含的题目为5、7、8、9、10、11、12、16、20，"饮食习惯"维度包含的题目为6、17、18、19、21、22，"睡眠环境"维度包含的题目为23～30。

简单的科普视频

你真的了解
自己的睡眠吗

睡眠卫生教育

刺激控制法

睡眠限制法

睡眠信念

如何维持
一个好睡眠

引入

　　小红是某大学某专业二年级的研究生，她对于自己的研究生生活的定义便是压力与枯燥。她每天的生活就是寝室、实验室和食堂三点一线，每天要想着导师交给自己的任务是否能完成，要想着自己的实验进度和实验结果，感觉任务就像一座座山压在她身上，她只能艰难背负，忍耐着前行，她感觉自己的研究生生活似乎就只能这样子了，除了压力和枯燥，什么都没有。但是在这个学期，生活似乎开始有了新的变化，她的实验室来了一个新的师妹，叫小魏，这个师妹似乎每天都过得无忧无虑，即使导师给的任务再多再重，她也不会受到压力的影响，每天都是开开心心地来实验室工作学习，又开开心心地离开。于是，有一天，小红终于忍不住问小魏为什么能够每天过得这么开心，小魏想了想告诉她，因为她每天都会遇到开心的事情，比如今天她去买奶茶的时候，服务员小哥很亲切地对她微笑了，昨天她在食堂买到了她最喜欢吃的番茄炒蛋，前天她有一个期待很久的快递终于到了，等等。小红得到了答案之后感到十分惊讶，她仔细想了一想，好像自己的生活中也曾发生过相似的事情，但是她不曾留意过，也不曾把它们放在心上。小红觉得自己相比师妹似乎欠缺一种能力，这种能力应该能够帮助自己更好地应对压力、享受生活，她也想尝试拥有并提高这种能力，来让自己的研究生生活不再只有压力与枯燥，但是一时却不知如何下手。

　　奥地利诗人Rainer Maria Rilke 对于快乐曾写过这样一句诗：The most visible joy can only reveal itself to us when we've transformed it, within（当我们把快乐转化到内在的时候，快乐才最容易得到）。因此，小红缺失的正是这种留意到快乐、把快乐转化到内在的能力，这种能力我们称之为品味能力。那品味能力真的可以帮助人们应对压力吗？这种能力能否改变？如果可以改变，那应该如何提高这种能力呢？这些问题将在这一章中一一得到解答。

一、什么是品味能力训练？

（一）品味的概念

品味的英文单词是savoring，来自拉丁语单词sapere，翻译为去品尝、有品味或者是更聪慧，说明从品味是一种懂得去品尝和体会的智慧。而在说文解字中，"品"的解释是"众庶也，从三口"，它表示众多的意思，而"味"的解释是"滋味也"，因而品味可以解释为众多的滋味，品味能力也可以理解为体验出众多滋味的能力。

在心理学上，品味的概念[1]指的是人们通过注意以下行为来调节积极情绪的过程：（a）对过去积极经历的记忆；（b）当下正在进行的积极体验；或者（c）未来的积极经历。品味不同于愉悦或享受，它是一种专注于愉悦感觉的正念过程，通过这种正念过程可以对我们的愉悦体验进行控制和改变。Bryant和Veroff[2]在大量研究的基础上，对品味进行了全面细致的总结，认为品味是指引发、增强、延长积极体验的能力和相应的加工过程。人们可以通过一些行为和方法增加、放大积极情绪，比如建立记忆（专注于积极的记忆，对积极的事件进行回忆）和计算祝福（记录和计算日常收到的祝福），也可以通过一些行为和方法减少、抑制积极情绪，比如专注于缺点或思考。品味包括四方面的含义[3]，分别为：留意快乐时刻和欣赏积极体验，也就是体验生活中积极快乐的部分；发生在当下的即时感觉，也就是体验当下的感受，把注意力放在当下；从追求自尊和社会需要中释放出来，只是单纯地关注自己的体验；关注任何体验，不仅仅关注自我满足感的体验。

同时，品味能力包含四个概念成分，分别为品味体验、品味过程、品味策略和品味信念。

品味体验，是指一个人在有意识地关注和欣赏一个积极的刺激、结果或是事件以及与之伴随的环境或情境特征时的全部感知觉、思想、行为和情绪。比如在一个安静的午后，在一个充满阳光的窗台上，读一本引人入胜的推理小说时，通过有意识地关注和欣赏小说本身和阅读环境，而产生的各种感知觉、思想、行为和情绪：对于小说情节思考，对于阳光的感觉，以及随着小说情节变化的情绪思想变化，等等，这些都是品味体验。按照注意焦点的不同，Bryant和Veroff将品味体验分为两类：（1）以自我为中心的品味（self-focused savoring），这种积极体验源于自己的感觉与体验，例如获得优秀成绩的兴奋；（2）以世界为中心的品味（world-focused savoring），积极情感的主要来自外部事件，例如对大自然瑰丽景色的喜爱，这种体验大多是无意识的、不可控的情感反应[4]。

品味过程，比品味体验更为抽象，是指随着时间的推移，逐步展开的一系列心理或生理活动，在此过程中将积极的刺激转化为积极的感受。比如对于跌宕起伏的小说情节，你表达赞叹；对于生活中幸运的事，你产生感激；对于壮阔的风景，你产生敬畏，等等，这些都是品味过程。

品味策略，属于品味过程的操作层面，是一种具体的思想或行为，它放大或减弱积极情绪的强度，或延长或缩短积极情绪的持续时间。比如回味小说的内容，写一些心得体会；在欣赏壮美的风景的时候，拍一张"心理照片"，或者在自己取得一些成绩之后，在心里为自己的成就而庆贺；抑或是在品尝美味的葡萄酒时闭上眼睛以集中注意力，这些都属于品味策略的部分。

品味信念，是指人们对积极体验的感知能力，是指人们去感知积极体验的意识，人们能否意识到要去有意识感受积极体验。品味信念包含三个时间维度：回忆过去积极经验的能力，品味当下积极体验的能力，以及期待未来可能发生的积极经历的能力。

其中，品味策略、品味过程和品味体验组成了三层次品味模型，从外层到内层依次是品味体验、品味过程和品味策略，其中品味策略位于核心层，是品味的操作层面，指的是人们欣赏、引发积极情绪时所采用的使积极情绪产生或增强的方式方法（图6-1）。

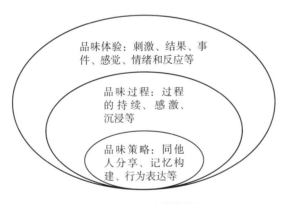

图6-1　品味结构图

Bryant 和 Veroff（2007）归纳出10种人们会采用的品味策略，其中包括3个行为方面的策略和7个认知方面的策略[4]（表6-1）。

表6-1　品味策略表

分类	品味策略
行为方面	同他人分享（sharing with others）：和他人分享自己的幸福时刻
	全神贯注（absorption）：不做其他思考，集中精神关注某一事件
	行为表达（behavior expression）：自然流露自己的感情，不做掩饰

续 表

分类	品味策略
认知方面	对比（comparing）：将自己的情况与自己之前的经历比或和别人更坏的情况比较
	感知敏锐（sensory-perceptual sharpening）：通过主观努力，增强感知美好事物的能力
	记忆建构（memory building）：记录生活经历，主动贮存美好的记忆片段，以供以后进行品味
	自我激励（self-congratulation）：提醒自己很优秀，可以给别人留下深刻印象
	当下意识（temporal awareness）：提醒自己时间稍纵即逝，珍惜此刻的美好
	细数幸运（counting blessing）：告诉自己是多么幸运，珍惜所拥有的
	避免消极想法（avoiding kill-joy thinking）：当积极事件发生时，避免产生扼杀愉悦感的消极想法

（二）品味能力训练的定义

品味能力训练是一种特殊的积极心理训练，这种训练在概念上以品味为基础，旨在增强人们享受积极体验的能力。Bryant提出了三种进行品味能力训练的方式，分别为基于过去的品味训练、基于现在的品味训练和基于未来的品味训练[5]。

1.基于过去的品味训练（Past-Focused Savoring Interventions）

当回顾过去的事情时，人们通常会记得更多美好的时光。这些"美好回忆"的感觉[6]有助于个人品味过去的积极经历，从而在当下感到快乐。而以过去为中心的品味训练即旨在提高人们对早期积极经历的意识和享受。

2.基于现在的品味训练（Present-Focused Savoring Interventions）

日常生活中的烦恼和责任可能会分散人们对生活中积极事件的注意力。而以现在为中心的品味训练即旨在提高人们对正在发生的积极经历的意识和享受。有时，这些训练也为人们提供方法，以加深这些积极的感受。

3.基于未来的品味训练（Future-Focused Savoring Interventions）

一段经历是否令人满意在很大程度上取决于这段经历是否符合预期——也就是说，人们会预先品味这种经历可能是什么样的。事实上，在各种各样的生活经历中，预测未来被认为比回顾过去更具有情感上的强烈性和影响力[7]。因此，这种精神取向对品味有潜在的影响，人们思考未来的方式可能会对他们品味现在的能力产生强烈的、积极的影响。通过以未来为中心的品味训练，也可以增强人们的积极感受，提高他们的品味能力。

二、为什么要进行品味能力训练

（一）品味能力训练的效果

已有研究表明，品味能力与很多积极的心理因素相关。在对青少年[8]、大学生和老年人[9]的研究中发现，品味的倾向也与更高水平的快乐、生活满意度和感知控制有关，人们使用的特定品味反应的类型与主观幸福感的水平有关，当品味反应放大了享受的感受，会带来更高水平的积极情感和生活满意度[10]。在老年人中，更强的品味能力（通过自我报告测量）与更强的适应力、更低的抑郁症状和更高的幸福感相关[9, 11, 12]。而品味能力与品尝策略的使用呈正相关[13]。

研究发现，品味能力训练有助于个体的积极情绪和幸福感的提升。有研究者对大学生进行了品味能力训练，大学生被要求持续一周使用认知想象去回忆过去的积极经历，结果发现他们的幸福感有所提高[14]。另一种专注于品味当下的能力训练研究使用了录音和书面教育对参与者进行了10种具体的品味策略的培训[15]，两周后发现，那些接受了品味策略培训的参与者与对照组相比，抑郁和消极情绪显著降低。而在另外一项针对成年人的研究中，参与者被要求完成了一个积极的精神时间旅行的任务（例如，想象具体的积极事件可能发生的第二天），结果发现参与了积极的精神时间旅行任务的参与者相比于没有参与的对照组，幸福感有了明显的提升。另外一个研究发现品味能力训练能有效地减轻有烦躁不安问题的大学生的抑郁症状[16]。此外，有研究发现，使用多种品味策略的参与者，相比于使用少数特定品味策略的参与者，会有更高的幸福水平[10]。一项品味能力训练的元分析研究探究了品味能力训练对于18 ~ 43岁参与者的效果，发现品味能力训练对幸福感和积极情感有积极的影响，其中品味能力训练对积极情绪有小而积极的影响[17]。

除此之外，品味能力训练还在其他方面有积极的影响。品味被认为是一种机制，通过这种机制产生的积极的情感可以帮助人们拓宽意识，鼓励人们去探索，并扩展行为技能[18]。同时，因为愉悦的体验通常比中性体验更能得到强化，品味也可能促进学习[19]。此外，品味可以促进社会关系的形成和加强，以及帮助人们发现生命的意义[7]。品味不仅增加了情感的广度和深度，加强了乐趣和工具学习之间的联系，而且扩大了体验的世界，升华了个人的世界观、增强了个体的归属感[19]。

（二）品味能力训练如何预防压力

关于品味能力训练对压力的作用，之前的研究表明品味信念与压力处理相关，品味信念会带来积极的压力处理，减少消极的压力处理[20]；同时，有研究发现DAHLIA（Developing Affective Health to Improve Adherence）干预可以降低压力知觉[21]，DAHLIA包括回忆积极事件、品味积极的时刻、正念、感恩、积极的重新评估、自我肯定、设置切合实际的目标、做善事，在这个干预中也包含了品味能力训练的内容。可以看出品味能力训练能够改善压力处理的方式，同时可以在一定程度上降低压力知觉，这是品味能力训练对压力的直接作用。

同时，品味能力训练还能通过提高心理弹性来起到预防压力负面影响的作用。

心理弹性是应对压力的重要变量，它意味着面对生活压力和挫折的"反弹能力"，研究表明心理弹性与压力知觉呈负相关[22]，因而提高心理弹性可以对压力起到预防。已有的理论和实证研究支持积极情绪有助于心理弹性的提高[23, 24]。"拓展与构建"理论认为，积极的情绪会使人们参与到新的体验中，发展技能，建立关系，从而使他们在遇到挑战时能够灵活应对[24]。因此，品能力训练可以通过增加积极的情感来提升心理弹性[25]。在一项针对老年人心理弹性的研究中，研究者对参与者进行了为期一周的品味能力训练，结果发现品味能力训练有助于老年人心理弹性和幸福感的提升[26]。

因此，品味能力训练可以在压力较大的时候使用，起到降低压力知觉的作用，也可以在日常进行练习，起到预防压力的作用。

三、如何进行品味能力训练

（一）品味干预的方法

在本节中我们将分别描述基于过去的品味能力训练、基于现在的品味能力训练和基于未来的品味能力训练的具体使用方法[3]45-46。

1.基于过去的品味能力训练

（1）回忆积极的事件

训练方法：让训练者使用一些通用单纯的思考或者有意识地觉察积极的体验来提高对于过去事件的品味，在这个训练中，不需要训练者去系统地分析一个积极事件，而是去关注事件的积极属性。

推荐训练时长与频率：每天花15分钟的时间回忆过去积极事件的积极体验，持续三天。

（2）积极的认知意象

这个方法不仅依赖于对过去经历的思考，还依赖于在脑海中想象出与那些积极经历相关的画面。

训练方法：引导训练者使用认知意象和纪念品来回忆过去的积极事件。使用认知意象的方法是思考过去的积极事件，并让记忆相关的图像进入自己的脑海；使用纪念品的方法是，找到一些和过去发生的积极事件有关的纪念品，并回忆与纪念品相关的记忆。

推荐训练时长与频率：为期一周的训练，每天进行两次10分钟的训练。

（3）回忆三件积极的日常事件

训练方法：要求训练者写下每天发生在他们身上的三件积极的事情，这三件事情可以是一些比较重要的有意义的事件，也可以仅仅是一些愉悦的事件。让训练者尽可能仔细地描述事情，以及自己的愉悦体验，同时思考这些事情发生的原因，是主动去追寻到的还是被动发生的。其中主动追寻的意义在于让训练者以一个主动的身份去追求快乐，体会自己的主观能动性和主动追寻的乐趣；而被动发生的积极事件可以解释为幸运、快乐主动降临到训练者身上，这两种思考和解释都可以给训练者带来更加积极的体验。

推荐训练时长与频率：较为推荐的频率为每天练习，但是可以根据训练者自身的情况、喜好和意愿进行调整，一般为期一周的练习就可以出现一定的提升幸福感的效果。

（4）享受成就/承认他人的作用

训练方法：这个训练的目的是将成就归因于内在的、可控的因素。训练者需要想一个成就，例如考入大学或者完成一项重要的工作，然后训练者要写下：他们在这一成就中扮演的个人角色以及克服了哪些障碍；或者其他人（例如教师、父母）在这一成就中的作用以及如果没有他们的支持，取得这个成就会遇到什么样的阻碍。这个练习可以让训练者感受到自己的力量，以及品味自己的努力带来的成功；同时可以让训练者感受到他人对自己的帮助和关怀，品味他人的爱和善意。

推荐训练时长与频率：可以进行两天的练习，每天花费十分钟的时间。

（5）回忆个人善举

训练方法：训练者需要记录自己每天做过的善意行为（例如，开门、安慰朋友），并连续一周每天计算这些行为的次数。这个训练可以提高训练者对自身善意的体会，品味利他行为带来的积极情绪和体验。

推荐训练时长与频率：进行持续一周的记录。

2.基于现在的品味能力训练

（1）增加品味策略的使用

训练方法：为训练者提供一些认知和行为策略，可以用来提高训练者在日常生活中的品味。常用的享受当下的策略有：与他人分享积极的经历，通过拍照来建立记忆，在脑海中储存积极的意象、盘点日常幸运以及日常进行一些总结和记录。训练者需要根据自己学到的策略个性化定制适合自己的两周的品味策略的使用，并制订一个计划。之后，训练者需要去实施自己的计划，同时需要写一个日志，记录其品味积极事件的频率以及使用的策略，另外，指导者需要每天提醒训练者进行品味。

推荐训练时长与频率：进行为期两周的训练。

（2）关注于积极的焦点

训练方法：要求训练者专注于当下，包括通过有意识地注意周围环境中能够带来愉悦体验的内容，并有意识地将注意力集中于积极的方面。训练者可以每天步行

20分钟，在步行中尽可能关注周围积极的事物（例如，鲜花、阳光、音乐），当注意到这些事物的时候，训练者需要在脑海中意识到它们的存在，并承认这些事物带来了愉悦的体验，并确定每一个事物为什么让自己感到快乐。

推荐训练时长与频率：进行持续一周的训练，每天训练时长20分钟左右。

（3）品味摄影

训练方法：通过结构化的摄影来增强品味能力。训练者需要用15分钟的时间进行特定主题的摄影（例如，校园建筑、他们的朋友），要求使照片尽量地有创意、漂亮、对训练者自身有意义。训练者可以通过与他人分享或者自身收藏欣赏的方式，增强品味摄影带来的积极体验。

推荐训练时长与频率：可以进行为期两周的训练，每周可以进行两次的摄影，每次15分钟。

3.基于未来的品味能力训练

（1）积极的想象

训练方法：让训练者每天试着以最精确的方式想象明天有可能发生在其身上的四件积极的事情，可以想象各种各样的积极事件，从简单的日常快乐（吃到什么样的美食、收到什么样的快递，或者要回家看看父母，等等）到非常重要的积极事件（比如会领到一个什么样的奖或者完成人生大事，等等）。

推荐训练时长与频率：可以进行为期15天的训练。

（2）最佳的自我

训练方法：让训练者思考自己未来的生活。引导训练者想象以下场景："未来的一切都尽可能地顺利，你努力工作，并成功地实现了你所有的人生目标"，然后让训练者写下自己想象的场景。

推荐训练时长与频率：可以进行一次引导练习。

（3）一般生活总结

训练方法：引导训练者想象一个场景——关于希望自己的生活如何转述给自己的孙辈（假设有一天你会和你的孙辈描述你的一生，你希望诉说给他们的是一个什么样的故事），让训练者写下在场景中会描述的故事，也就是训练者的生活总结。之后可以让训练者仔细阅读自己写的生活总结，审查并思考它，找出需要达到这个期望的生活训练者自己还欠缺的能力，还需要做出的提高和改变，并且要求训练者针对自己发现的需要改变的内容做出进一步的可操作的计划，并在生活中予以实施。

（4）稀缺的好处

训练方法：训练的要义是把生活中美好的事物当作最后一次享受它们去品味，从而提高品味的感受。训练可以根据针对的不同人群进行不同的定制，例如针对大学生群体，可以让他们意识到离毕业还剩下的时间，让他们认识到大学生活和时间的稀缺性，从而让他们更好地品味和享受大学生活。

（二）如何测量训练效果

对于品味能力训练效果的测量，我们可以测量品味能力的变化，以及和压力相关变量的变化，从这两类变量的变化值来确定品味训练是否有效。

1.品味能力的测量

针对品味能力的测量，有两个变量可以选择，分别为品味信念和品味策略。Bryant和Veroff等人通过访谈法和调查法，编制出了两个针对成人的品味测量工具：品味信念量表（SBI）、品味方式量表（WOSC）。

品味信念量表：品味信念是指人们对自己享受积极体验能力的主观评估。而品味信念量表测量的实质就是对个体品味能力的主观评估。品味信念量表是由Bryant在2003年编制，量表包含三个维度，分别为期待品味、品味当下、回想品味，分别测量个体使用这三种方式来品味积极事件能力的信念[4]。该量表由24个题目组成，每个维度8道题，有12道反向记分题（2，4，6，8，10，12，14，16，18，20，22，24题），品味信念量表在施测时，受测者需要依据本人的实际情况在七点量表上进行相应的选择。例如对于题目"我能从展望未来中获得快乐"，受测者需要进行1～7的打分，其中1分表示非常不同意，7分表示非常同意。在SBI的研究中，Bryant发现SBI的各个维度的得分及总分同幸福感的强度与频率存在显著正相关，SBI的各个维度的得分及总分同负性情感存在显著负相关。

品味方式量表：品味方式量表（WOSC）是用来评估人们使用品味策略情况的测量工具，该量表共有60个项目，分为与人分享、自我夸耀、记忆建构、感知敏锐、向下比较、行为表达、全神贯注、即逝意识、避免扫兴和计数幸事这10个维度。其中与人分享6题，自我夸耀7题，记忆建构7题，感知敏锐4题，向下比较7题，行为表达6题，全神贯注4题，即逝意识5题，避免扫兴7题，计数幸事3题。该量表采用7级评分，要求被试在"非常不同意"到"非常同意"七个等级上进行自我评价，在施测时需要被试通过对最近一件积极事件的回忆及描述，给出与量表中所描述的想法和行为的一致程度。该量表在国内经过了重新的修订[27]，修订版的量表共26个项目，分为六个维度：自我满足（8题：2，5，8，10，12，14，19，24）、行为表达（5题：4，9，16，21，25）、与人分享（3题：1，6，11）、避免扫兴（3题：17，22，26）、记忆构建（4题：7，15，18，23）、即逝意识（3题：3，13，20），新修订的量表在国内施策有较好的信效度，Cronbach's α 系数为0.907。

2.压力相关变量的测量

对于压力相关的变量，一般可以选择测量压力知觉和心理弹性，压力知觉的测量一般使用压力知觉量表，这个量表在前面的章节已经有详细阐述，在此不再赘述，而对于心理弹性的测量，国内比较常用的是Connor-Davidson心理弹性量表。

Connor-Davidson心理弹性量表简版（Connor-Davidson Resiliense Scale, CD-RISC-10）：由10条目组成，由王丽等人翻译修订。该问卷自Connor-Davidson编制的25条目心理弹性问卷中选取其中10个条目，用来评估个体的心理弹性水平。采用5级评分（0=从不，4=几乎总是），总分40分，得分越高心理弹性越好。徐云、周蓉与付春梅（2016）在针对中国大学生的CD-RISC信效度验证中发现，心理弹性量表的Cronbach's α系数为0.87，四因素模型中各因子α系数分别为0.76（抗压力）、0.72（自我控制）、0.72（目标定向）和0.60（社会适应）。量表的Guttman分半信度为0.82～0.88，表明信度良好。

（三）如何组织和应用品味能力训练

1.时间与频率的设定

对于品味能力训练的时间和频率可以根据选择的不同的训练方式进行调整，一般按照每个方法推荐的时间和频率进行训练，就能达到一定的效果，但是这个时间和频率并不是固定的，可以根据不同训练者的情况和意愿进行调整。从训练效果的角度出发，一般认为训练剂量（时间×频率）越大，干预的效果越好。元研究发现[3]58，训练效应大小与总训练次数（即训练持续的天数×每天进行训练的次数）呈正相关，同时和训练总时长（即训练频率×每次训练的时长）呈正相关，但是训练效果和每天训练的时长没有比较大的相关。因而在训练的设置上，可以根据训练者的意愿进行短期较高频率的训练来在短时间内达到效果，也可以进行长期低频率的训练来养成一个习惯。同时，在训练开始前可以给训练者一个关于训练效果与时间频率关系的说明，让训练者不必纠结每天训练的时长，如果出现突发状况遗漏了一天的训练，或者某一天无法保证训练的时长，可以在其他的时间补充训练，也能达到想要的效果，这样的提前说明可以降低训练者对训练的心理负担，特别针对存在完美主义观念的训练者，这样的说明可以降低他们由于某一次没能按时完成训练而放弃整个训练的可能性。

2.个体咨询的应用

在个体咨询中，品味能力训练可以作为一个用于缓解压力或者提升积极情绪的工具来使用，可以根据来访者不同的情况和需求进行使用。例如对于感觉日常生活很难找到乐趣的来访者，可以使用积极的三件事，帮助来访者去发现生活中积极的事情来调节来访者的情绪；对于需要缓解压力的来访者，可以使用积极的想象或者品味摄影的方式，来丰富来访者的生活，舒缓压力。但在提供这些工具的时候，需要让来访者明白这些工具的作用，同时让来访者自己决定是否需要这个练习，以及何时用什么频率进行练习，咨询师作为一个辅助者帮助来访者理清自己的需求和练习计划。品味能力训练不仅可以作为一个日常练习的工具出现在个体咨询中，它也可以作为咨询会话中的一部分，例如由于对未来的迷茫而产生压力的来访者，最佳的自我和一般生活总结可以作为咨询谈话过程中的一个部分，通过这两个活动来帮来访者厘清自己的期望和规划，进而让压力得到缓解。在掌握了品味干预各个方法的特点和作用之后，咨询师也可以有创造性地将品味能力训练应用到个体咨询中，帮助来访者处理情绪和压力。

3.团体辅导的应用

团体辅导中，可以有两种应用方法，第一种是在原有的压力相关的团体中根据主题插入一个品味训练能力相关的活动，这种使用方式只需要将选择的活动根据团体辅导的主题进行一定的调整，在原来的练习的基础上加入讨论分享和总结的部分，让活动适用于团体辅导即可。例如在压力管理的团体辅导过程中，加入积极想象的活动作为引入或者结束活动，来让团体成员发现生活中除了压力还有很多积极的事件可以去品味；又例如可以将品味能力训练和其他的积极心理学训练（如优势训练、感恩训练、意义训练等）相结合，将品味能力训练作为积极心理学训练减压的一个活动，与其他训练一起起到减压的作用。

第二种使用方式是以品味训练减压为主题来设计一次或者一系列的团体辅导。这种方式就需要按照团体辅导的规则去设计和组织不同的品味能力训练的活动，用合适的方式组织编排不同的品味训练活动，将部分活动作为主题活动，部分活动作为家庭作业或者日常练习，达到通过品味训练提升参与者心理弹性，进而帮助参与者缓解压力的目的。一般这样的团体辅导设计需要符合团体心理辅导一般的结构，每一次团体辅导和整个系列的团体辅导都需要包括四个阶段，分别为创始期、过渡期、工作期和结束期。在单次团体辅导中，创始期一般为热身活动，过渡期可以做一些简单的和主题相关的活动，将核心活动放在工作期，最后在结束期做结束活动，而在整个系列的团体辅导中，需要将比较核心、需要进行较为深入分享的活动放在团体辅导的中期或者中后期。对于品味能力训练，一些较为复杂或者需要较为深入探讨的活动，例如品味摄影、最佳的自我、一般生活总结、享受成就/承认他人作用等活动适合放在工作期的阶段，而一些较为日常或者容易开始操作的活动，例如回忆三件积极的日常事件、积极想象、个人善举等活动可以放在前期或者作为家庭作业进行日常练习。同时，可以根据团体活动针对的对象、人数以及场地环境等因素有选择地使用不同的训练，例如在有较大团体辅导的场地，或者有安全的户外空间可以进行团体辅导的情况下，可以加入关注积极焦点的活动；而品味摄影的活动会更适合本身对摄影有一定的爱好，或者有手机或相机可以完成任务的人群。同时可以根据团体的主题和需求对活动进行调整，例如面对焦虑程度较高的团体，可以更多地选择基于过去或者基于现在的品味能力训练活动，让团体成员将更多的注意力转移到当下，减少因为将注意力过多放在未来而产生的焦虑。

相关资料展示了一个针对一般对象的品味团体辅导的方案设计，这个团体辅导的设计为六次，每周一次，一共持续六周，每次团体辅导时间在一个小时左右，可以根据具体的情况，对这个团体辅导方案进行设计和修改。

4.在日常生活中的应用

除了在个体咨询和团体辅导中应用外，品味训练可以作为一个预防压力负面影响的生活习惯，应用于日常生活中。例如在每天睡觉之前回顾一下今天发生的三件积极的事件或者品味一下明天即将发生的四件积极的事情，都是一种可以日常培养的有益于身心健康和压力缓解的习惯。同时在日常生活中，和家人或者朋友一起进行品味练习还能够促进亲密关系的发展，促进家庭的和谐。例如，可以和家人一起建立一个线上文档（或者在线下使用笔记本），每天在文档上更新自己三件积极的事情，并邀请家人对自己三件积极的事情进行一些反馈（比如赞赏或者共享感受等等），可以增加家庭对话的话题，让家人共享彼此的快乐，有益于家庭所有成员的压力缓解与心理健康。

（三）对于品味干预的思考

品味干预尽管在国外已经有了较多的研究，但目前在国内的应用并不广泛，还是一个新兴的治疗方法，未来需要更多的证据来支持和印证。笔者认为品味干预作为一个短期的、简单易操作的干预，可以应用于很多方面，无论是个体咨询还是团体辅导或者是自助式的练习，品味能力训练都是一个很好的工具。同时，笔者认为，品味能力训练对于很多人群都有实用性，已有的研究表明，品味能力训练对于青少年、成人以及老年人群体都有很好的效果，因此，品味能力训练可以作为学生减压的一个活动，在校园内展开推广和应用；对于老年人，品味能力训练也可以作为预防老年人心理压力、提升老年群体心理健康的活动在社区中推广，由于品味训练的方法简单，可以通过专业的培训训练社区工作者或者妇女联合会的服务人员，让他们作为品味能力训练的推广者和带领者，在社区进行相应的训练活动，这样的方式可以缓解目前国内心理咨询和治疗的专业人员紧缺的困境，还可以促进积极老龄化、健康老龄化的发展。另外，鉴于品味能力训练的简短性，笔者认为这个训练对于工作时间较为紧张的特殊职业（如警察、医务人员等）是一个很好的减压训练方法，可以通过线上微课或者线下简单培训团辅的方式向这些特殊职业群体提供这个训练方法，引导或者组织他们在空余时间进行一个五分钟的简短练习，这将有利于对于这些群体职业压力的预防。笔者曾在警察群体中进行过短期的品味能力训练的团体辅导，得到了良好的反馈：有参与者反馈品味能力训练让他们能够更加清晰认识到自己的生活，不再浑浑噩噩地生活，同时让自己发现了生活中的乐趣；有成员认为这个干预很有意义，能够给自己带来积极的情绪；也有参与者认为和同一个队伍的同事朋友一起分享每天的积极事件，让他们感受到了愉悦的情绪。尽管品味能力训练有很好的效果，但是在某些场景（例如学校、警察等）的使用和推广中有一点需要注意，那就是在应用这个训练的过程中，不能把这个训练当作强制性的活动去要求，而是要说清楚这个训练的作用和意义，让参与者体验之后再决定要不要继续参与，要发挥参与者的主观能动性，否则容易引起参与者的逆反和厌烦情绪，造成负面的效果。

本章小结

品味是指引发、增强、延长积极体验的能力和相应的加工过程，可以分为四层次结构，分别为品味体验、品味过程、品味策略和品味信念。品味能力训练是一种特殊的积极心理训练，这种训练在概念上以品味为基础，旨在增强人们享受积极体验的能力。品味能力训练能够通过提升心理弹性，改善压力知觉来起到应对和预防压力的作用。品味能力训练分为三个类型，分别为基于过去的品味能力训练、基于现在的品味能力训练以及基于未来的品味能力训练，基于过去的品味能力训练包括回忆积极的事件、积极的认知意象、回忆三件积极的日常事件、享受成就/承认他人的作用以及回忆个人善举，基于现在的品味能力训练包括增加品味策略的使用、关注于积极的焦点以及品味摄影，基于未来的品味能力训练包括积极的想象、最佳的自我、一般生活总结以及稀缺的好处，而品味能力训练的效果可以通过品味问卷以及压力相关问卷进行测量。品味能力训练适用于个体咨询、团体辅导以及日常生活场景。其中在个体咨询中，品味能力训练可以作为一个减压工具，邀请来访者练习；在团体辅导中，品味能力训练可以作为一个减压相关活动加入团体辅导，也可以进行以品味为主题的团体辅导来进行压力的缓解与预防；在日常生活中，可以培养品味的习惯，来进行对压力的预防。

思考题

1. 品味是什么意思？其由哪些部分组成？

2. 品味策略有哪些，哪些是可以在生活中使用的？

3. 品味能力训练是什么？有什么作用？

4. 如果让你选择一种品味能力训练在日常生活中进行练习，你会选择什么？如何制定计划？会遇到什么阻碍？如何克服？

5. 如果你有一位朋友压力很大，你会如何和他/她推荐品味能力训练？

参考文献

[1]   BRYANT F B. A Four-Factor Model of Perceived Control: Avoiding, Coping, Obtaining, and Savoring [J]. Journal of Personality, 1989, 57: 773-797.

[2]   BRYANT F B, VEROFF J. Savoring: A New Model of Positive Experience [M]. Mahwah, NJ, US: Lawrence Erlbaum Associates Publishers, 2007.

[3]   PARKS A C, SCHUELLER S M, ACACIA C. The Wiley-Blackwell Handbook of Positive Psychological Interventions [M]. The Wiley-Blackwell Handbook of Positive Psychological Interventions, 2014.

[4]   郭天满. 大学生品味、自尊与主观幸福感的关系研究 [D]. 开封：河南大学，2014.

[5]   BRYANT, FRED. Savoring Beliefs Inventory (SBI): A scale for measuring beliefs about savouring [J]. Journal of Mental Health, 2009, 12(2): 175-196.

[6]   MITCHELL T R, THOMPSON L, PETERSON E, et al. Temporal Adjustments in the Evaluation of Events: The "Rosy View" [J]. Journal of Experimental Social Psychology, 1997, 33(4): 421-448.

[7]   BOVEN L V, ASHWORTH L. Looking forward, looking back: Anticipation is more evocative than retrospection [J]. Journal of Experimental Psychology: General, 2007, 136(2): 289-300.

[8]   MEEHAN M P, DURLAK J A, BRYANT F B. The relationship of social support to perceived control and subjective mental health in adolescents [J]. Journal of Community Psychology, 1993, 21(1): 49-55.

[9]   BRYANT F B. Savouring beliefs inventory (SBI):A scale for measuring beliefs about savouring [J]. Journal of Mental Health, 2003, 12(2): 175-196.

[10] QUOIDBACH J, BERRY E V, HANSENNE M, et al. Positive emotion regulation and well-being: Comparing the impact of eight savoring and dampening strategies [J]. Personality & Individual Differences, 2010, 49(5): 368-373.

[11] SMITH J L, BRYANT F B. The Benefits of Savoring Life: Savoring as a Moderator of the Relationship Between Health and Life Satisfaction in Older Adults [J]. The International Journal of Aging and Human Development, 2016: 0091415016669146.

[12] Savoring, resilience, and psychological well-being in older adults [J]. Aging & Mental Health, 2015, 19(3): 192-200.

[13] RAMSEY, MEAGAN A, et al. Age Differences in Subjective Well-Being Across Adulthood: The Roles of Savoring and Future Time Perspective [J]. International Journal of Aging & Human Development, 2014, 78(1): 3-22.

[14] BRYANT F B, SMART C M, KING S P. Using the Past to Enhance the Present: Boosting Happiness Through Positive Reminiscence [J]. Journal of Happiness Studies, 2005, 6(3): 227–260.

[15] DANIEL, B., HURLEY, et al. Results of a Study to Increase Savoring the Moment: Differential Impact on Positive and Negative Outcomes [J]. Journal of Happiness Studies, 2011, 13(4): 579–588.

[16] MCMAKIN D L, SIEGLE G J, SHIRK S R. Positive Affect Stimulation and Sustainment (PASS) Module for Depressed Mood: A Preliminary Investigation of Treatment–Related Effects [J]. Cognitive Therapy & Research, 2011, 35(3): 217–226.

[17] SMITH J L, HARRISON P R, KURTZ J L, et al. Nurturing the Capacity to Savor: Interventions to Enhance the Enjoyment of Positive Experiences [M]. The Wiley Blackwell Handbook of Positive Psychological Interventions, 2014.

[18] TUGADE M M, FREDRICKSON B L. Regulation of Positive Emotions: Emotion Regulation Strategies that Promote Resilience [J]. Journal of Happiness Studies, 2007, 8(3): 311–333.

[19] FRIJDA N H, SUNDARARAJAN L. Emotion Refinement: A Theory Inspired by Chinese Poetics [J]. Perspectives on Psychological Science, 2010, 2(3): 227–241.

[20] SAMIOS C, CATANIA J, NEWTON K, et al. Stress, savouring, and coping: The role of savouring in psychological adjustment following a stressful life event [J]. Stress and Health, 2020, 36(2): 119–130.

[21] COHN M A, PIETRUCHA M E, SASLOW L R, et al. An online positive affect skills intervention reduces depression in adults with type 2 diabetes [J]. Journal of Positive Psychology, 2014, 9(6): 523–534.

[22] 王威扬，李多. 大学生压力知觉、心理弹性与生活满意度的关系 [J]. 学理论，2015（1）: 117–118.

[23] COHN M A, FREDRICKSON B L, BROWN S L, et al. Happiness unpacked: positive emotions increase life satisfaction by building resilience [J]. Emotion, 2009, 9(3): 361–368.

[24] FREDRICKSON, BARBARA L. The role of positive emotions in positive psychology: The broaden–and–build theory of positive emotions [J]. American Psychologist, 2001, 56(3): 218–226.

[25] TUGADE M M, FREDRICKSON B L. Resilient individuals use positive emotions to bounce back from negative emotional experiences [J]. Journal of Personality and Social Psychology, 2004, 86(2): 320–333.

[26] SMITH J L, HANNI A A. Effects of a Savoring Intervention on Resilience and Well-Being of Older Adults [J]. Journal of Applied Gerontology, 2017, 38(1): 073346481769337.

[27] 潘琼翼. 杭州市居民品味心理及其与幸福感的关系研究 [D]. 南昌：南昌大学，2013.

本章附录

品味方式量表

一、请回忆你最近获得的积极体验，并描述当时的情景：

二、请您根据实际情况进行等级评估，根据所给出的特征从1到7进行等级评定，1为完全不符合，7为完全符合，请在您认为的等级上打"√"，（1=完全不符合，2=有些不符合，3=有点不符合，4=居于中间，5=有点符合，6=有些符合，7=完全符合）。

题号	题目	1	2	3	4	5	6	7
1	我想事后与他人分享这段美好记忆。	□	□	□	□	□	□	□
2	我提醒自己，我已经花了很长时间等待这个时刻的来临。	□	□	□	□	□	□	□
3	我提醒自己，这一刻是多么的短暂——想到它将结束。	□	□	□	□	□	□	□
4	我又蹦又跳，跑或者显示其他的肢体表达的能力。	□	□	□	□	□	□	□
5	我提醒自己，我是多么幸运有这样的好事情发生在自己身上。	□	□	□	□	□	□	□
6	我期望与他人分享此事。	□	□	□	□	□	□	□
7	我思考事后如何让自己回忆这件事情。	□	□	□	□	□	□	□
8	我提醒自己，这件事情是何等的令人欣慰。	□	□	□	□	□	□	□
9	我开怀大笑或者咯咯地笑。	□	□	□	□	□	□	□
10	我认为自己如此幸运，因为有这么多好事情发生在自己身上。	□	□	□	□	□	□	□
11	我告诉其他人，我是多么地重视此时此刻（他们可以与我一起分享它）。	□	□	□	□	□	□	□
12	我告诉自己，我是多么的自豪。	□	□	□	□	□	□	□
13	我提醒自己，美好的事情可能在我不知不觉中结束。	□	□	□	□	□	□	□
14	我进行祈祷，感谢我的好运气。	□	□	□	□	□	□	□
15	我明确地标记事情的具体细节，试图明确地发现我所享受和关注事件的各个方面。	□	□	□	□	□	□	□
16	我用叹气或者其他赞赏的语言帮助自己品味这一刻(例如说嗯，嗡嗡声或吹口哨)。	□	□	□	□	□	□	□
17	我告诉自己，事情没有我所期望的那样好。	□	□	□	□	□	□	□
18	我拍下快乐片刻的"心理照片"。	□	□	□	□	□	□	□
19	我想这是一次胜利。	□	□	□	□	□	□	□
20	我认为时间过得很快。	□	□	□	□	□	□	□
21	我尖叫或者用其他的兴奋的言语表达。	□	□	□	□	□	□	□

题号	题目	1	2	3	4	5	6	7
22	我提醒自己，我应该去其他地方或者我应该做其他事情来代替。	□	□	□	□	□	□	□
23	我设法记住自己所处的环境。	□	□	□	□	□	□	□
24	我告诉自己，我值得拥有这样的好事情。	□	□	□	□	□	□	□
25	我触摸自己——揉胃、拍手等等。	□	□	□	□	□	□	□
26	我思考悬在我心头的其他事情，我仍然需要面对问题和忧虑。	□	□	□	□	□	□	□

缺计分方法

品味信念量表

请根据您的真实情况选择最符合您的情况的选项，其中1＝非常不同意，2＝不同意，3＝有点不同意，4＝不确定，5＝有点同意，6＝同意，7＝非常同意。

	1	2	3	4	5	6	7
1. 在美好的事物发生前，我会有所期待，这能使我高兴起来	□	□	□	□	□	□	□
2. 让好心情维持较长时间，对我来说很困难	□	□	□	□	□	□	□
3. 我很喜欢回顾过去的美好时光	□	□	□	□	□	□	□
4. 美好的时刻来临之前，我并不会有太多的期待	□	□	□	□	□	□	□
5. 我知道如何充分享受一段快乐的时光	□	□	□	□	□	□	□
6. 在美好的事情发生后，我并不会有太多的回味	□	□	□	□	□	□	□
7. 去期待美好的事物，会让我感到快乐	□	□	□	□	□	□	□
8. 阻碍我去享受一段快乐时光的最大敌人就是我自己	□	□	□	□	□	□	□
9. 通过回忆过去的美好事物可以让我快乐起来	□	□	□	□	□	□	□
10. 对于我来说，期待即将发生的美好事物，是浪费时间	□	□	□	□	□	□	□
11. 当美好的事情发生时，我会使用一些方法让愉悦的感觉持续更久	□	□	□	□	□	□	□
12. 当回想起一些美好的记忆时，我常常感到伤心和失望	□	□	□	□	□	□	□
13. 在美好的事情发生前，我可以在脑海中享受它带来的欢愉	□	□	□	□	□	□	□
14. 我似乎并不能抓住美好时刻的快乐	□	□	□	□	□	□	□
15. 我会储存快乐的记忆，好让我之后回想起来	□	□	□	□	□	□	□
16. 在美好的事物发生前，我很难因为它兴奋起来	□	□	□	□	□	□	□
17. 我觉得我可以充分享受发生在我身上的美好事物	□	□	□	□	□	□	□
18. 我觉得去回想过去的一些美好时刻，这从根本上说就是浪费时间	□	□	□	□	□	□	□
19. 通过想象将要发生的美好事物的样子可以使自己感到快乐	□	□	□	□	□	□	□
20. 我并没有尽我所能去享受美好事物	□	□	□	□	□	□	□
21. 通过回忆过去的愉悦记忆，我很容易再次获得快乐	□	□	□	□	□	□	□
22. 在一个愉悦事件发生之前，想起它会让我感到不安和不舒服	□	□	□	□	□	□	□
23. 只要我愿意，那么享受快乐时光对于我来说很容易	□	□	□	□	□	□	□
24. 对于我来说，一段快乐的时光过去后,不去想它是最好的	□	□	□	□	□	□	□

缺计分方法

Connor–Davidson 心理弹性量表简版

请您根据实际情况，对下面表内的每个问题选出最符合您实际的选项，答案没有对错之分。

	从不	很少	有时	经常	总是
当事情发生变化时，我能够适应。	☐	☐	☐	☐	☐
无论人生路途中发生任何事情，我都能处理它。	☐	☐	☐	☐	☐
面临难题时，我试着去看到事物积极的一面。	☐	☐	☐	☐	☐
历经磨练会让我更有力量。	☐	☐	☐	☐	☐
我很容易从疾病、受伤或困难中恢复过来。	☐	☐	☐	☐	☐
我相信即使遇到障碍我也能够实现我的目标。	☐	☐	☐	☐	☐
压力之下，我仍然能够集中精神地思考问题。	☐	☐	☐	☐	☐
我不会轻易被失败打倒。	☐	☐	☐	☐	☐
在处理生活中的挑战和困难时，我觉得我是个坚强的人。	☐	☐	☐	☐	☐
我能够处理一些不愉快或痛苦的感觉，例如悲伤、害怕和生气。	☐	☐	☐	☐	☐

品味能力训练六周团辅干预（示例）

第一周：

活动1 热身活动（10分钟）

活动2 团队契约（10分钟）

具体操作：

1. 领导者向成员讲述团体的目的。

2. 介绍团体契约的意义。

团体契约是为了让大家能够顺利地进行团体辅导，保证大家在团体辅导中能够顺利安全地解决自己的问题，保护大家在团体中不受到伤害而订立的。

3. 大家一起讨论团体契约。

4. 列出关键词，并一起"宣誓"。

可能的关键词：信任、真诚、保密、尊重、聆听……

活动3 主题活动：积极的三件事（25分钟）

具体操作：

1. 引导大家在纸上写下最近发生在自己身上的三件积极的事情，并解释这些事情为什么会发生，以及当时产生了什么样的积极感觉。

2. 组织大家讨论分享积极的三件事，并进行总结。

活动4　家庭作业：积极的三件事（5分钟）

活动5　结束活动：团体契约宣誓（5分钟）

第一周为开始期，这一周的目的是让团体成员了解团体的目的，熟悉团体成员，形成团队内部的契约，并初步体验品味训练。因此在这里使用了一个较为简单的活动即积极的三件事作为主题活动。

第二周：

活动1　热身活动（10min）

活动2　回顾家庭作业：积极的三件事（15～20min）

活动3　主题活动：积极想象（15分钟）

具体操作：

1. 引导大家试着以最精确的方式想象明天有可能发生在自己身上的四件积极的事情。可以是简单的日常快乐，也可以是非常重要的积极事件。

2. 在小组内进行讨论分享，同时领导者进行总结。

活动4　家庭作业：积极想象（5分钟）

布置家庭作业：在之后一周的时间内，每天进行积极想象的练习。

活动5　结束活动（5分钟）

第二周开始进入过渡期，这一周的目的是帮助团队成员建立完成和分享家庭作业的习惯，进一步促进团队的融合，同时体验基于未来的品味能力训练，因而这里选取的主题活动为积极想象。

第三周：

活动1　热身活动（10分钟）

活动2　回顾家庭作业：积极想象（15～20分钟）

活动3　主题活动：盘点幸运（25分钟）

具体操作：

1. 领导者组织参与者在幸运记录表上写下最近发生的三件幸运的事情。

2. 参与者讨论分享三件幸运的事情。

3. 领导者进行总结。

活动4　家庭作业：记录善行（5分钟）

领导者布置家庭作业：在接下来一周内，成员需要连续记录善意行为（例如，开门、安慰朋友），并每天计算这些行为的次数。

活动5 结束活动（5分钟）

第三周还是处于过渡期和工作期的交界，团队成员有了进一步的了解之后，可以进行更深层次的分享，因而这里选择了更加需要深入分享的主题活动，幸运的三件事，同时这一周的家庭作业复杂度有所上升，变为记录善行。

第四周：

活动1 热身活动（5分钟）

活动2 回顾家庭作业：善行分享（20分钟）

活动3 主题活动：最佳的自我（20分钟）

具体操作：

1. 引导大家思考未来的生活：想象一下，一切都尽可能地顺利，你努力工作，并成功地实现了你所有的人生目标，然后写下你的想象。

2. 带领大家分享自己的想象，以及为了实现自己想象的样子，可以做哪些努力和改变。

活动4 结束活动（5分钟）

这一周开始进入工作期，开始进行更为深入的分享和体验，因而主题活动选择了最佳的自我，帮助团体成员更加深入地体验品味未来的过程。

第五周：

活动1 热身活动（10分钟）

活动2 主题活动：关注积极焦点（30分钟）

具体操作：

1. 领导者邀请成员进行20分钟的步行，并在开始步行之前说明路线以及步行的方式。

2. 成员进行20分钟的步行。

3. 请成员们轮流与团队分享在步行路线上看到的周围环境可以让自己觉得愉悦的、积极的事情或经历，并说出这些事物让自己觉得快乐的地方。

4. 领导者进行总结：关注积极的焦点目的在于让大家在日常生活、环境中对积极刺激更有意识，并且懂得去欣赏它，从而使自己更开心。

活动3 家庭作业：品味摄影（5分钟）

布置家庭作业：下一周进行两次至少15分钟拍摄特定主题的摄影（例如，校园建筑、他们的朋友），要尽量使拍的照片有创意、漂亮、对自己有意义。

活动4　结束活动（10分钟）

第五周为工作期，在这里进行了一个新的团体活动，即关注积极焦点，这一周一般会选择在户外进行，以便团体成员更好地体验基于现在的品味训练，觉察当下的积极事物。

第六周：

活动1　热身活动（10分钟）

活动2　回顾家庭作业：品味摄影（20分钟）

具体操作：

1. 引导成员按顺序进行摄影作品的分享，包括摄影时间、主题、具体内容、契机、对自己的意义。

2. 领导者进行总结：品味摄影的意义、目的和预期作用——希望大家能够通过品味摄影感受到身边美好的事物，提升自己发现美、感受美的能力。比较一下拍摄了积极照片和中性照片的成员在分享时的情绪，可以发现拍摄了积极照片的成员在分享时的情绪会更积极一点，因为通过品味摄影使他有意识地注意到了周围环境中的积极刺激。

活动3　主题活动：未来如何应用品味训练（30分钟）

1.小组成员讨论有哪些品味策略可以在日常生活中应用。

2.小组成员根据自身的想法和感受制定未来使用品味策略的计划。

3.小组成员分享品味策略使用的计划。

4.领导者进行总结分享。

活动4　结束活动：真情告白（15分钟）

具体操作：

1.小组成员每人一张A4纸，在最上面写上自己的名字，将纸用大头针别在自己背后。

2.请小组内成员每人在背上写一句祝福的话或建议。

3.小组内写完，可以找其他自己认为重要的团体成员写。

4.写完后，坐下想一想、猜一猜其他成员会给自己写些什么，期待他们写什么。

5.领导者统一口令，每个人将背上的纸取下来拿在手中仔细阅读。

6.分享读后感，感谢大家的真诚和祝福，并可以珍藏这份礼物。

最后一周一般为结束期，这一周的主要活动是引导团体成员回顾和总结之前在团体中学到的内容，并进一步将它们应用于未来的生活，同时最后一周的另外一个重要目的是和团体成员进行告别，关键的两个活动为未来的思考和真情告白。

品味能力训练材料

1.积极的三件事

大家的生活可能是平淡的，也可能是丰富多彩的，但是生活中总会有美好的事情在发生。下面请你想一想最近这几天有没有发生一些积极的事情，可以是生活中的小事（比如，一份美味的小吃，一个有趣的故事）；也可以是有成就感的事情（比如克服一个困难，达成一个目标）；当然还可以是人生中重要的事（比如洞房花烛夜，金榜题名时）。请你选择其中的三件把它们记录下来：

1.
2.
3.

之后，请你思考一个问题，你在这个事情的发生中扮演的是什么样的角色？是主动的还是被动的？

2.盘点幸运

请花五分钟在纸上写下最近你觉自己比较幸运的事情。

1.

2.

3.

3.积极想象

试着以最精确的方式想象明天有可能发生在自己身上的四件积极的事情。可以是简单的日常快乐，也可以是非常重要的积极事件。

1.

2.

3.

4.

4.每日善行记录

请在下面的表格中记录下你每日的善行（例如帮别人开门、维护公共卫生、安慰朋友等等）。

时间	今日善行
周一	1. 2. 3.
周二	1. 2. 3.
周三	1. 2. 3.
周四	1. 2. 3.
周五	1. 2. 3.
周六	1. 2. 3.
周日	1. 2. 3.

总结：本周共进行了＿＿＿次善行。

5.未来如何应用品味策略

你认为未来可以应用于生活中的品味策略有哪些（至少三种）？

1.

2.

3.

4.

5.

请写下未来你应用品味策略的计划。

6.最佳的自我

请想象未来有一天，一切都尽可能地顺利，你努力工作，并成功地实现了你所有的人生目标，你的一天将会是怎么度过的？写下你的想象。

时间	你在做什么？
5:00–6:00	
6:00–7:00	
7:00–8:00	
9:00–10:00	
10:00–11:00	
11:00–12:00	
12:00–13:00	
13:00–14:00	

续　表

时间	你在做什么？
14:00–15:00	
15:00–16:00	
16:00–17:00	
17:00–18:00	
18:00–19:00	
19:00–20:00	
21:00–22:00	
22:00–23:00	
23:00–0:00	
0:00–5:00	

第七章
优势训练

作者：万子薇

引入

学生A是某高校大一新生，从小到大一直很优秀的她，最近却总是因为数学课学不好而感到十分挫败。在高中时期，A一直成绩优异，而且因为性格活泼外向，社团工作能力强，深受同学和老师们喜爱。进入大学以后，A选择了理科大类专业。在大学生活的第一学期，A开始学习微积分、高等代数两门数学必修课程，但这些科目的学习过程对A而言并不顺畅：每次上完课后，她需要花费将近两个整天的时间来完成课程作业，这对于一个每周都几乎满课，还有许多班级和社团活动的学生而言，是很困难的。因此，她几乎每次都需要向助教申请延迟作业上交时间。另外，这些数学课的课堂小测验，也经常让A感到焦虑——望着自己半版的白卷，再看看身边"下笔如有神"的"学霸"同学，A感到非常挫败，她再也看不到自己的优点，并开始认为自己的逻辑思维能力"很差劲"，"只适合做刻板、不用动太多脑子的工作"，感觉自己"全身都是缺点"，"很难再抬起头来了"……

A的故事，引导我们思考，在日常生活中，尤其是压力当头下，我们如何还能看到自己的优点和力量？又如何用自己的力量去应对各种压力和问题？进入一个新环境时，我们该如何觉察自己的优点？又该如何找到在群体中合适的自我定位，而不至过于自卑、迷茫和沮丧？

本章将带领大家了解我们该如何识别和发挥自己的内在力量——优势。

一、什么是优势？

（一）从问题、缺陷导向到积极、优势导向

与积极因素相比，心理学曾经更加关注生命的消极层面和消极因素。在心理健康领域里，"出了什么问题"一直是人们关注的重点。尽管不同流派、不同方法的理论和操作等都不相同，但传统干预方法的核心要义都在于——人们需要帮助，是因

为他们出了问题，这些问题将他们与其他正常人群区分开来了。因此，人们常常以为，只要找出问题，并找到专家来帮助解决这个问题，我们就能快乐幸福起来。但实际上，心理健康并不仅仅等于没有心理问题，没有精神障碍的人在生活中也可能感受到"不快乐"，或出现功能失调。因此，积极的幸福感和精神病理学并不是简单的对立两极，而是心理健康领域两个存在相关关系的维度。如果只是关注问题，可能会导致我们[1]：

- 给人打上标签，限制选择和可能性；
- 忽略人的能力和优势；
- 总是关注"不能做什么"，忽略"能做什么"；
- 忽视了逆境的潜力；
- 太过程式化，而非个体化；
- 依赖于寻找模式来解释问题，例如原生家庭、社区功能失调、贫穷等。

总是关注于个体的弱点、缺陷，我们所有的注意力会逐渐被占据，进而让这些问题"大行其道"；类似地，当我们开始关注自己的优势和品德时，这些积极资源的力量则也能得以发挥。因此，在研究"问题"和"如何解决问题"的同时，我们也需要加强对于生活中积极因素的研究，帮助人们探索、发挥自身的积极力量。

（二）优势的定义

广义来看，优势可被定义为"个人的特点"，这些特点能使个人拥有很好的表现，或达到个人的最佳状态。由此，优势会包括外在优势（如良好的社会支持网络）、生理优势（如突出的嗅觉、弹跳力）以及心理优势等类型[2]。心理优势则是心理学领域所关注的重点，其指的是一些特定的行为、思考和感受方式，这些方式是个体生来就具有的，喜欢按其行事，并能让个体在追求有价值的结果的过程中，达到最佳表现[3]。

（三）人类有哪些优势？

为了更好地研究和推广"优势"这一概念，需要确定一套具有普适性的优势分类标准。基于不同的理论基础和标准，现有的优势分类方法包括StrengthsFinder（优势发现器）、the Virtues Project（优势项目）、the Values in Action（VIA）Inventory of Character Strengths（品格优势量表）、Realise 2等几种体系[3]。

StrengthsFinder是基于Clifton等人在工作场所对可发展为精英的人才的经验性研究而形成的，其旨在促进工作场所的优秀表现和个人发展。VIA品格优势量表是基于对当前和历史上普遍重视的性格特征的综合性考察而形成的，其开发者Peterson和Seligman等人将心理或品格优势定义为具有道德价值的特质，而这些特质的使用有助于提高个体幸福感。VIA和StrengthsFinder这两种分类法都有一个共同的假设，即关注一个人的长处而不是短处，会给个人带来更大的好处。它们都鼓励个体识别并发挥自己的前五个或"标志性优势"。相反，the Virtues Project则鼓励个体使用所有的美德（共52种），来促进美德行为和幸福感。此外，Realise 2体系确定了60种优势，并根据个体情况，将它们分为已实现和未实现的优势、已习得的行为和弱点。Realise 2是基于对工作场所中高绩效行为的观察而形成的，其也主要被应用于工作场所和培训中。与其他分类法不同的是，在Realise 2项目中，除了优势之外，个体也会被告知自己的弱点，并被鼓励考虑自己努力的重点（如发挥优势或发展弱点）[3]。

StrengthsFinder和VIA是目前应用场景最多样化、使用频率最高最广泛的两个分类方法，本节接下来将对这两种方法进行介绍。

1. Clifton StrengthsFinder

半个世纪前，Gallup组织的研究者便开始关注人类的优势及其成分，并通过对不同工作场所（如医院、金融机构、教育机构、食品加工业等）的员工、管理人员等进行访谈和调查，于1999—2001年期间，形成了包含来自近20万个工作单位的224万名参与者的数据库。教育心理学家Don Clifton（也被美国心理学会誉为"优势心理学之父"）及其团队以此为基础，最终归纳出了34个与人类优秀表现息息相关的天赋主题（talent theme），并形成了Clifton StrengthsFinder优势测量工具[4]115。

Gallup将天赋（talent）定义为"自然且会重复出现的思想、情感或行为模式，且可以被有效地应用"，包括个人在与他人互动时、处理信息或探索环境时的模式或倾向。因为这些天赋类似于特质，且是自然发生的，所以我们在使用它们的时候往往很难意识到它们的存在。相似的天赋被归类为一类天赋主题，一个人的五个最主要的天赋主题则被称为标志性主题[5]。

通过不断学习、增加知识和技能，标志性主题可以逐渐发展，形成一种优势，即"在特定活动中产生一致的、接近完美的表现"的能力。因此，在Clifton StrengthsFinder中，优势被认为是基于特定的活动或背景的，因此它们并没有被列出。

Clifton StrengthsFinder中定义的34类天赋主题见表7-1[6]。

表7-1　34类天赋主题

1. 战略思维（strategic thinking）	
分析性（analytical）	分析性突出的人，会主动为事件或现象寻找原因和理由。他们有能力思考所有可能影响某种情况的因素
背景性（context）	背景性突出的人，喜欢思考过去。他们通过研究历史来了解现在
未来性（futuristic）	未来性突出的人，会被未来所激励。他们能用自己对未来的愿景，来激励他人
构思性（ideation）	构思性突出的人，会为思想而着迷。他们能够找到看似不同的现象之间的联系

投入性（input）	投入性突出的人，有收集和存档的需要。他们可能会积累信息、想法、工艺品甚至人际关系
思考性(intellection）	思考性突出的人，智力活动突出。他们擅长内省，且喜欢"耗脑"的讨论
学习性（learner）	学习性突出的人，有强烈的学习欲望，并希望不断提高。他们会因为学习的过程，而非结果，而感到兴奋
战略性（strategic）	战略性突出的人，擅长寻找方法。面对任何特定的场景，他们都能迅速发现相关的模式和问题
2. 执行力（executing）	
成就性（achiever）	成就性突出的人工作努力，并拥有极好的耐力。他们喜欢忙碌和富有成效
安排性（arranger）	安排性突出的人擅长组织，但同时也有足够的灵活性。他们喜欢确定如何安排所有资源，以达到最大的生产力
信念（aelief）	信念突出的人拥有稳定的核心价值和生活目标
一致性（consistency）	一致性突出的人对人一视同仁。他们喜欢稳定而明确的规则和程序，让每个人都能遵守
审慎性（deliberative）	审慎性突出的人，在做决定或选择时认真谨慎。他们能够预见到各种障碍
纪律性（discipline）	纪律性突出的人，喜欢常规和结构。他们的世界最适合用他们创造的秩序来描述
专注性（focus）	专注性突出的人，能够把握方向，贯彻始终，并进行必要的修正，以保持行进在正轨上
责任性（responsibility）	责任性突出的人言出必行，他们奉行诚实、忠诚这两个价值观
恢复性（restorative）	恢复性突出的人，擅长定位问题并解决问题
3. 影响力（influencing）	
激活性（activator）	激活性突出的人，行动力强。他们做事雷厉风行，而非停留在口头
领导性（command）	领导性突出的人，存在感强，他们能够掌控形势并做出决策
沟通性（communication）	沟通性强的人，擅长将想法转化为语言，是优秀的沟通者和展示者
竞争性（competition）	竞争性突出的人，会通过社会比较来衡量自己的进步，他们喜欢比赛和赢得第一
最大化（maximizer）	在"最大化"主题中具有特殊才能的人，关注优势，并以此来激发个人和团体的卓越。他们寻求将强大的东西转化为卓越的东西
自我保证（self-assurance）	自我保证主题突出的人，自信于承担风险和管理自己的生活
意义性（significance）	意义性突出的人，追求高影响力。他们会根据自己对组织或周围人的影响程度，来确定项目的优先次序
社交性（woo）	社交性突出的人，享受认识新朋友并赢得他们的好感。他们能从"破冰"和与人建立联系中获得满足感
4. 建立关系（relationship building）	
适应性（adaptability）	适应性突出的人，往往是"现在"的人，他们随遇而安，逐步感受未来

续 表

联系性 （connectedness）	联系性突出的人，相信事物间是有联系的，他们相信很少有巧合，几乎每个事件都有意义
发展性（developer）	发展性突出的人，擅长发掘并培养他人的潜力。他们能发现每一个小的进步迹象，并为此感到满足
共情性（empathy）	共情性突出的人，擅长设身处地地感知他人的感受
和谐性（harmony）	和谐性突出的人，不喜欢冲突，而擅长寻找共识
包容性（includer）	包容性强的人，能够觉察到那些感到脱离群体的人，并努力将他们包纳入群体中
个性化 （individualization）	个性化突出的人，对每个人的独特品质很感兴趣。他们擅长理解不同的人如何能有效地一起工作
积极性（positivity）	积极性强的人，具有传染性的热情。他们乐观向上，能让别人对他们要做的事情也感到兴奋
关系性（relator）	关系性强的人，重视和他人的亲密关系。他们享受和朋友一起努力工作以实现某个目标

2. Values-in-Action Inventory of Character Strengths

Christopher Peterson 和 Martin E. P. Seligman 等研究者阅读了世界上主要宗教和哲学派别的基本论著，包括亚里士多德、柏拉图、阿奎那斯、奥古斯丁、富兰克林的著作，以及《旧约》、《犹太法典》、《论语》、佛教经典、《道德经》、日本武士道、《古兰经》、《奥义书》等，总共找出了200多种美德，经过专家访谈和讨论、问卷测试等研究方法，最后归纳出了6种美德和24种品格优势[7]12-14。

美德（virtues）是具有道德价值的核心特征，包含智慧（wisdom）、勇气（courage）、仁爱（humanity）、正义（justice）、节制（temperance）、精神卓越（transcendence）。这六类美德是普遍存在的——研究者们认为，或许是因为在进化过程中，它们有助于应对物种生存，从而被选择了出来，植根于整个人类群体中。

由于美德的概念较为抽象，研究者们参照生物分类学，对美德进行了再一次细分，得到了共24种品格优势（character strengths）（见表7-2）。品格优势被定义为组成美德的心理成分，即过程或机制。如"智慧"这一美德，可以通过创造力、好奇心、热爱学习、思想开明和洞察力来实现，创造力、好奇心等几个特征则就是品格优势。每种美德下的品格优势间存在相似之处，但又存在明显界限。

具体化程度更高的是情境化主题（situational themes），指的是在特定情境下引导人们表现出特定品格优势的习惯。情境化主题的列举需要一个场景一个场景地进行，且多用于工作场景。优势理论的另一个流派Gallup组织已经确定了数百个与成功息息相关的主题，如共情（预测和满足别人的需求）、包容（让他人感觉融入团体）、积极性（看到情境和人身上的积极面）。这几个主题描述了个人在工作场所中是如何与同事建立联结的；从更高的层次来看，共情、包容、积极性都反映了同一种品格优势——友善；而友善、爱和社会智慧，则同属于"仁爱"这一美德。

表7-2 品格优势与美德[7]29-30

1. 智慧与知识（wisdom and knowledge）：与知识的获得和使用相关的认知优势
创造性（creativity、originality、ingenuity） 用新颖而富有成效的方法来概念化和完成事情；包括但不仅限于艺术成就
好奇心（curiosity、interest、novelty-seeking、openness to experience） 对正在进行的经验本身产生兴趣；发现有趣的主题；探索和发现
思想开放（open-mindedness、judgment、critical thinking） 仔细思考，并从各个方面检验事物；不急于下结论；能够根据证据改变主意；公正地权衡所有证据
热爱学习（love of learning） 掌握新技能、新话题、新知识，无论是通过自学还是正式教育；与好奇心相关，但还包括人们有系统地增加知识的倾向
洞察力（perspective、wisdom） 能够为他人提供明智的建议；以对自己和他人都有意义的方式看待世界
2. 勇气（courage）：情感上的优势，指直面内外部挑战，运用意志来达成目标
勇敢（bravery、valor） 在威胁、挑战、困难或痛苦面前不退缩；即使有反对意见，也要为正确的事情大声疾呼；即使不得人心，也要按照惯例行事；包括但不仅限于身体上的勇敢
毅力（persistence、perseverance、industriousness） 有始有终；尽管有障碍，仍坚持行动方案；以完成任务为乐
正直（integrity、authenticity、honesty） 说真话，以真诚的方式表现自己，以真诚的方式行动；没有虚伪和伪装；对自己的感觉和行为负责
活力（vitality、zest、enthusiasm、vigor、energy） 带着兴奋和活力生活；做事不半途而废；把生活当作一场冒险；感觉充满活力
3. 仁爱（humanity）：在与人交往的过程中表现友好的一些人际关系上的优势，包括照顾和帮助他人
爱、珍爱与他人的亲密关系（love） 重视与他人的亲密关系，尤其在那些相互分享、相互照顾的关系中；亲近他人
仁慈、慷慨（kindness、generosity、nurturance、care、compassion、altruistic love） 为他人做好事；帮助他人；照顾他人
社会智慧（social intelligence、emotional intelligence、personal intelligence） 了解他人和自己的动机和感受；知道如何适应不同的社交场合
4. 正义（justice）：营造健康社区生活必备的公民优势
公民精神（citizenship、social responsibility、loyalty、teamwork） 作为团队的一员做好分内之事，出色地工作；对团队忠诚
公平与公正（fairness） 遵从公平和正义的准则，对所有人一视同仁；不让个人情感影响对他人的决定；给个人公平的机会
领导力（leadership） 鼓励自己所在的团队完成工作，同时保持团队内部的良好关系；组织并促进团体活动的开展
5. 节制（temperance）：防止过度、克己
宽恕和慈悲（forgiveness and mercy） 宽恕做错事的人；接受他人的缺点；给他人第二次机会；能够放下复仇心

续　表

谦虚（humility、modesty） 让自己的成就说明一切；不寻求聚光灯；不认为自己比别人更特别
谨慎（prudence） 对自己的选择谨慎；不承担不应有的风险；不说或不做以后可能会后悔的事情
自律（self-regulation、self-control） 调节自己的感觉和行为；自律；控制自己的欲望和情绪
6. 精神卓越（transcendence）：个体与他人、自然、世界建立有意义联系的能力
对美和卓越的欣赏（appreciation of beauty and excellence、awe、wonder、elevation） 关注和欣赏生活的各个领域——从自然到艺术，从数学到科学再到日常经验——的美丽、卓越和/或熟练的表演
感恩（gratitude） 意识到并感激美好的事情；花时间表达自己的感谢
乐观（hope、optimism、future-mindedness, future orientation） 期待最好的未来并努力实现；相信美好的未来是可以实现的
幽默（humor、playfulness） 喜欢笑和玩笑；给别人带来快乐；看到光明的一面
精神追求（spirituality、religiousness, faith, purpose） 对宇宙的更高目的和意义有一致的信念；知道自己在更大的格局中处于什么位置；对生活的意义有信念，由生活意义塑造自己的行为并因此怡然自得

根据Peterson和Seligman的理论，优势具有下列特征或标准[7]17-27：

- 优势和美德能促成自己或他人的美好生活，它们决定了人们会如何应对逆境，也能够促进个人实现。

- 优势能带来很多积极影响。即使在没有明显的有益结果的情况下，每种优势在道德上也有其自身的价值。

- 人们发挥自己的优势，并不会阻碍或伤害身边人。发挥优势带来的更多的是敬佩和仰慕，而非嫉妒。

- 品格优势并没有恰好对应的负性的反义词。因为人的特质具有一定的弹性，在某些情境下可能表现出正性的意义，也可能表现出负性的意义。另外，有些优势是单极的（比如幽默），有些是双极的（比如卑鄙到零点再到友善）。需要记住的是，积极心理学的前提是没有弱点本身并不是一种优势，而且优势与弱点的决定因素也不是简单的对立面。因此，我们对所有品格优势的关注都着重于连续统一体中的积极的一端。但是，在评估的时候可以关注双极和单极的区别。

- 优势类似于特质，在一定程度上具有跨情境和跨时间的稳定性，且会表现在个体的思维、感受、行为等多个维度上。

- 每种优势各不相同，不可拆分组合。有些优势并没有被纳入24种品格优势，但却是其他品格优势的混合产物。例如，"宽容"这一特点符合所列举的标准，但它是"思想开放"和"公平"的复杂结合体；"耐心"这一特点则融合了"自我调节""坚持不懈"和"开放"的品格优势。

- 有些人会天生具有某些优势，有些人会缺少某些优势。

- 品格优势几乎在每一种文化中都会得到认可和重视，且是独立于政治的。而且许多文化都提供了拥有这些优势的榜样，通过这些榜样，人们可以感受到它们的价值。

- 优势是可以培养和发展的。结合Erikson的发展阶段论，每个成长阶段都可以发展不同的美德和优势，比如1～3岁获得毅力（自主）；3～6岁获得好奇（主动感）、6～12岁获得热爱学习、创造力（胜任力）；12～18岁获得社会智慧、精神灵性（同一性）；18～25岁获得爱（亲密感）；25～30岁获得仁慈（繁殖任务）；50岁至死亡获得正直、洞察力（自我完善）。另外，根据使用频率和场景的不同，优势可以被分为持续性的和阶段性的两种——除非刻意避免，某些特质（如好奇心、谦虚、活力）是会持续稳定地表现出来的；而另外一些特质（如勇敢、团队合作精神）则只会在某些特定场景中得以体现。因此，我们需要注意营造相应的环境，以促进这些优势的发展。

（四）优势和天赋的区别

在了解"优势的定义"的过程中，很多人都会好奇于"优势"和"天赋"这两个概念之间的异同。从Clifton StrengthsFinder和VIA两个工具的对比中可以看出，不同研究者对于优势的定义和分类方法都不尽相同，因而对于"优势"和"天赋"之间的区分，也存在差异。根据Clifton等人的理论模型，"天赋"是个人的思考、情感和行为模式特质，而天赋在特定场景中得以发挥和发展，形成的某些能力，则为优势[5]。

而Peterson和Seligman等人所关注的"优势"是"品格优势"，是构成美德的成分或过程，是具有道德价值的；但天赋没有道德含义，更多的是天生的特点（如生理优势等）。此外，天赋一般是天生的，即使拼命练习，改善也可能很有限；而优势则是可以培养的，勇敢、公平、仁慈，即使没有很好的基础，这些优势也可以培养发展出来。还有，天赋的使用是比较自动化的，而优势需要我们的意识。对于天赋，我们要么发挥出来，要么深藏不露；而对于优势，我们则可以控制什么时候使用、要不要加强、如何加强，等等。所以我们可以说"某某非常聪明，但他浪费了自己的天赋"，而不会说"某某非常善良，但他浪费了他的善良"。品格优势和美德需要我们的意志力与选择性，且它们的发挥对于自己和身边人都是有激励作用的，而天赋则最多只能激起我们的羡慕、崇拜、敬畏[8]141-143。

由此，我们可以看出，如何区分优势和天赋，取决于我们如何定义它们。我们习惯于将生理优势等同于天赋（如姣好的面容、非凡特异的嗅觉或视觉等），而心理优势则与天赋有部分重叠之处——我们可能会将心理加工能力（如视空间能力、共情能力等）视为天赋，而其他具有道德价值的心理优势，则与天赋并不完全等同。

二、优势练习与压力管理

（一）优势的力量

优势的发挥能给个人带来很多积极的结果。研究表明，优势使用更频繁的人，拥有更高水平的主观幸福感和生活满意度、更多的积极情绪、更高的自尊和自我效能感水平、更积极的压力应对方式，更有可能实现自己的目标，同时也会拥有更低水平的抑郁情绪和压力水平[2, 9-12]。

在教育领域，基于优势的课程能帮助学生增强内部动机；擅长使用优势的学生也更擅长于寻求社会支持和借鉴过去的成功经验。在组织领域，对优势的重视能增加员工的投入度和工作满意度，提高工作绩效；而当组织内的员工个人使用优势更频繁时，组织的人员跳槽率也会下降。而在健康领域，关注和激发患者的对自我优势的觉察，有助于促进医患关系，提高患者掌控力，帮助缓解症状[13]。

基于优势发挥给个体带来的众多积极影响，我们可以帮助个体更多地觉察、发展和使用自己的优势，以促进投入工作或学习等领域，增加成就，提高生活满意度和幸福感，这就是优势导向方法（strength-based approach）的核心要义。

（二）优势导向的方法

与问题导向的疗法不同，优势导向的方法相信，每个个体都已经拥有了能让自己解决问题、走出逆境的力量、资源和能力，而这些方法的目的即在于帮助个体觉察并发挥出自己的内在力量[1]（表7-3）。

在使用优势导向的方法中，我们应该重视"合作"氛围的营造——作为最了解自己的人，来访者本身才是自己的"专家"，咨询师只是一个引导者，帮助来访者明确自己的目标，并鼓励他们觉察、发挥自己的优势。

表7-3 优势导向与传统的问题导向疗法的区别[14]

	病理学、问题导向方法	优势导向方法
概述	把个体看成一个病案，由症状和诊断所构成	每个个体都是独特的，有着自己的优势、能力和资源
基本思路	"好" vs "坏"，"黑" vs "白" 治疗方法是问题导向的	多样的选择方案 训练方法是可能性、潜能导向的

	病理学、问题导向方法	优势导向方法
目标设定	以诊断标准为指导 强调寻找方法以解决问题	以个体期望的结果为指导 强调期望和过去的成功
咨访关系	治疗关系 咨询师/带领者是专家	合作关系 个体本身是专家
所需资源	推动治疗前进的是咨询师的知识和技能	推动治疗前进的是个体的优势和能力

优势导向的方法并不会引导我们逃避问题、忽略缺点，相反，它鼓励我们用一种新的视角去看待问题——问题和改变都是不可避免的。明确"不确定性的稳定性"，能帮助我们更坦然地面对问题。此外，这些方法重视能力的构建，它们的核心目标即在于帮助个体进行能力的构建，提高心理复原力，以更好地应对问题和压力。

知识小卡片

心理复原力强的个体往往具有以下表现：

- 具有乐观和希望感，感到自己是特殊且被欣赏的；
- 将生活视为一场旅行，由他们自己书写下一个篇章；
- 擅长设定合理的目标和期望；
- 擅长依靠有效的应对策略，促进个人成长，而非击败自我；
- 将挫折和障碍视为挑战，而非逃避它；
- 对自己的缺点和脆弱之处了如指掌，但更清楚自己的优势；
- 具有强自尊和能力感；
- 具有有效的人际交往能力，能够有效寻求帮助和关怀；
- 知道生活中什么是可控的，什么是不可控的；
- 明白回馈的重要性，支持鼓励生活中的其他人。

（三）从优势导向方法到优势训练

优势导向的思想已经被运用于许多不同领域中，如个体/团体心理咨询、个体/团体心理辅导、社会/社区工作等。在这些思想的指导下，研究者们开发出了许多具体的方法，以帮助个体或团体觉察并发挥优势，应对各种挑战和问题，包括：

（1）焦点解决疗法（solution-focused therapy）：该疗法视个人为自身的专家，治疗过程主要聚焦于改变如何发生，探讨内容主要为个体的目标、自身优势和资源、正向经验和未来远景[15]。

（2）优势导向的个案管理（strengths-based case management）：该方法以个人优

势为基础，强调使用非正式的支持性网络，促进社区参与和投入，以及维护个人和个案管理者之间的关系。该方法常被用于社区对于物质滥用者、心理疾病患者、老年人、青少年等弱势群体的管理中[16]。

（3）叙事疗法（narrative）：叙事疗法和优势导向的方法有着一个相同的假设，即人们是按照自己的构建的故事和经验来生活的。通过引导个人改变对于问题的理解方式（如开始相信"问题只是暂时存在的，而不是我性格中的一部分"），能够让人们开始以建设性的方法解决问题[17]。

（4）积极心理学中的优势训练：在研究如何使生活变得更有价值和意义的过程中，积极心理学发现了三大基石[18]——积极体验（如对过去经历的满足，对当下的快乐，对未来的乐观）、积极特质（如感恩、心理弹性、同理心）和积极环境（如民主的社会、团结的家庭）。而优势训练的目的则在于鼓励个体或团体觉察和使用自己的积极特质（即优势），以提升幸福感，获得积极成果[3]。

在积极心理学领域中，以Seligman等人的VIA品格优势模型为基础的训练或干预方法，是目前使用程度最高的优势训练。品格优势训练的主要内容即为鼓励个人识别和运用自己的标志性品格优势，以减少负性情绪，促进主观幸福感[19]。

至此，我们可以发现，优势导向又可以被视作"优势观"，它是一种"以人为本"的思想，重视个人的目标、内在能力和资源，强调通过合作，激发个人的主动性和心理复原力，以帮助个人更好地应对生活。在这种思想的指导下，心理学和社会工作学等各个领域都发展出了一些训练或干预方法，形成了庞大的优势导向的方法体系。为了描述的精准性以及训练方法的可操作性，本书下述章节中所说的"优势训练"，主要指的是积极心理学领域中的品格优势训练。

（四）优势训练的循证证据

循证证据显示，优势训练能有效提高个人的快乐或积极情绪，减少抑郁表现，提升生活满意度，促进心盛感[20]。应用于具体领域，优势训练能有效改善工作相关满意度，如提升工作投入度、满意度、使命感，提升工作表现和创造性的问题解决，降低耗竭感[21]。应用于学校，优势训练能帮助学生提高学习投入度，提升自我效能感，促进团体感，减少人际摩擦，更好地适应新环境[19, 22]。服务于中老年人群体，优势训练能有效提升快乐情绪，减少抑郁症状[23]。此外，优势训练还能有效帮助残疾人提高心理复原力和心盛感[24]。

（五）优势训练的作用机制

关于优势训练的作用机制，目前仍处于探索阶段，现有的假说和理论解释主要集中于以下几块：

（1）优势识别和优势使用

优势训练通常包含两个成分——优势识别和优势使用。优势识别指的是对自己优势的觉察和重视，优势使用则指的是人们在各种场景中使用自己优势的程度[9]。

研究发现，与优势识别相比，在优势训练中发挥主要作用的是优势使用。与优势识别不同，优势使用与目标进展和幸福感间存在显著相关关系[3]；且在优势训练中，优势使用在优势识别与幸福感之间起中介作用[19]。由此可见，优势使用是优势训练发挥作用的一个必要条件，在了解优势的基础上，加以发展，才能发挥出优势的力量。

（2）积极活动模型

根据积极活动模型（positive activity model），发挥自己的优势，能给个人带来许多积极情绪、积极想法和积极行为，进而提高生活幸福感[21]。

首先，研究表明，优势训练能通过提升个人的积极情绪，进而影响生活满意度、工作投入度和耗竭感[25]。情绪的拓展与建构理论（broaden and build theory）告诉我们，使用优势带来的积极情绪，对我们的生活有诸多好处[26]。

积极情绪一方面能拓展个体即时的思维–行动范畴，包括拓展个体注意、认知、行动的范围。与消极情绪窄化个体的思维行动资源，从而使个体更加专注于即时的境况相反，积极情绪会促进个体产生一种非特定行动的趋向，个体会变得更加开放，在此状态下，产生尝试新方法、发展新的解决问题策略、采取独创性努力的冲动。在此保持开放的过程中，新的想法、经验和行动极大地拓展了个体的思维和行动。

另一方面，积极情绪能构建个体持久的资源。消极情绪通过窄化个体的认知行动范畴使个体在战斗–逃跑的情境中获益，其收益是直接的、瞬时的；而积极情绪却能给个体带来间接的、长远的收益，它能够帮助个体建构持久的身体、智力、心理和社会资源。这种建构的功能是在"拓展"的基础上实现的。思维–行动范畴的拓展，提供了建设可持续的资源的机会。如快乐可出现玩耍的冲动，玩耍能帮助个体学会一些必备技能，以构建身体资源，玩耍也能让个体学会共享，增强社会联结，玩耍还可以提高创造性水平以构建智力资源。

其次，关于积极想法，研究者发现希望感会在优势训练和自我成长之间起中介作用[27]。但是有关心理资本（psychological capital）的其他三个成分，即自我效能感、复原力、乐观，暂无研究证实它们在优势训练中的作用[21]。

最后，关于积极行为，研究者则发现真实的自我表达在优势识别和工作态度（即投入度和满足感）中起中介作用。

（3）心理需求的满足

优势的使用，会通过促进目标进展，以及目标进展带来的成就感，进而影响个体的主观幸福感[9]。鼓励个体发挥优势时，个体会朝着与自我成长和自主性相关的目标前进，进而感受到更多的积极情绪、更少的消极情绪，以及更高的生活满意度。

根据自我决定论（self-determination theory）、目标发展理论（goal process theory）和自我一致性理论（self-concordance model），人有自主、胜任和关联三种基本心理需求，在追求自我一致性高（即符合自己的兴趣和价值观）的目标时，这些需求的满足能促进内在动机的产生，让人们投入更多、更持久的努力，进而更有可能实现这些目标，同时也能带来更高的幸福感。觉察优势的过程中，个体也会对自我认知和价值观进行觉察，这有助于个体找到自我一致性高的目标实现途径，感受到更高的控制感和兴趣，也更愿意持之以恒，这些都有助于目标的实现，以及个人幸福感的提升。

同时，目标进展和心理需求被满足带来的幸福感，又会作为认知和情绪上的助推剂，进一步促进对目标的追求。因此，在优势训练中，我们需要重视一个正循环的作用，即优势使用带来的目标追求和幸福感，进而又会鼓舞个体进一步努力，朝着目标前进。这个正循环对于我们关注个人改变以及实现最佳表现，具有重要意义——在追求目标的过程中，优势的使用可以带来成功和幸福感的螺旋式上升，这也因此赋予了优势训练在训练和干预领域中的重要价值。

（六）优势训练和压力管理

在应对压力事件时，人们会调动自身资源，而作为个人资源的一种，优势与压力管理之间存在着密切联系。

研究表明，优势觉察水平越高的人，心理复原力更强[28]。对自我优势的觉察，能帮助个人提高压力情境下的积极情绪和生理功能（如迷走神经和免疫系统功能），增加问题解决行为，缓冲压力对生理和心理造成的负面影响[29]。

拥有不同优势的人，面对压力的应对方式也存在一些差异。智慧类优势高（如热爱学习、好奇心、创造力）的个体，往往更多采用积极的应对方式（如降低对压力的知觉和评价、积极制定解决方案、转移注意力等），更少采用消极的应对方式（如逃避、自责、反刍思维等）——当人们感受到工作相关的压力感时，会更多发挥智慧类优势，进而缓冲压力对生活的负面影响。同时，人际类优势（如勇敢、毅力、希望）会促进积极的应对方式，如分析问题情形和解决问题。精神追求类优势（如感恩、欣赏美和卓越）则能够帮助人们看到生活中的美好面，不会一直关注问题，进而获得放松[30]。

此外，优势觉察水平的高低，也与个人的自我认知相关。优势使用更多的个体，一般自我效能感水平也更高[9, 10]。以教师群体为例，认知到自己人际和自我控制方面优势更高的老师，会在教学方面表现出更高的自我效能感[31]。

由此，当人们对自己的优势认知水平越高，在面对压力时，会对自己应对压力的能力更有自信，也能更有效地调动自身资源，以解决问题，缓解压力（例如，利用情绪控制类优势来有活力、毅力地坚持目标，利用智慧类优势搜集整理有用信息，利用人际类优势建立社会支持等）。

三、如何进行优势训练？

（一）优势训练的组成

1.优势识别

目的：找到合适的优势识别方法，明确自己的标志性优势。

时间：20 ～ 30分钟。

材料：量表或工作表。

操作及指导语：

我们可以用多种方法识别自身的优势，包括：

（1）日常活动类：在日常活动中，如自我反思、制定计划、日记手账、寻求身边人反馈等，觉察并总结自身优势等。

（2）工作表类：利用结构化的表格，总结自身优势，如技能&优势&兴趣工作表、优势觉察工作表等。

每日优势觉察

日期：_____					时间：_____				
活动： 你那时在做什么活动？									
使用的优势：									
使用优势的过程：									
情绪和感受： 在活动中，你产生了怎样的想法和心情？ 有遇到阻碍或困难吗？									
请评价你对该活动的享受程度：									
1	2	3	4	5	6	7	8	9	10
请评价你从该活动中收获到的能量：									
1	2	3	4	5	6	7	8	9	10

（3）优势测评类：利用系统化的优势测量工具，了解自身优势，如Gallup/Clifton StrengthsFinders优势识别器、VIA品格优势调查、DISC个性测验等。

（4）工作和领导力测评类：利用系统化的领导力或竞争力测量工具，分析自身优势，如SWOT分析等。

SWOT 分析

	外部环境	
	机会（opportunities）	
内部环境	劣势（weaknesses）	优势（strengths）
	威胁（threats）	

优势识别的目的在于觉察自己的标志性优势（signature strengths），即最突出的几项优势。在VIA品格优势测量中，我们一般会得到5项或7项标志性优势。标志性优势有以下特点：

（1）真实感。知悉自己的标志性优势后，会感受到"这就是真实的我"。

（2）快速学习。刚开始练习发挥这些优势，有快速上升的学习曲线；会不断学习新方法来加强这一优势，也能够制定并施行围绕该优势的个人计划。

（3）享受使用。个人会被那些有利于发挥这些优势的活动所吸引，也能充分享受这些活动，在其中体验到极高的满意度和能量感。发挥这些优势，会带来良好的情绪，而不是越用越疲倦。

（4）优秀表现。如优势的定义所明，标志性优势的发挥往往能带来优秀的行为表现和积极结果。

2.优势使用

以新的方式发挥你的优势

目的：设计活动或周计划，以体验发挥自我标志性优势的感受。

时间：20 ～ 30分钟。

材料：工作表。

操作及指导语：

在优势训练中，有一项使用非常广泛、也非常受欢迎的练习——"以新的方式使用你的标志性优势"。顾名思义，这项练习就是鼓励我们主动、有意识地去发挥自己的优势。

在这项活动中，我们需要：

（1）选择自己的一项标志性优势，也就是我们的核心品格优势。这些优势对我们来说，容易发现，容易使用，也能给我们能量。

（2）每天设计一种新的方式来展现这项优势。

（3）至少在一周内，每天用设计好的方式来发挥优势。

这种练习能给我们带来长期的好处，比如让我们拥有更多的快乐、更少的沮丧。它的步骤说来简单，然而在实践中我们常常会发现，要想出新的方法来发挥优势，是具有一定挑战性的。这是因为在生活中，我们已经非常习惯于利用自己的优势了。

我们经常无意识地使用自己的优势。例如，在刷牙的时候，我们是否能注意到自己正在使用自我控制（即使很想赖床，也还是开始洗漱）？开车时，我们会用到谨慎和仁慈吗？在团队会议上，我们会用到谦逊吗？

让我们以VIA品格优势模型中的"好奇心"这一优势为例，一起来试着制定一个计划。

优势使用计划表

在下一周里，我想使用的优势是： 好奇心				
时间	计划活动	实际完成情况		
		完成日期	愉悦度 0～10	重要性 0～10
周一	从公司走一条新的路线回家，一边开车一边探索周围的环境			
周二	问同事一个我以前从没有问过的问题			
周三	中午尝试一种新食物——让我好奇了很久，但一直没有试过的食物			
周四	给家庭成员打电话，询问他们最近一次的积极经历，以及他们的感受			
周五	走楼梯而不是坐电梯，探索一下周围的环境			
周六	在做一件家务时（例如，洗碗、吸尘），关注3个新特点。例如：关注吸尘器工作时的轰隆声、容器内堆积的灰尘旋转、洗碗时水的温度、盘子或杯子重量的感觉，等等			
周日	问自己两个有关自己探索的问题，反思或记录下自己的即时反应			

在某些情况下，你可能会觉得为每一天设计活动很有挑战性。那么，我们也可以换个思路。把以下几个方面当作线索，来帮助自己激发新的想法。

我该如何展现性格优势：

- 在工作中，我会？
- 在我最亲密的关系中，我会？
- 当我从事业余爱好时，我会？
- 当我和朋友在一起的时候，我会？
- 当我和父母或孩子在一起的时候，我会？
- 当我独自在家的时候，我会？
- 当我在一个团队的时候，我会？
- 作为一个项目或团队的领导者，我会？
- 当我开车的时候，我会？
- 当我吃饭的时候，我会？
- ……

或者，我们还可以拓宽思考范围！

从心理学的角度来看，每种优势都是一种思考、感受和行为的能力，因此我们可以从认知、情绪和行为三个方面来感受我们的性格优势：

- 思维：有洞察力的思维方式是怎样的？当我以谨慎的方式行事时，我会有什么想法呢？表达友善时，我又会想些什么？
- 情感：勇敢是什么感觉？我怎样才能注意到谦逊是我身体里的一种感觉？什么身体感觉与谦逊的表达一致？
- 行为：我会如何表达感激之情？在运用判断/批判性思维时，我会给别人留下怎样的印象？当我表达公平时，会有些什么行为？

在设计活动的过程中，我们可能会遇到"思维堵塞"等阻碍，因此可以在团体内进行头脑风暴，或者想象身边人是如何发挥这一优势的。同时，我们也可以设计或参考已有的活动库，以启发自己。

3.优势与压力管理

（1）ROAD-MAP工具包

目的：了解优势和压力管理之间的关系，思考如何发挥优势来应对压力、解决问题。

时间：20～30分钟。

材料：工作表。

操作及指导语：

压力感是压力与应对能力之间的差距导致的。在无法改变事件本身时，我们可以通过调整自己的能力降低压力感。能力有很多种，如生理方面（胃口好、睡眠状况好）、心理方面（如心理韧性高、情绪波动小）、社会资源方面（如朋友多）、心灵方面（如常做意义感强的事、与自然共度时光）。我们的优势就是一种能力。使用ROAD-MAP工具包，可以帮助思考我们如何发挥优势以应对压力。

ROAD-MAP工具包包含7种方法——反思（reflect）、观察（observe）、欣赏（appreciate）、讨论（discuss）、监测（monitor）、询问（ask）、计划（plan），每一步都有助于我们探索和发展自己的优势。

①反思（reflect）

回忆你过去使用优势的经历。你什么时候在顺境和逆境中运用过自己的优势？以勇敢为例，说出一个你用了相当大的勇气的情况；勇敢的行为是什么样子的？再说好奇心，你最后一次对你的伴侣感到好奇是什么时候？你是如何表达你的好奇心的？它是如何被接受的？

②观察（observe）

坐下来，注意别人的行为。在商场里，在你的工作团队里，或在戏剧舞台上，人们是如何表现自己的性格优势的？你注意到他们如何表达感激、谦卑或团队合作的力量了吗？

③欣赏（appreciate）

向某人表达自己的欣赏，向别人解释你为什么重视他们的优势，以及这对你有多重要。你可以告诉友善的店员，他们的善良温暖了你的心，帮助你释放了工作压力。你可以告诉你的孩子，你赞赏他们在餐馆里的自控能力。

④讨论（discuss）

与某人就你的优点、他们的优点或某一个性格优势进行一次深入的谈话，和这个人一起探索一种性格优势。觉察这次对话给你带来的深刻见解。

⑤监控（monitor）

这指的是关注自己的行为。追踪你的性格优势，记录一天中你使用某种力量的时间和情况，不管是预期中的还是出乎意料的。或者专注于某一种优势，"数数"你的创造力、友善和谦虚。

⑥询问（ask）

请求别人的帮助或支持。询问他们关于你的性格优势的反馈。当你知道你在家里会遇到压力时，问问其他人他们会如何利用自己的优势来处理这种情况。

⑦计划（plan）

制定一个行动计划来发挥你的优势。在这个月设定一个具体的目标来发展你的优势，或者计划在一天中最忙的时候利用你的一个优势。

以上七种方式中，哪种行为最符合你的压力管理风格？有些人喜欢谈论他们的压力，而另一些人更善于反思，从写日记或安静的沉思中受益。从这七种方法中找到最适合自己的方法，头脑风暴一下，如何与自己的优势结合？

优势使用轴

过犹不及，优势的过度发挥和过少发挥，都可能带来不良影响。我们需要关注，如何找到合适的环境和方法，让我们的优势能得到恰到好处的发挥。

（1）选择一个你想使用的，或者想分析的优势。

（2）列出一个过度使用优势的事例，描述你做了什么、结果如何。在"使用过少—最佳水平—使用过度"的轴上标出来优势使用的情况。

（3）列出一个过低使用优势的事例，描述你做了什么、结果如何。在"使用过少—最佳水平—使用过度"的轴上标出来优势使用的情况。

（4）列出一个正好恰当使用优势的事例，描述你做了什么、结果如何。

（5）回忆这个练习给自己带来的体会：

a）你是否在日常生活中，经常不当使用这一优势，是过度还是过低？

b）是什么因素诱发了你的不当使用？

c）你能做些什么，让自己的使用更恰当？

（2）压力作战计划

目的：制定计划，以发挥优势应对压力、解决问题。

时间：20 ～ 30分钟。

材料：工作表。

操作及指导语：

描述一个最近正在困扰自己的问题，越细致越好。明确该问题影响你的生活领域，如工作、家庭生活、朋友、健康、爱好等，并明确哪个是最重要的。

想想自己正在做什么来改善？是不是有些过头了？还是有些不够？

从优势的角度，重新构建行为。有时候我们使用优势的方法不够正确，比如太过具体地分析计划，导致不够灵活等。

开始实施这一计划，并关注自己的感受和收获的反馈。

压力作战计划表

压力事件	性格优势	如何应用优势	其他资源	如何应用其他资源
例：我的孩子总是无法按时完成作业	创造性 社会智慧 自律	可以想点办法来激励他学习，如奖励、陪伴；问问他的学习计划、想法；和他分享自己如何自我控制	孩子的朋友	问问孩子他的好朋友（学习认真的朋友），是如何完成作业的，一起分析影响因素

让我们制定一个具体的实施计划——

时间		实际完成情况		
		完成日期	愉悦度 0～10	重要性 0～10
周一				
周二				
周三				
周四				
周五				
周六				
周日				

4.优势与人际促进

目的：学会觉察和欣赏身边人的优势。

时间：15～20分钟。

材料：工作表。

操作及指导语：

引导者向参与者介绍优势访谈、"同性相吸还是异性相吸"、同伴优势问卷三个（或其中一到两个）工作表，引导参与者开始觉察和欣赏身边人的优势。

（1）优势访谈

尝试开展优势访谈，从下面几个问题来问问自己的伴侣、家人或朋友：

①你的标志性优势是什么？（可以让对方做VIA测试，或在24种优势中进行挑选）

②你最近一次处于最佳状态，或者你真正感到被需要，是什么时候？那是什么感觉？在这次经历中，什么样的性格优势发挥了作用？

③哪些性格优势与你的人生成功最密切相关？在你的人际关系中最常用的是什么？

④当你考虑我们的关系时，是什么因素使它牢固？

⑤什么时候你觉得最"被看见"和最被欣赏？你什么时候才能真正做你自己？

⑥在我们的关系中，你更愿意使用哪种性格优势？你希望我用哪一种？

⑦说说你成功解决的压力源或困难的情况，你是用什么性格优势来解决这个问题的？

（2）同性相吸还是异性相吸？

通过比较我们的标志性优势，我们能够了解在一段关系中的优势协同增益效果，也能更好地欣赏我们彼此的独特优势。

你的七个标志性优势	伴侣的七个标志性优势
圈出上面提到的共同优势。在什么情况下，你们能发挥协同增益效果？ 还能创造出其他的情境，让你们都能表达这些共同的优点吗？	
在你们的独特优点旁边加一颗星。 在什么情况下，你的伴侣会发挥这些优势？它如何帮助你的关系或家庭？	
在什么情况下你会发挥出自己的独特优势？ 它对你的人际关系或家庭有什么帮助？	
你们如何关注、欣赏和鼓励彼此的共同和独特的优势？	

（3）同伴优势问卷

这位同伴是谁？

他（她）的核心特质是什么？

描述一个他（她）使用了这个核心特质的场景。

评价维度

【优势使用和效果】

据你所知，他（她）在一周内使用这种力量的频率是多少？ 1～7

他（她）如何有效地利用这种力量？换句话说，在依靠这种力量的活动中表现如何？ 1～7

【优势欣赏】

他（她）运用这种力量对你来说有多重要？ 1～7

当你看到他（她）利用这种力量的时候，你会发现自己对这段关系更投入吗？
1～7

在看到他（她）使用这个优点后，你对你们的关系更满意了吗？ 1～7

【优势使用成本】

他（她）的优点是否会在你们的关系中引起任何问题或冲突？ 1～7

他（她）运用这种力量有多困难或要求多高？ 1～7

在使用这种力量后，他（她）感觉有多疲惫？ 1～7

在优势使用/有效性和优势欣赏方面得分越高，表明你对这个人的性格优势的理解和欣赏程度越高。一定要让他（她）知道你的欣赏！

优势成本得分越高，说明优势被过度利用的可能性越大，这可能会导致人际关系中的压力或冲突。与你的伴侣共同探讨这一点很重要。

5.优势和生活改变

目的：引导参与者关注除了人际、工作学习压力之外的其他生活领域，尝试发挥优势来促进健康、娱乐休闲等生活领域。

时长：15～20分钟。

材料：生活改变计划表。

操作及指导语：

带领者向参与者介绍五大健康支柱，分别是：

- 锻炼：遵循有规律的锻炼计划或时间表，以增加活动水平。
- 睡眠：有质量的、不间断的睡眠，通常是每晚7到9个小时，在醒来时感觉神清气爽。
- 饮食：吃健康的饮食，多吃水果和蔬菜，以及其他必要的营养物质，同时控制不健康食物的摄入（如糖类、快餐等）。
- 社交活动：定期与朋友、家人和社区邻居进行社交活动，如参加志愿活动和俱乐部，丰富生活。
- 自我调节：进行有规律的平静、专注、联结或增强优势的练习来照顾和调节自己（例如：放松技巧、正念冥想、感恩练习等）。

这五大支柱有助于提高我们的生活质量和身心健康水平，帮助我们应对压力，找到平衡。而性格优势的力量则在于增强和支持每一根支柱，例如，如果没有团队合作和友善，我们很难体验社交活动；没有自律，我们又怎么能保证每天都能睡个好觉呢？我们可以对照以下计划表，帮助自己选择一个生活领域，制定改变计划。

生活改变计划

你希望关注哪一生活领域？
在这一生活领域中，你已经有了哪些好的习惯？
在该生活领域中，你需要提升哪方面？
为什么选择这个方面？是什么给了你动力？
在过去，你可能已经尝试过各种方法来改进这一方面。现在，来尝试一些不同的东西，看看你的性格优势。在这方面，你过度使用和/或未充分使用的品格优势是什么？ （如：当你努力保持锻炼习惯时，没有足够的自我关爱？当你把所有的时间都花在计划而不是实际行动上时，你是否过于谨慎了？）
你如何利用这些优势来帮助自己巩固这一支柱？头脑风暴一些活动吧。
你会如何制定行动计划？（按日、周、月都可）

（二）优势训练效果的影响因素

循证证据显示，优势训练的效果可能会受到个人因素（如人口统计学特征、性格特征等）和所开展活动的特征（如持续时长、开展方式等）的影响。

1.个人因素

已有优势水平。感知到自己拥有更高水平优势的人，在关注"发展最低的5项优势"活动中，会感到受益更多；相反，拥有更低水平优势的人，则会更享受"发挥最突出的5项优势"活动。此外，某些特定的优势，也会给训练效果带来不同影响，如，思想更开放的人，在优势训练中受益会更少；自我调节类优势（如坚持）高的人，会从训练中受益更多；而自我限制性优势（如公正、谦逊、谨慎）水平高的人，则会从训练中受益更少[32]。

人格特质。不同的人格特质（即大五人格）并不会影响优势训练对积极情绪的效果；但是外向性特质更有助于优势训练缓解抑郁情绪[33]。

人口统计学特征。Rust、Diessner 和 Reade [34] 发现，与女性参与者相比，男性参与者在关注自我优势后，会拥有更高水平的生活满意度。但是，现有大多数研究都尚未发现性别会影响优势训练的效果[21]，这可能也与参与者的性别偏差有关，一般情况下女性会更愿意主动参与优势训练，因此研究结果尚不全面[3]。此外，研究者们也提出，年龄可能会影响参与者对优势训练活动的享受程度。年长的人往往会从参与积极活动中受益更多，因为他们关注对积极情绪的体验；而年轻的人则更多关注自我成长，因此他们会更倾向于关注自我的缺点[21]。

2.训练方法特征

开展媒介。不同媒介，如线上或线下，并不影响优势训练的效果[21]。

参与自愿程度。参与者是否为自愿参加，并不影响优势训练的效果[21]。

社会性水平。社会支持有助于促进优势识别。在优势识别时，从亲近之人得到相关反馈，会优于自我反思[29]。这一点也说明了优势训练在团体或社会支持网络中的适用性。

知情程度。告知参与者优势训练的目标，有助于提高训练效果[35]。

持续时长。优势训练的开展频率和持续时长较为灵活，从总共1次到每周1次，持续3～15周，或者和学校的课程相结合，每周1节课，持续1个学期到1～2个学年。从循证证据来看，不同频率的优势训练都能达到积极效果，但是持续时间越长，训练的效果越好[3]。

活动特征。目前常见的训练方法主要有三类，第一类只关注优势识别，第二类关注优势识别和优势使用（如用新的方式发挥标志性优势），第三类则关注优势识别和促进优势发展（即发挥优势以实现某目标，并在此过程中主动进行调节）。研究发现，这三类方法都能带来积极影响，但方法间的效果对比，目前还尚未得知[21]。有些研究者认为，优势使用并不是训练中必要的一步，因为促进优势识别后，参与者会自己主动发挥优势[29]。

但是，需要注意的是，优势识别和优势使用训练对个体可能会产生不同影响。Louis [36] 发现，仅强调优势识别的训练方法，会增加参与者固化的思维模式。他们可能会开始认为，优势是个人固定的特征，进而更不愿意主动发展优势，或者发挥优势来适应环境。而强调优势发展的方法，则不会带来这一影响。参与者会开始关注如何在某场景中发挥和调节优势，重视优势发挥给他人带来的影响，也会重视从他人处获得的反馈[13]。这一现象提示我们，要重视在优势训练中培养"发展观"和灵活的思维模式。

（三）优势训练的适用场景

1.个体和团体咨询

个体咨询可以采用优势导向的治疗方法包含多种，如焦点解决疗法、叙事疗法等；同时，优势训练中的优势识别和优势使用各项活动，也可以被纳入来访者的整体治疗方案中去。

团体辅导的框架能帮助优势训练最好地实现系统化、集中化。一般来说，大部分优势训练的团体辅导会设置为持续12～30小时，包括定期会谈和课后作业和阅读任务[3]。本书提供了6周的优势训练团体辅导方案（每周1次，每次1.5～2小时，包含优势识别、优势使用和总结升华三个部分，分别为单元1～2、3～5、6），供读者参考，详见本章附录。

2.教育领域

优势训练关注个体的积极面和内在能量，且操作简单，有助于个体根据自身情况进行方案制定和实施，适合在学校等教育场所内进行推广和实施。在学校内开展的优势训练可以分为三种类型[37]：

（1）面向学生。面向学生的优势训练适合团体进行，包含固定次数，由心理老师、专业的培训者或班主任带领进行。训练会引导学生通过各种实践和讨论活动，认识并主动发挥自己的优势。

（2）面向教师。教师的个性、动机和思维模式，都可能会影响其教学过程，继而影响学生的心理和行为。优势训练能帮助教师形成"发展"和"优势导向"的思维观，这不仅有助于教师群体自身的心理健康状况，也有利于教师对学生群体的引导和培养。

（3）面向学校。学校层面的优势训练则旨在通过系统化的方案，引导除了学生和教师群体之外的领导层，形成优势观，以促进形成支持性的环境，鼓励学生发展和发挥自身优势。

3.其他领域

20世纪80年代以来，优势观逐渐在社会工作领域中得到重视。现在其已被广泛应用于儿童和青少年、夫妻、家庭、老年人的社会服务中[38]。同时，在疾病管理，如HIV[39]、重性精神疾病[40]等，优势导向的方法也能为个体带来许多益处，如帮助患有重性精神疾病的个人减少住院时长，提升个人对医疗服务的满意度，改善个人与自我成长相关的态度（如自尊、自我效能感、希望和生活满意度）[40]。但是，需要注意的是，在这些领域中应用时，研究者和实践者们通常会采用更系统化的、优势导向的治疗方法（如焦点解决疗法、个案管理），而并不局限于积极心理学领域中的品格优势训练，或者会将优势训练整合进更系统化的方案之中。

（四）优势训练中的常用测量工具

1. VIA品格优势量表

VIA品格优势量表（Values in Action Inventory of Strengths，VIA-IS）由Christopher Peterson和Martin Seligman开发，其完整版包含240个条目，共24种品格优势，每种品格优势包含10个条目。量表测量个体在各个品格优势维度上的得分，得分最高的5项优势即为个人的标志性优势。VIA-IS采用Likert 5点计分法，要求受试者评价每个条目和自己的符合程度（1表示非常不像我，5表示非常像我）。VIS-IS已在亚洲、非洲、欧洲、美洲等175个国家得以使用[7]。完成完整版量表需要20～30分钟，而后Seligman在《真实的幸福》一书中，提供了简版的品格优势量表[8]，可供日常使用。

2. 优势识别和优势使用量表

优势识别和优势使用量表（Strength Knowledge and Strength Use Scale，SKSUS）最初是由Govindji和Linley于2007年[9]编制完成，之后由Duan，Li和Mu[41]修订为中文版。量表测量个体的优势识别和优势使用水平，总共包含21道题，其中优势知识维度包含7道题，如"我知道我做得最好的是什么"，优势使用维度包含14道题，如"我总是能够使用我自己的优势"。采用7点计分方式（1表示非常不同意，7表示非常同意），相关题目得分相加后的平均分，即为优势知识与优势使用得分。完整版量表见本章附录。

3. 生活满意度量表

生活满意度是优势训练的最主要的结果变量之一。生活满意度量表评价了个体主观幸福感的认知成分，是指个人对生活经历质量的认知评价，是个人对自己生活质量的主观体验，是衡量一个人生活质量的综合性心理指标。生活满意度量表（Satisfaction with Life Scale，SWLS）最初由Diener等人[42]编制而成，熊承清和许远理[43]检验了在中国民众中使用的信效度。量表共包含5个条目，如"我的生活条件很好"。采用7点计分方式（1表示非常不符合，7表示非常符合）。所有题目得分相加为总得分，得分越高生活满意度越高。完整版量表见本章附录。

（五）优势训练中可能遇到的问题

在优势训练中，很多参与者仍会习惯于用社会比较来评价自己，比如认为其他人的优势比自己多，突出性优势的量表得分比自己高，发展不足的优势比自己少，等等。需要注意的是，优势训练是以个体为中心的。优势使用轴告诉我们，优势的数量多，并不能决定我们的成功，重要的是知道如何恰当地发挥优势。因此，我们无须和他人对比，而是需要关注独属于自己的优势图谱，关注在自己的身上，哪些优势更为突出，哪些品质目前还不是我们的优势；学会"扬长"，并用优势的力量来"补短"。

此外，在优势训练中，我们关注的优势主要是品格优势，它们是与价值观紧密相连的。因此，来访者或团体的参与者之间可能出现价值观的冲突，如宽恕性水平低的个体，可能会认为其他人的高宽恕性是一种弱点。此外，对自我优势的识别，可能会导致潜在的人际冲突。如自我中心化的人可能会过高估计自己的优势和对团队的贡献，而看轻其他人。因此，在优势训练的过程中，我们也要注意引导参与者关注认识上的偏差，注重维护人际关系。

本章小结

"你有什么优点？"这个问题可能常常困扰着我们很多人，尤其在刚进入新环境时，自我定位的模糊很可能会导致低落情绪和自卑感的产生。优势训练能帮助我们了解自己的优势，并学习如何在不同的场景中以合适的方法发挥它们。对优势的清晰认知，能帮助我们提高自信心，更好地应对压力和困难，更好地享受生活。

在本章中，我们介绍了优势的定义、人类的优势分类、优势导向的干预或训练方法、优势训练的效果，并列出了常用的优势训练活动。从"优势"这一概念在社会工作及心理学领域的发展可以看出，优势观是一种以人为本的思想，它认为我们每个人都有着优势，或者说内在能量和资源，我们可以发挥这些内在能量，以应对压力，追求实现目标，体验更高的生活满意度和幸福感。与问题导向的疗法或训练方法不同，优势导向的方法并不执着于找到问题或缺陷的原因所在，而在于帮助个体明确他们自己的目标，以及所拥有的资源；然后通过营造一种合作、支持性的氛围，引导个体发挥自己的力量，以实现自我目标。

在优势观的指导下，研究者和社会工作者们开发出了许多干预、治疗、训练或服务方案，如焦点解决疗法、叙事疗法、基于优势的个案管理、品格优势训练等，它们都被证明对个体的康复、成长、自我认知、幸福感等有着重要的积极影响。在本书中，我们重点介绍了心理学中常用的品格优势训练，以及其与压力管理之间的关系，并提供了几项常见活动以及一份团体辅导方案，以供读者设计方案时参考。

需要注意的是，在优势训练中，我们要非常重视培养"发展观"。一方面，优势是可以发展和培养的，当我们有意识地觉察和发挥自己的优势，并学习如何在不同场景中调节自我行为，我们才能更好地"扬长"；另一方面，优势训练的目的是促进自我成长，我们不能只停留于"识别优势"，只有主动练习发挥它们，才能感受到优势的力量。大到人生成就，小到日常压力管理，在明确自己的目标基础上，优势训练能帮助我们更好地制定行动计划，并付诸持之以恒的实践。同时，优势训练并没有让我们忽视缺点，或者逃避问题；相反，优势观鼓励我们主动应对问题和压力，也告诉我们"扬长避短"，很多时候，合适的优势发挥，甚至能帮助弥补缺点。

"I wish you well on your journey. May you bring your character strengths forth to help guide you through the peaks and valleys of life and all the spaces in between."

——Niemiec[44]

思考题

1. 优势是什么？优势和天赋有什么区别？

2. 你有什么优势？你会如何测量自己的优势？

3. 发挥优势有什么好处？你曾经在哪些活动中发挥过自己的优势？

4. 以自己的某个标志性优势为例，你会制定哪些活动来发挥它？头脑风暴出一个每周优势发挥计划吧。

5. 你发现身边人有哪些优势？你会如何告诉他们？表达对他人优势的欣赏，能带来什么有趣的体会？

参考文献

[1] HAMMOND W. Principles of strength-based practice [J]. Resiliency Initiatives, 2010, 12(2): 1-7.

[2] WOOD A, LINLEY P, MALTBY J, et al. Using personal and psychological strengths leads to increases in well-being over time: A longitudinal study and the development of the strengths use questionnaire [J]. Personality and Individual Differences, 2011, 50: 15-19.

[3] QUINLAN D, SWAIN N, VELLA-BRODRICK D A. Character Strengths Interventions: Building on What We Know for Improved Outcomes [J]. Journal of Happiness Studies, 2012, 13(6): 1145-1163.

[4] CLIFTON D O, HARTER J K. Investing in strengths [J]. Positive Organizational Scholarship: Foundations of a New Discipline, 2003: 111-121.

[5] LOUIS M C. The Clifton StrengthsFinder and student strengths development [J]. Omaha NE: The Gallup Organization, 2012.

[6] ADAM HICKMAN M C E. How Do CliftonStrengths and the VIA Survey Compare? [Z]. Gallup, 2018.

[7]　PETERSON C, SELIGMAN M E. Character strengths and virtues: A handbook and classification [M]. Oxford: Oxford University Press, 2004.

[8]　塞里格曼. 真实的幸福 [J]. 洪兰，译. 沈阳：万卷出版公司，2010.

[9]　GOVINDJI R, LINLEY P A. Strengths use, self-concordance and well-being: Implications for strengths coaching and coaching psychologists [J]. International Coaching Psychology Review, 2007, 2(2): 143-153.

[10]　PROCTOR C, MALTBY J, LINLEY P A. Strengths use as a predictor of well-being and health-related quality of life [J]. Journal of Happiness Studies, 2011, 12(1): 153-169.

[11]　SELIGMAN M E, STEEN T A, PARK N, et al. Positive psychology progress: empirical validation of interventions [J]. American Psychologist, 2005, 60(5): 410.

[12]　万子薇，陈树林. 大学生心理优势对生活满意度的影响：自我效能感和应对方式的中介作用 [J]. 四川精神卫生，2021，34（3）：247-251.

[13]　BISWAS-DIENER R, KASHDAN T B, MINHAS G. A dynamic approach to psychological strength development and intervention [J]. The Journal of Positive Psychology, 2011, 6(2): 106-118.

[14]　SALEEBEY D. The Strengths Perspective in Social Work Practice: Extensions and Cautions [J]. Social Work, 1996, 41(3): 296-305.

[15]　戴艳，高翔，郑日昌. 焦点解决短期治疗（SFBT）的理论述评 [J]. 心理科学，2004，（6）：1442-1445.

[16]　RAPP C A, SALEEBEY D, SULLIVAN W P. The future of strengths-based social work [J]. Advances in Social Work: Special Issue on the Futures of Social Work, 2006, 6(1): 79-90.

[17]　PATTONI L. Strengths-based approaches for working with individuals [C]. Glasgow: Iriss, 2012.

[18]　SELIGMAN M E P, CSIKSZENTMIHALYI M. Positive Psychology: An Introduction [M] // Flow and the Foundations of Positive Psychology: The Collected Works of Mihaly Csikszentmihalyi. Dordrecht: Springer Netherlands, 2014: 279-298.

[19]　DUAN W, BU H, ZHAO J, et al. Examining the mediating roles of strengths knowledge and strengths use in a 1-year single-session character strength-based cognitive intervention [J]. Journal of Happiness Studies, 2019, 20(6): 1673-1688.

[20]　SCHUTTE N S, MALOUFF J M. The impact of signature character strengths interventions: A meta-analysis [J]. Journal of Happiness Studies, 2019, 20(4): 1179-1196.

[21]　GHIELEN S T S, VAN WOERKOM M, CHRISTINA MEYERS M. Promoting positive outcomes through strengths interventions: A literature review [J]. The Journal of Positive

Psychology, 2018, 13(6): 573–585.

[22] YIN L C, MAJID R. The goodness of character strengths in education [J]. International Journal of Academic Research in Business and Social Sciences, 2018, 8(6): 1237–1251.

[23] PROYER R T, GANDER F, WELLENZOHN S, et al. Positive psychology interventions in people aged 50–79 years: long–term effects of placebo–controlled online interventions on well–being and depression [J]. Aging & Mental Health, 2014, 18(8): 997–1005.

[24] BU H, DUAN W. Strength–Based Flourishing Intervention to Promote Resilience in Individuals With Physical Disabilities in Disadvantaged Communities: A Randomized Controlled Trial [J]. Research on Social Work Practice, 2021, 31(1): 53–64.

[25] MEYERS M C, VAN WOERKOM M. Effects of a strengths intervention on general and work–related well–being: The mediating role of positive affect [J]. Journal of Happiness Studies, 2017, 18(3): 671–689.

[26] 高正亮，童辉杰. 积极情绪的作用：拓展–建构理论 [J]. 中国健康心理学杂志，2010（02）：246–249.

[27] MEYERS M C, VAN WOERKOM M, DE REUVER R S, et al. Enhancing psychological capital and personal growth initiative: Working on strengths or deficiencies [J]. Journal of Counseling Psychology, 2015, 62(1): 50.

[28] MARTÍNEZ–MARTÍML, RUCHW. Character strengths predict resilience over and above positive affect, self–efficacy, optimism, social support, self–esteem, and life satisfaction [J]. The Journal of Positive Psychology, 2017, 12(2): 110–119.

[29] CABLE D, LEE J, GINO F, et al. How Best–Self Activation Influences Emotions, Physiology and Employment Relationships [J]. SSRN Electronic Journal, 2015.

[30] HARZER C, RUCH W. The relationships of character strengths with coping, work–related stress, and job satisfaction [J]. Frontiers in Psychology, 2015, 6(165): 1–12.

[31] LIM Y–J, KIM M–N. Relation of Character Strengths to Personal Teaching Efficacy in Korean Special Education Teachers [J]. International Journal of Special Education, 2014, 29(2): 53–58.

[32] PROYER R T, GANDER F, WELLENZOHN S, et al. Strengths–based positive psychology interventions: A randomized placebo–controlled online trial on long–term effects for a signature strengths–vs. a lesser strengths–intervention [J]. Frontiers in Psychology, 2015, 6: 456.

[33] SENF K, LIAU A K. The effects of positive interventions on happiness and depressive symptoms, with an examination of personality as a moderator [J]. Journal of Happiness

Studies, 2013, 14(2): 591–612.

[34] RUST T, DIESSNER R, READE L. Strengths only or strengths and relative weaknesses? A preliminary study [J]. The Journal of Psychology, 2009, 143(5): 465–476.

[35] DUAN W, HO S M, TANG X, et al. Character strength–based intervention to promote satisfaction with life in the Chinese university context [J]. Journal of Happiness Studies, 2014, 15(6): 1347–1361.

[36] LOUIS M C. Strengths interventions in higher education: The effect of identification versus development approaches on implicit self–theory [J]. The Journal of Positive Psychology, 2011, 6(3): 204–215.

[37] LAVY S. A Review of Character Strengths Interventions in Twenty–First–Century Schools: their Importance and How they can be Fostered [J]. Applied Research in Quality of Life, 2020, 15(2): 573–596.

[38] PULLA V. Strengths–based approach in social work: A distinct ethical advantage [J]. International Journal of Innovation, Creativity and Change, 2017, 3(2): 97–114.

[39] LOVETTE A, KUO C, HARRISON A. Strength–based interventions for HIV prevention and sexual risk reduction among girls and young women: A resilience–focused systematic review [J]. Global Public Health, 2019, 14(10): 1454–1478.

[40] TSE S, TSOI E W, HAMILTON B, et al. Uses of strength–based interventions for people with serious mental illness: A critical review [J]. International Journal of Social Psychiatry, 2016, 62(3): 281–291.

[41] DUAN W, LI J, MU W. Psychometric characteristics of strengths knowledge scale and strengths use scale among adolescents [J]. Journal of Psychoeducational Assessment, 2018, 36(7): 756–760.

[42] DIENER E, EMMONS R A, LARSEN R J, et al. The satisfaction with life scale [J]. Journal of Personality Assessment, 1985, 49(1): 71–75.

[43] 熊承清，许远理. 生活满意度量表中文版在民众中使用的信度和效度 [J]. 中国健康心理学杂志，2009，17（8）：948–949.

[44] NIEMIEC R M. The Strengths–Based Workbook for Stress Relief: A Character Strengths Approach to Finding Calm in the Chaos of Daily Life [M]. Oakland: New Harbinger Publications, 2019.

本章附录

优势训练团辅方案

单元	单元名称	单元目标	活动内容及时间	所需材料
一	引入优势	·团队初始 ·陈述优势训练团辅目的，订立契约 ·讨论对优势的认识 ·介绍优势训练	1. 热身活动：【滚雪球】 2. 团队契约 3. 主题活动：【我的优势】 4. 主题活动：【优势训练初探】 5. 主题活动：【优势觉察】 6. 家庭作业 7. 结束活动：【此刻心情播报】	每日优势觉察表
二	优势识别	·分享优势觉察的结果 ·学习优势识别的方法 ·了解美德和性格优势的标准及分类	1. 热身活动：【棒打鸳鸯】 2. 团队契约 3. 主题活动：【优势觉察分享】 4. 主题活动：【优势识别方法】 5. 主题活动：【24种性格优势】 6. 家庭作业 7. 结束活动：【最满意的+保密仪式】	VIA性格优势测试
三	优势与幸福生活	·了解幸福生活的PERMA理论 ·了解优势与幸福生活的关系 ·制定优势发挥计划，以体验幸福	1. 热身活动：【大风吹】 2. 团队契约 3. 主题活动：【VIA测试回顾】 4. 主题活动：【幸福生活PERMA理论】 5. 主题活动：【优势与幸福生活】 6. 家庭作业（2分钟） 7. 结束活动：【此刻心情播报+保密仪式】	优势活动计划表
四	优势与压力管理	·学习心理复原力的概念 ·了解优势与问题解决和压力应对的关系 ·学习压力应对的ROAD-MAP工具包	1. 热身活动：【萝卜蹲】 2. 团队契约 3. 主题活动：【优势活动体验】 4. 主题活动：【优势和问题解决】 5. 主题活动：【压力应对工具包】 6. 主题活动：【压力作战计划】 7. 家庭作业（2分钟） 8. 结束活动：【夸夸群】	ROAD-MAP工具包、压力作战计划
五	优势与生活改变	·了解优势与人际关系促进 ·了解优势与工作促进	1. 热身活动：【最陌生的人】 2. 团队契约 3. 主题活动：【压力作战计划回顾】 4. 主题活动：【优势和人际关系】 5. 主题活动：【生活改变计划】 6. 家庭作业 结束活动：【保密仪式】	人际促进工作表、生活改变计划
六	蓬勃人生	·总结回顾六周来的收获 ·讨论如何延续训练效果	1. 热身活动：【心有千千结】 2. 团队契约 3. 主题活动：【生活改变计划回顾】 4. 主题活动：【总结与回顾】 5. 结束活动：【真情告白+保密仪式】	白纸、别针

优势训练相关量表

优势识别和优势使用量表

（Strength Knowledge and Strength Use Scale）

	以下列出的是关于你个人优势的问题。所谓优势，即你最擅长的或能够做得最好的事情。请仔细阅读每一条，然后在每个问题上选择您的认同程度	非常不同意	不同意	有点不同意	不确定	有点同意	同意	非常同意
1	其他人能够看到我所具有的优势	1	2	3	4	5	6	7
2	我知道我做得最好的是什么	1	2	3	4	5	6	7
3	我能意识到自己的优势	1	2	3	4	5	6	7
4	我知道我所擅长的事情是什么	1	2	3	4	5	6	7
5	我非常了解自己的优势	1	2	3	4	5	6	7
6	我知道我能够做得最好的事情是什么	1	2	3	4	5	6	7
7	我知道什么时候自己处于最佳状态	1	2	3	4	5	6	7
8	我经常能够做我擅长的事情	1	2	3	4	5	6	7
9	我总是能发挥自己的优势	1	2	3	4	5	6	7
10	我总是能够使用我自己的优势	1	2	3	4	5	6	7
11	我通过运用自己的优势来获得自己想要的东西	1	2	3	4	5	6	7
12	我每天都使用自己的优势	1	2	3	4	5	6	7
13	我利用自己的优势以得到自己想要的生活	1	2	3	4	5	6	7
14	我的工作给了我很多机会去使用自己的优势	1	2	3	4	5	6	7
15	我的生活给我提供了很多不同的途径去发挥自己的优势	1	2	3	4	5	6	7
16	我能够顺其自然地发挥自己的优势	1	2	3	4	5	6	7
17	我发现自己在做事情时非常容易运用到自己的优势	1	2	3	4	5	6	7
18	我能够在很多不同的情境中使用自己的优势	1	2	3	4	5	6	7
19	我大部分时间都花在做我擅长做的事情上面	1	2	3	4	5	6	7
20	使用自己的优势是我非常非常熟悉的事情	1	2	3	4	5	6	7
21	我能够用许多不同的方法来使用自己的优势	1	2	3	4	5	6	7

计分方式：相关题目得分相加后的均分，即为优势知识与优势使用得分。得分越高，说明作答者的优势知识与优势使用水平越高。无反向计分题目。

优势知识 = 1-7
优势使用 = 8-21

生活满意度量表

	仔细阅读以下内容，并根据自身情况选择最符合自己的选项	非常不符合	不符合	有点不符合	不确定	有点符合	符合	非常符合
1	我的生活在大多数方面都接近于我的理想	1	2	3	4	5	6	7
2	我的生活条件很好	1	2	3	4	5	6	7
3	我对我的生活很满意	1	2	3	4	5	6	7
4	迄今为止，我已经得到了我生活中想得到的重要东西	1	2	3	4	5	6	7
5	如果我能再活一次，我几乎不会做出任何改变	1	2	3	4	5	6	7

计分方式：所有题目得分相加后的总分，即为生活满意度得分。得分越高，说明作答者的生活满意度水平越高。无反向计分题目。

优势训练辅助科普视频

我们为优势训练配备了6个辅助的科普视频，如需参考，可扫描二维码观看。

优势是什么

24 种优势

优势和幸福生活

用优势应对压力

开始生活改变计划

优势和人生意义

第八章

意义训练

作者：魏艳萍

引入

"这一切意味着什么？为了什么？生活不可能就是这样既无意义又可怕的。如果真是这样，那我为什么会死，还死得那么痛苦？这不对劲！"即将死去的伊凡·伊里奇脑海中出现了这样的想法。

"也许是我没能按照该有的样子去生活。"他突然有了这想法。"可所有事情我都处理得当，怎么会呢？"他回答自己，立刻将关于生死的解决之法从脑海里删除，因为这是无解的。"

——列夫·托尔斯泰，《伊凡·伊里奇之死》[1]

事实上，不仅仅是临死的伊凡·伊里奇，世界上的大多数人总会在生活中的某些时刻突然提问："人生的意义是什么呢？"

例如确诊了癌症晚期的王野。

每天王野都在抑郁中醒来，在绝望中睡去。"既然要让我这么早逝去，为什么还要让我出生呢？"王野的心中十分愤恨和无力。他很想让这一切都变成梦，等一觉醒来之后发现自己仍然是那个健康的小伙子；又很懊悔为何自己之前没有好好地生活，总是浪费时间在琐事上，以后再也没有更多的时间实现自己的梦想；还很绝望，死亡马上来临，这一段马上看到尽头的时间是如此难挨。

"人生的意义是什么呢"这个问题常常与癌症、灾难、意外、衰老等相联系，许多人都在陷入绝境之后才会开始思考生命的意义是什么。不过，除了绝境以外，人们也会在日常生活中思考生命的意义。例如刚入大学的小明。

"人生的意义是什么呢？"深夜，辗转反侧的小明脑海中突然冒出这样的问题。自从上大学之后，小明就出现了颓废的状态，每天浑浑噩噩地不知道在干什么。虽然无数次在深夜反省，立志明天开始重新认真地生活，但是第二天一醒来又陷入了习惯性的麻木之中，马马虎虎地应付一下课堂作业和考试，转身便沉迷于网络游戏中。每当看到一个个履历非凡的"大神"出现在校园公众号的宣传上时，小明便会出现一种无力感——自己是如此平凡甚至平庸的一个人，无论如何努力也无法异于常人，平凡地学习、平凡地工作、平凡地结婚生子，这样一眼望到头的生活有什么意义呢？

与王野类似，小明所思考的也是生活的意义，但是他们两人完全是在不同的处境中发出了同样的思考。王野的思考源自于死亡，而小明的思考源自不完美——所谓"人外有人"，在与他人进行社会比较的情况下，我们注定会发现自己的不完美——二者都是无法被改变和超越的事实。那么一个成就斐然的人便不会思考"人生的意义是什么"吗？并非如此。例如人到中年的江网。

江网今年四十多岁，拥有自己的上市公司，家庭和睦，身体健康。然而每天半夜醒来时，江网都感觉惆怅不已，有许多瞬间他会感觉自己这一生其实没有任何意义。"人生的意义是什么呢？"他不禁问自己。回想过去的半辈子，顺利地步入名校，听从父母的安排选择热门的专业，跟随身边的人一起创业……人生就这么一步步地向前滚动，转眼之间就已经四十多岁。虽然有所成就，但是想到历史长河中，这些成就不过过眼云烟，未来又有谁能够记住发发无名的自己呢？

引发江网思考的正是生命的无意义感。也许你会很疑惑，为什么是无意义感引发了对于意义的思考？这是因为我们所谓的"意义"其实并不是真正存在的事物——意义不是柴米油盐，也不是金钱法律交通守则，并没有什么事物能够被命名为"意义"——其实，生命本质上是无意义的。这么说或许会让你无法信服，我们所说的"意义"其实有很多定义。让我们之后再详细地了解吧。

总之，生活中有许多会引发人们思考"人生的意义是什么"的时候。不过，并非每个人都会被这个问题困扰，有的人就像伊凡·伊里奇一般，从脑海中删去了这个问题，然而总有一些人被这个问题抓住，必须一探究竟才可以。

本章将以意义为关键词，一同探究"人生的意义是什么"这个问题的答案，并且了解如何通过心理训练的方法提升我们的生活意义感。

一、什么是意义干预？

知道为什么而活的人，便能生存。——尼采

（一）概念来源

维克多·弗兰克尔是奥地利精神病学家、神经学家，此外他还有一个特殊的身份：大屠杀幸存者。在1946年，也就是在集中营被解救后的第二年，弗兰克尔用九天时间写成了著作《活出生命的意义》，同时具体阐述了他在心理治疗中使用的方法：意义治疗（logotherapy），或者说存在主义分析（existenzanalyse）[2]。这本书便是意义疗法的开端。

随后，意义干预便被越来越多的人关注，不断有人加入相关研究中。在积极心理学的促进下，思考如何促进积极特质和发扬心理优势也成为重要目标[3]，意义干预（Meaning Therapy）随之发展。意义干预从认知行为的治疗走向了积极心理训练，将个人意义作为中心内容并发展出各种治疗模型，提倡通过心理教育的途径赋予人们更多应对压力和困境的能力，并创造出值得的人生[4]。在意义与目标的研究中，研究者不仅尝试明确意义的定义，并且不断用科学方法探究与验证意义干预的效果[5, 6]。

（二）活出生命的意义

在《活出生命的意义》一书中，维克多·弗兰克尔回忆了他在奥斯威辛集中营的经历，不过他并没有大谈在集中营中那些常人无法想象的艰辛、苦难，而是更多地谈论活下去的力量、直面死亡的勇气，思考是什么让自己奇迹般地活了下来。例如弗兰克尔回忆起集中营中难得甚至是"荒诞"的一首小提琴曲，"突然间，一阵沉寂，一把小提琴向夜空奏出了绝望而悲伤的探戈舞曲……提琴在哭泣，我身体的一部分也在哭泣，因为那天正好是某人的24岁生日。那个人正躺在奥斯威辛集中营的另一个地方，也许近到仅几百米的距离，也许远至几千米之遥，却与我全然隔绝。那个人就是我的妻子。"[2]52 有时候，他也会谈到奇妙的幽默感，与曾经一起在建筑工地上干活的朋友每天互相给对方至少编一个好笑的故事，"在建筑工地（尤其在督察官巡视以后），工头经常喊'动起来！动起来！'以鼓动我们干得更快些。我就告诉我的朋友：'有一天，你回到手术室，正在做一个大的腹部手术。突然，助理跑了进来，喊着'动起来！动起来！'向大家通报主任医生驾到。'"[2]53 这些经历与人们对于奥斯威辛集中营的印象格格不入，但是它们确实存在着。是什么让身处"地狱"的人仍然能够迸发出生命的活力与生活的勇气呢？弗兰克尔认为是追寻生命的意义的态度导致的——忍受痛苦并且从中获得生命的意义的态度让他能够成功存活[2]92-93。

在从集中营生还之后，弗兰克尔写下了《活出生命的意义》这本书，并且介绍了他所发展出的意义疗法（logotherapy）。弗兰克尔认为人所需要的不是没有紧张的状态，而是能够为了追求某个自由选择的、有价值的目标而付出的努力和奋斗，因此人不需要不问代价地消除紧张，而需要某个能够完全潜在意义的召唤[2]127。同时，他也提出每个人都需要寻找自己的独特使命，而不应该追问抽象的生命意义[2]132——也就是说，关于意义这个问题是没有标准答案的，只能由每个人自己去探寻以及肯定。因此，弗兰克尔说："生命对每个人都提出了问题，他必须通过对自己生命的理解来回答生命的提问。对待生命，他只能担当起自己的责任。因此，意义疗法认为，负责任就是人类存在之本质"[2]133。

（三）**存在主义**

意义疗法基于存在主义的哲学观。这一派的观点认为人存在的意义是无法经由理性思考而得到答案的，因此强调个人、独立自主和主观经验。代表人物有尼采、克尔凯郭尔、海德格尔、萨特等。存在主义具有许多命题，在心理学的领域里，许多与心理困扰相关的话题被重点关注，例如死亡、自由、责任等话题[2]。

同样地，弗兰克尔也认为人类生存存在许多主要的、核心的议题：精神（spirituality）、自由（freedom）以及责任（responsibility）[7]。其中精神是人类的本质与核心，是人类能否承受以及超越压力状态、慢性疾病以及痛苦的过去的关键[4]。从这个角度而言，意义干预的目的在于唤醒人们对于精神、自由以及责任感的觉察，以治疗和促进个人成长[4]。以意义为中心的治疗（meaning-oriented therapy）能够赋权给来访者，挖掘持续的、自我超越性的意义从而帮助自我填补内在的空虚[2]154-163。

（四）**世俗意义与普遍意义**

当我们问"生命的意义是什么"时，我们在问什么呢？在本章的开篇王野、小明和江网都问出了"人活着有什么意义"的问题，然而他们实际上询问的"意义"或许并不是完全相同的。

什么是意义？在《汉语词典》中提出：意义一指人或事物所包含的思想和道理；二指内容；三指美名、声誉；四指作用；五指价值，事物存在的原因、作用及其价值。这五类解释综合了日常生活中人们提到意义时使用到的内容，可以看出当王野、小明等人在问"人活着有什么意义"时，他们其实想问的是第五条："活着有什么价值"——既然人总会死亡，那么现在活着有什么价值呢？既然无论如何也比不上其他人，那么现在活着有什么价值呢？既然无法被历史记住，那么活着还有什么价值呢？这些问题十分难以回答，因为从这个角度拷问生命的意义的话，它们确实很难有答案。

因此，正如弗兰克尔所提出的"生命对每个人都提出了问题，他必须通过对自己生命的理解来回答生命的提问"[2]133，本章并不打算（也不能）给大家一个标准答案，告诉大家即使人终有一死却仍然有的"意义"。不过，除了追寻这种超越生死、时空的价值以外，意义也有许多其他的内涵，例如虽然人会死亡，但是在存在的过程中我们总是在不断创造"内容"，会留下刻印在他人心中的"美名、声誉"，也会在这个过程中发挥一些"作用"，并逐渐发展出自己的个人"思想和道理"。读到这里，你或许会发现，前一类追求价值的意义和后一类意义是不太一样的，我们将两者分别定义为"普遍意义"和"世俗意义"。

普遍意义指一种超越一切情景局限的意义。这是一种带有绝对性质的意义，是人为了对抗内心对于终极虚无的怀疑而追求的意义，例如有某种信仰的人，他会有一些自己坚信不疑的价值观。而世俗意义则强调人无法寻找自然的意义，而只能自己创造意义，即通过设定和追求目标以提升自己的意义感。例如作为大学生，生命的意义可能是更好的成绩、更多的科研成果、更和谐的人际关系、更强的自我能力等；而对于江网这样的中年人，生命的意义或许是和睦的家庭、健康的身体、对社会做出贡献等。可以看到，相比于普遍意义，世俗意义是能够被创造、强化以及转换的，因为每个人在每个当下都会有一些要做的或者可以做的事情。

本章之后所介绍的意义训练，也将更多地关注如何将对普遍意义的追求放在一边，以增强我们的世俗意义感，以及如何培养更加灵活的意义态度。

（五）概念定义

意义本身具有多种定义[8]。比如，有人提出意义应该包含一致性、目标感和重要性[9]。其中一致性指一个人理解情况的能力，通常在一个人对情况的预期被经验验证时实现，例如个体认为暴饮暴食会危害身体，当他忍不住这么做并且发现果然如此时，他对于世界理解的一致性便得到了强化。目标感指个体树立一定的目标并尝试将注意力集中在实现目标的活动上时的感觉。重要性是一种重要或者有价值的感觉，在这种感觉中，个人觉得自己很重要并且有价值。

意义干预则是为了提升个体的意义感而进行的一系列干预方法。下面我们介绍维克多·弗兰克尔的意义疗法，以及由此发展起来的意义干预。

（六）维克多·弗兰克尔的意义疗法（logotherapy）/存在主义分析（existenzanalyse）

维克多·弗兰克尔结合自身的经验以及学识发展出了名为"意义疗法（logotherapy）"的心理治疗方法。它在19世纪40年代左右，被称为除了西格蒙德·弗洛伊德的精神分析和阿尔弗雷德·阿德勒的个体心理学以外的"维也纳第三心理治疗学派"[2]177。弗兰克尔认为"努力发现生命的意义正是人最主要的动力"[2]177，因此意义疗法的主要目标也是帮助来访者找到他生命的意义。从这个角度来看，意义疗法也是在进行分析，不过与弗洛伊德或者阿德勒的精神分析不同，它认为人们所重视的不仅仅是满足欲望和本能的需求，或者是调和本我、自我和超我之间欲望的冲突，抑或是适应社会和环境，而为人们所担忧的主要是能否实现某种意义[2]124。

意义疗法认为人的意义是无法被强加的，只能通过自己去创造和选择，因此个体需要认识自己的责任并决定为自己负责。弗兰克尔认为三类活动可以帮助我们发现以及获得生命的意义：一是通过创立某项工作或者从事某种事业，例如工作、学业等成就；二是通过体验某种事情或者面对某个人，例如恋爱、旅游；三是在忍受不可避免的苦难时采取某种态度，即所谓"那些杀不死我的东西，只会让我变得更强大"[2]136。

（七）意义干预（meaning therapy）/以意义为中心的咨询和干预（meaning-centered counseling and therapy）

意义干预，或者说以意义为中心的咨询和干预方法，并不是一个完全新兴的心理治疗流派，只是一种将重心放在意义上的概念框架。它既可以简单也可以复杂，既可以是理性的也可以是感性的，既可以是个体进行也可以是集体进行。简单来说，它的重点在于关注来访者的内在意义感，并尝试通过各种方法提升来访者的意义感[4]。

在形式上，意义干预并没有统一固定的干预模式。根据不同的意义干预模型（我们在下文会介绍），可以发展出许多种意义干预方法，既可以是个人练习也可以是集体练习，既可以是单次的团辅也可以是持续6～8周的团辅。

二、为什么意义干预能够预防压力？

（一）意义干预的循证证据

到目前为止关于意义干预的循证证据表明意义干预能够增强心理健康水平，以及缓解心理压力。一项元分析研究计算了意义干预的效果（总共6篇文章），结果表明意义干预能够很好地提升生活的积极意义感（$d=0.65$），并且在随访中仍然保持稳定的效果（$d=0.57$）。此外，意义干预能够提升自我效能感（$d=0.48$）和心理健康水平（$d=0.47$）。不过对于自我报告的主观幸福感则没有显著影响（只有一篇文章）[10]。也有研究扩大范围统计了以意义为中心的心理干预方法（Meaning-Centered Therapies, MCTs）的干预效果，也同样发现和对照组相比，干预后的被试显著提高了生活质量（$g=1.02$, SE $=0.06$）并减小了心理压力（$g=0.94$, SE $=0.07$, $p<0.01$）。有趣的是，干预后整体生活质量的变化（$g=1.37$, SE $=0.12$）要大于生活意义感本身（$g=1.18$, SE $=0.08$）[11]。

（二）意义干预与压力管理

研究者认为意义能够在压力对于身心健康的消极影响中起中介作用。例如Tongeren等人调查了1871名被试的健康水平与意义感的关系，并且通过血液样本探查了被试的免疫水平。结果表明越高的压力会导致更低的意义感，而更低的意义感将导致更多的健康问题，从而导致更糟糕的免疫水平[8]。也有研究调查了老年人群体，发现意义能够抵消创伤性生活事件的消极影响，从而减轻意义症状[12]。

从理论上说，如果认为意义包括一致性、目标感和重要性，那么一方面，压力会破坏人们用以预测未来的规则，打破人们对于一致性的感觉，比如一直自我感觉良好的学生由于压力导致成绩迅速下降，会使得他产生对于自己的能力的怀疑。另一方面，压力会阻碍人们完成目标的能力，甚至降低个人的工作绩效，从而削弱个人追求目标的动机[8]。此外，压力也会导致个人降低自信，并且影响他人对于自己的态度。因此，压力事件常常会降低个人的意义感。相反地，在有压力的情况下，意义感是一个人的工作效率甚至寿命的保护因子[13-15]。例如 Krause 的研究调查了 1361名老年人，发现拥有更强的意义感的人在随访过程中的死亡率更低，特别是目的感这个维度是死亡的保护因子（$OR = 0.860; p < 0.05$）[15]。

三、如何进行意义干预

（一）意义干预的几种模型

1. 以意义为中心的团体心理治疗（Meaning-Centered Group Psychotherapy, MCGP）

以意义为中心的团体心理治疗是一种针对癌症患者的短期的存在主义团体治疗方法。它的目标是帮助参与者找到意义感，并在和癌症抗争时提升精神健康[16, 17]。MCGP 利用心理教育、结构化的小组讨论和体验性的学习来进行干预。在活动中，重点探讨意义的概念和来源，了解癌症对人的意义感和身份的影响。例如，参与的小组成员需要描述生命中一到两件充满意义感的事情；也会反思由于癌症导致的自我的消极和积极的变化，诸如他们认为是好的或者有意义的死亡，以及亲人如何缅怀他们的情景等[16, 17]。

2. 意义干预（Meaning-Making intervention, MMi）

意义干预（Meaning-Making intervention, MMi）是一种简短的、个性化的、标准化的存在主义治疗方法，旨在帮助被确诊癌症之后的患者寻找生活的意义。它由 1 至 4 个干预过程组成，每个干预过程持续 30～90 分钟。在干预过程中，它主要关注：（1）反思确诊癌症的影响和意义；（2）探索与当前癌症经历相关的过去重大生活事件和成功的应对方法；（3）在考虑癌症对于自身生活限制的情况下，探究可以赋予生命意义的事件或者目标，并提高它们的优先级。[18]

3. 短期生活回顾

短期生活回顾是一种时长一周、总共 2 次的访谈方法[19]。在第一次的会谈中，参与者要通过回答几个问题来回顾他们的一生（比如：你的生活中什么是最重要的事情？为什么？你的记忆中印象最深刻的是什么？在你的人生中，哪件事情或者哪个人影响你最多？）参与者说的内容会被记录并被逐字转录。咨询师会制作一份光盘，将所有好的和不好的过程都录制在内，同时将回顾参与者的答案时想到的事情或者感受也一并记录在内。在第二次的会谈中，参与者和治疗师会一同观看光盘，并且用欣赏的态度重新确认内容[20]。

4.以意义为中心的心理咨询与治疗（MCCT）

以意义为中心的心理咨询与治疗（MCCT）是一种基于弗兰克尔的意义疗法并结合了认知行为疗法的技巧和结构的技术[4]。该技术克服了意义疗法缺乏清晰的理论基础和系列的治疗技术和工具的缺点，采用了意义疗法的基本原则，通过将其哲学见解转化为认知/行为过程并对其关键概念进行操作[4, 21]。

MCCT提出了两种主要的干预策略：PURE干预法和ABCDE干预法。其中PURE干预法假设意义包括四个主要的部分：目标（purpose）、理解（understanding）、负责任的行为（responsible action）和评估（evaluation）。该干预估计采用四个方法管理和规范我们的个人意义：（1）回顾其个人目标和方向（目的）；（2）了解其处境和自我（理解）；（3）采取适当的/价值一致的行动（负责任的行为）；（4）评估他们对整个情境或整体生活的满意或不满意（评估）。

而ABCDE干预法主要用来处理负面的生活事件。它鼓励来访者接受（accept）并面对现实，相信（believe）生活是值得生活的，致力于（commit）目标和行动，发现（discover）意义，并评估（evaluate）上述过程。

（二）意义干预的实用技术

虽然意义具有许多种定义，但是这些定义基本指示了两种促进生命意义感的途径：（1）形成对生命的整体性理解[22, 23]，即更深地理解我是谁、这个世界是什么样的以及我如何与世界互动[24]；（2）发展出贯穿终生的志向，即提升自己的目标感[25]。基于上述的理解，Steger提出了一个关于生命意义的整合模型，认为意义干预可以包括两个部分：促进理解以及提升目标。

根据Steger的模型，人们可以通过三类途径提升对于生命意义的感知：（1）当人们能够更好地理解自我和这个世界时，人们便能够发展出更多的意义感并且拥有更合适的目标；（2）当人们投入充满目标感的活动并且持续地觉察和根据实践结果修正个人目标时；（3）当人们的生活目标能够很好地融入对于意义的理解中时[26]。

在下文我们将从促进理解和提升目标两个方面具体地介绍一些意义干预的使用技术。读者可以单独地使用其中的某些技术进行课堂教学或者教育实践，也可以结合整体的干预方法进行使用，例如把某些技术纳入团体辅导当中。

1. 促进理解的技术

许多方式可以帮助个体形成对生命的整体性理解，例如理性地思考、问题解决或者做一些能够使生命更加有意义的决定。此外，也可以做更多的情感体验，例如进入心流的状态、个人表达或者感受自我实现。

2. 问题解决和做决定

如果说生命是一场游戏，那么生活中碰到的一个个问题便是游戏中的小怪兽，一次次地前进和消灭怪兽将带给玩家充分的快乐与满足。在日常生活中，我们也能够通过刻意的练习问题解决以及做出重大的决定来提升我们的意义感。例如采用第四章的问题解决技术来帮助自己克服一个又一个的难关，从而达到自我实现；或者进行有目的的回顾。下述的方法介绍了个体如何通过回顾过往的问题解决经历来提升自己的意义感：

（1）请你回顾在最近生活中 1～2 件重大的决定或者困难的时刻。

（2）深入探究当时情景下自己和环境的交互状态，你可以从下面的观点思考：a. 当时自己的价值观、世界观、身份角色等；b. 当时自己的能力，所拥有的环境或者人际资源；c. 当时的困境或者选择的处境等。

（3）思考当初的处境下，自己能够有哪些潜在的选择或者解决方案。

（4）分析这些选择的优势与劣势，并做出最想要做的选择。

在完成这些事情之后，可以根据刚才的思考进行相应的行动。[27]

此外，也可以尝试做一些小活动来帮助自己提升对问题解决的觉察，比如你可以结合第六章品味干预中提到的"品味日志"，在日志中增加一张"成就卡"，用来写今天遇到的问题以及自己是如何应对的。

示例：

7月13日

成就卡

今天洗澡的时候一直没有热水，只能够尴尬地穿回衣服，心里又烦躁又无助。后来还是耐下心给物业打了电话，他们很快上来解决了问题：原来是热水管接错了方向。原来打电话找人帮忙并没有想象的那么困难。

8月12日

成就卡

一直作息无法规律的我终于成功在晚上11点之前睡觉了！秘诀就是提早一个小时开始洗漱和准备睡觉。

3. 心流体验

心流（flow）的概念最初源自 Csikszentmihalyi 于20世纪60年代观察艺术家、棋手、攀岩者及作曲家等，他观察到当这些人在从事他们的工作时几乎都是全神贯注地投入工作，经常忘记时间以及对周围环境的感知，这些人参与他们的个别活动都是出于共同的乐趣，这些乐趣是来自活动的过程，而且外在的报酬是极小或不存在的，这种由全神贯注所产生的心流体验，Csikszentmihalyi 认为是一种最佳的体验。后来心理学家米哈里·齐克森米哈里（Mihaly Csikszentmihalyi）将心流定义为一种将个人精神力完全投注在某种活动上的感觉[28]34。

心流具有几个特征：第一是挑战与能力相当——既不会太难导致沮丧，也不会太简单导致无聊；第二是目标明确，具备明确的行动准则——这可以帮助我们保持注意力；第三是立即回馈，完成每一步骤后立刻能够判断自己是否有所改进[28]36。在满足这三点的情况下，人的注意力会开始凝聚，进入心无旁骛的状态，感觉不到时间的流逝，并且紧张地投入对于目标的实现或者具体的活动中，即产生心流的状态[29]。显然，心流并非等价于快乐，也并不等价于成就感，如果一定要类比，或许应该是一种充满意义感的自我实现状态。

在日常生活中，我们可以尝试主动让自己进入心流的状态。例如在制定计划时进行问题的分解，保证自己的目标与自己当下的能力或者知识水平是匹配的（可以参考第四章问题解决中制定行动计划的部分）；对于每一步行动，都尝试获得反馈；也可以努力发展出自得其乐的能力（正念便是很好的方法）。

4. 生命叙事

叙事可能帮助个体重新回顾和评估自己的过往生活，并将过往的经验整合到对于未来的期望与目标中[20]96。此外，通过叙事，人们也可以更好地认识"我是谁"，产生对于自我的身份认同[20]96。生命叙事有许多种方法，下面我们将介绍一些较可操作的方法：

（1）成长导向的叙事。成长导向的叙事，顾名思义便是按照时间顺序回顾自己的过往生活，并展望未来的生活状态，包括可能的成就以及人际关系的发展[30]。我们可以采用生命线来帮助自己或者他人更好地进行叙事（如图8-1），在线上面可以标注出两个对于自我而言属于转折点的时间点（比如自我成长与觉醒的时候，关键的时间点）。然后可以对于生命线上的内容进行提问，以及酝酿未来可能的成长。

图8-1　按照事件顺序在生命线上标注个人事件

（2）发展青少年的意义感。对于青少年和儿童，虽然他们的人生历程还不长，但是也可以通过叙事的方式帮助他们更好地认识自我以及发展[31]1666-1677。上述的成长导向的叙事对于儿童和青少年来说也仍然是适用的，不过可以采用更加生动、艺术性的形式，例如"生活戏剧"，用戏剧表演的方式重现早年生活经验——更重要的是，可以通过戏剧的形式扮演未来的自己，这可以帮助他们理解人生的多样性以及寻找属于自己的生活轨迹[32, 33]。

（3）基于社会关系的叙事。特殊的人际关系，如家庭、伴侣，彼此之间具有许多的交互以及影响。父母与孩子、伴侣在一起进行生命叙事，能够产生许多意料之外的感受与发现。例如父母与孩子一同回顾自己的生活经历，可以让孩子更多地认识一个人的成长并且从更多角度了解父母，而对于父母而言，也可以从新的角度认识孩子的成长并且互相了解。在叙事的过程中，可以参考上述的方法，也可以自由地根据关系情况发展出许多新的尝试，比如由对方叙述自己的故事，并在沟通和提问中不断丰富对于彼此的了解。

（4）基于具体主题的叙事。生活故事的叙述可以聚焦于具体的主题、需要和价值。特别地，有四类主题是在意义中经常被讨论的[5]：目标、效能、价值和正义、自我超越。在具体的操作中，可以要求参与者回顾与上述四类主题相关的需要，比如生活目标、最看重的价值、能够感觉到自我价值的生活方式等等，然后想象当这四个领域都达到理想状态时，自己的生活会是怎样的状态。接着，评估这四类领域中哪些是自己已经达到的，对于还没有达到的领域，分析一下遇到了什么困难或者应该如何做才能更好地达到目标。

（5）基于具体生活领域的叙事。关于生活的具体领域的叙事或许比关注宽泛的价值领域的叙事更加有效[20]99。个人的学习和工作领域或许是一个最能够激发人们的意义感的地方[34]。下列的问题可以帮助我们进行基于具体的工作领域的叙事：①你的学习和工作在哪些地方对你来说是有意义的？②什么让你的工作更加有意义？③你的工作可以通过哪些方式帮助到社会？④你的特殊技能、兴趣或者价值是什么？你如何发挥这些特点去做一些有意义的工作？（推荐阅读第八章优势干预）[35]。

（6）促进对于有意义事物的认识。许多方法可以帮助人们发现生活中对他们有意义的事物。比如邀请人们在日常生活中把感觉有意义的事物拍个照，评价它的重要性，并且写一小段话说明感觉有意义的原因或者感受（类似于品味干预）。

5. 提升目标的技术

明确目标以及追求目标是人生中很重要的一块内容，每一天我们几乎都在为了目标而努力，而缺乏目标则可能让我们陷入浑浑噩噩的状态，从而产生自我批评和否定。下面将介绍一些能够帮助个人更好地明确目标以及提升目标感的技术。

6. 目标训练

目标训练包括5个步骤，通过一步步地完成指导内容，个体可以形成一系列清晰明确的目标。

第一步：头脑风暴12个目标

列出在接下来6周（也可以更长时间）经常要做的事情，或者尝试要做的事情[36]。你可以采用自由写作的方式完成这项活动，比如想象一个拥有所有你所向往的事物和品质的人会如何度过未来这六周、他会有怎样的品质帮助自己完成目标、他会如何更好地完成要做的事情。

第二步：了解与自我相协调的目标

列出四个最具有说服力的理由告诉自己为什么要完成目标，然后思考自己的现状、特质、价值观等。

第三步：评估自己的目标

采用简单的表格评估刚刚头脑风暴列下的12个目标与自我的特质协调的部分、冲突的部分。你可以思考列出的这些目标是否有充分的动机要去完成、是否与自我的现状相匹配（比如接下来的6周你是否有足够的现实基础去实践），等等。你可以参考下列的表格完成评估。

目标与自我协调程度分析

目标	计划完成时间	帮助我完成目标的动机、能力、资源等因素	阻碍我完成目标的动机、环境、能力等因素	目标与当前的我的协调程度

第四步：确定最终的6个目标

通过刚才的评估，最终确定6个能够在具体时间（例如三个月、一个学期、半年等）内完成的目标。并对每一个目标提供清楚的描述（可以参考第四章介绍的SMART原则）。然后从6个中找到两个最能够与人生目标契合的阶段性目标。

第五步：做出进展（制定、监督、修改和整合）

接下来需要就每一个目标做出具体的行动计划。可以把6个目标分解成许多更小的子目标，找到与完成目标相关的支持、资源或者技巧，并评估可能的外部和内部阻碍（比如低自我效能感）。然后去行动，根据结果评估自己的精力和能力，调整相关的目标和策略。如此不断反复地行动。此外，也建议你能够经常停下来思考当下的目标与更有意义的人生之间的联系——你可以用叙事的方式说一说自己的人生意义观和这些目标之间的关系，这可以帮助你更好地整合目标、自我与外界。

（三）意义干预的团辅技术

根据之前介绍的意义干预的具体技术，我们可以开发出许多适用于团体辅导的活动，以大范围地在课堂、组织或者团体中使用。下面我们将介绍一些意义干预团辅技术，读者也可以自己开发相关的活动。

1.对你而言，人生的意义是 _____

目的：促进对意义的认识。

时间：根据参与人数确定。

准备：呈现词组的ppt、卡片或者展板；纸笔。

操作：指导者给每位成员发一份纸笔，给成员们呈现出写有词组的展板（见图8-2）。请每位成员选择最贴合自己的思考的人生意义描述的词汇，如果没有合适的，也可以额外写下自己的其他想法。所有成员书写完毕之后，轮流进行分享以及回应。

2.提问：人生有何意义

目的：探讨普遍意义，面对普遍意义背后可能的虚无感。

时间：根据参与人数确定。

准备：纸笔。

操作：在团体中请每位成员访谈另外3位成员（可以随机也可以提前匹配），并做简单的访谈摘要。访谈可以询问的几个问题（也可以创新地问其他问题）：

（1）你可以尝试用几句话来概括人类存在的意义吗？（或：你来给生命的意义/人生的意义下个定义吧？）

（2）那么咱们看得更高一点，你觉得生命（人、其他动物、植物等等）的存在有什么意义呢？

（3）对你来说，生命像什么？

（4）你为什么不自杀？

（5）如果有长生不老的机会，你愿意吗？为什么？

……

结束之后，团体讨论：如何看待不同的人对于人生或生命有不同的看法？你觉得有高于这些不同看法的一个最根本的看法吗？尝试归纳所有人的看法。

3.世俗意义"红黑榜"

目的：拓展世俗意义的范围，更深入地认识生活中的意义领域。

时间：20～40分钟，根据具体人数确定。

准备：印有"红黑榜"的纸，笔。

操作：指导者给每个人分发准备好的纸笔。请每个成员进行一次头脑风暴，分别列出"活着真好"的十件事情和"人生虚度"的十件事情。头脑风暴后，小组成

图8-2　人生意义

员相互讨论，评选出小组公认的世俗意义"红黑榜"（图8-3），其中包括人生中最值得珍视的十件事和最"虚度人生"的十件事。

4.制作人生海报

目的：拓展世俗意义，整合世俗意义。

时间：10～20分钟。

准备：大张的海报，彩笔。

操作：指导者给每个人分发纸笔。请每个成员想象自己是"投胎入境处"的工作人员，现在要面向即将进入人世的人们制作一份宣传海报。要求：小组合作完成，内容丰富、形式多样，最好能够展现人间的美好、值得追求的东西，或者用图像的方式表现对人生、生命的认识。

活着真好	人生虚度
1.	1.
2.	2.
3.	3.
4.	4.
5.	5.
6.	6.
7.	7.
8.	8.
9.	9.
10.	10.

图8-3　世俗意义"红黑榜"

5.品味小诗

目的：学会感受世俗意义。

时间：10～20分钟。

准备：可以即时投影的工具，或者即时打印的设备（如果没有也可以进行活动）。

操作：请每个成员从手机相册中选取一张自己觉得具有回忆价值的照片。将照片投影到屏幕上或者打印下来，朗诵小诗并描述当时做了什么，感受怎样，现在看到这张照片的感受如何。

6.生命线

目的：更深入地认识自我的身份与目标。

时间：25～50分钟。

准备：印有"生命线"的卡片，笔。

操作：指导者给每个成员分发纸笔。请每个成员按照卡片的提示估计自己的最终寿命，并在生命线上标下当前的时间点，在当下的时间点之前标注出三件对自己影响最大或者印象最深刻的事情，在当下的时间点之后标注出三件未来想要完成的事情（图8-4）。结束后，进行分享和讨论。

出生：0岁   预测死亡年龄：____岁

填上你预测的自己的死亡年龄，并写出预测死亡年龄的依据：

本人的健康状况：

家族的健康基因与寿命状况：

生活地域的平均寿命：杭州地区居民平均期望寿命（2019）为8295岁。

在上面代表你的生命线上，找出今天你的位置。写上今天你的年龄。写上今天的日期。

思考过去的"我"与未来的"我"：列出过去影响你最大或最令你难忘的三件事；列出今后你最想做的三件事或最想实现的三个目标。并在上面的轴中标出大致发生的时间点。

过去影响最大/最难忘的三件事   未来最想做/最想实现的三件事

1.   1.

2.   2.

3.   3.

图8-4 生命线

7. 我的生命宣言

目的：从自我出发构建属于自我的意义。

时间：5 ～ 10分钟。

准备：卡片，笔。

操作：指导者分发纸笔。请每个成员在小卡片上写下自己的"生命宣言"，阐明自己对于生命的看法和要求。之后进行简单的分享。

8. 我的人生价值

目的：明确个人的人生价值，增强意义感。

时间：15 ～ 30分钟，根据具体人数确定。

准备：印有"价值树"的纸，笔。

操作：指导者给每个成员分发纸笔。请每个成员在价值树的每个领域上写下有意义的成分是哪些，并思考如果在接下来的3个月要选择3项内容继续努力，会选择哪3项（图8-5）。结束后，进行团体的讨论和分享。

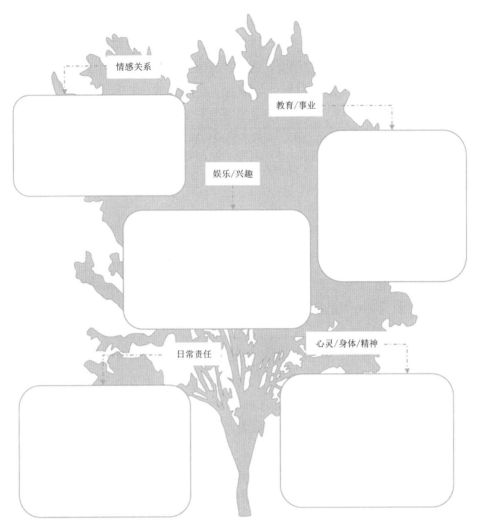

图 8-5 我的人生价值

9. 人生的 12 个目标

目的：明确个人的人生目标，增强意义感。

时间：30 ～ 60 分钟，根据具体人数确定。

准备：纸笔。

操作：指导者给每个成员分发纸笔。介绍头脑风暴的原则：数量原则、种类原则、不评判原则。接着用头脑风暴的模式自由地写下人生的 12 个目标，也可以超过 12 个。结束后分享所列的目标。

10. 未来一小步

目的：明确个人短期未来的目标，增强目标感。

时间：30 ～ 60 分钟，根据具体人数确定。

准备：印有表格的纸，笔，已经列好的人生的12个目标。

操作：指导者再次给每个成员分发纸、笔。请大家在表格中分析每一个目标实现的可能性、与自我相互协调的程度。在评估结束后，选择出6个合理的目标，最后选择出2个当下马上开始行动的目标。结束后，与团体成员进行分享。

目标与自我协调程度分析

目标	计划完成时间	帮助我完成目标的动机、能力、资源等因素	阻碍我完成目标的动机、环境、能力等因素	目标与当前的我的协调程度

读者在使用上述的活动方案时可以单独使用，也可以自由组合。除此之外，还有许多与意义干预相关的活动可以被创造出来。在本章的附录，提供了一场单次的团体辅导方案以及为期6周的完整团体辅导方案。方案面向的是被无意义感困扰、缺乏足够的意义或者想要更深入地认识意义的人群。总共6次活动，按照认识意义、构建意义和创造意义的顺序，从世俗意义和普遍意义的理解入手，一起探索每个人自我的意义，最后通过具体的目标设定和行动创造意义。该方案尚未有已经发表的循证证据支持干预的有效性，但是目前在大学生和研究生群体中适用性很好。读者可以根据自己的需要选择使用整体的方案或者部分的方案内容。

（四）意义干预的效果评估

目前关于意义干预的效果评估大多数研究者仍然使用的是目标（例如人生目标测试（the Purpose in Life Test, PIL [6]）或者应对方式类型（例如心理凝聚感问卷（the Sense of Coherence Scle, SCS [37]）的问卷等，很少有研究直接测量意义感。因此，本节将介绍两个较为接近意义感的测量量表：生活意义问卷（Meaning in Life Questionnaire, MLQ）和Ryff的心理幸福感量表之人生目标分量表（Ryff's Purpose in Life subscale）。

1. 人生意义问卷（meaning in life questionnaire, MLQ）

人生意义问卷（MLQ）由Steger等人[13]开发。量表为7点量表，总共10个条目，分为体验和探索两个分量表。与其他量表相比，该量表的条目都保持中性而不是基于某些特定的价值观。该量表的中文版（C-MLQ）由王孟成和戴晓阳修订，体验和探索分量表在中国大学生群众中的内部一致性α系数分别为 0.85、0.82，间隔2周的重测相关系数分别为 0.74 和 0.76。

7点量表：1=非常不符合，7=非常符合

1. 我明白我生命的意义。

2. 我在寻找让我的生活有意义的事物。

3.我总是在寻找我的人生目标。

4. 我的生活有明确的目标。

5. 我很清楚是什么让我的生活有意义。

6. 我发现了一个令人满意的人生目标。

7. 我总是在寻找让我的生活有意义的东西。

8. 我正在为我的生活寻找一个目标或使命。

9. 我的生活没有明确的目标。

10. 我在寻找生命的意义。

MLQ分为现状与探索两个分量表：

现状 =1,4,5,6，& 9–反向计分

探索 =2,3,7,8，& 10

2. Ryff 心理幸福感量表之生活目的分量表（sense of purpose in life）

Ryff等人[38]从心理幸福感（well-being）的角度编制了心理幸福感量表。该量表具有六个维度：自主（autonomy）、环境驾驭（environmental mastery）、个人成长（oersonal growth）、积极的人际关系（positive relations with others）、生活目的（purpose in life）和自我接受（self-acceptance）。其中生活目的分量表也常用在意义干预的测量中。该分量表得分高者具有生活目标和方向感，能够感受到当前以及过往生活的意义，并且对人生持有信念。得分低者不能理解生活的意义，做事缺乏目标和方向感。该分量表的中文版由邢占军和黄立清修订，内在一致性系数 $\alpha = 0.82$，但是构想效度不理想[39]。

6点量表，1=很不同意，6=非常同意

1. 有生活目标和方向感

2. 觉得现在和过去的生活都有意义

3. 拥有赋予生活目的的信念

4. 生活有目标

5. 缺乏生活的意义

6. 没有什么目标

7. 缺乏方向感

8. 看不出过去生活的目的

9. 没有赋予生命意义的想法或信念

本章小结

"人生的意义是什么"是一个人们常常在不经意间会思考的话题。有的人会随之删去该想法，有的人会不时地回忆起它，也有的人会陷入对于无意义的反刍中。因此，本书将其放在预防部分的最后一章，为尚未思考该问题的人提供一些提示，也为正在思考该问题的人提供一些方向。

意义干预是以提升生活意义为目的的干预方法。它最初源自维克多·弗兰克尔

的意义疗法（后来改名为存在主义分析），是弗兰克尔在反思奥斯威辛集中营的经历后所发展出的干预方法。后来许多人根据弗兰克尔的意义疗法进一步发展出了以意义为中心的干预方法。在研究中，意义常常被定义为一致性、目标感和重要性。

过往的研究表明意义感是压力到身心健康的中介变量。压力本身能够削弱个人的意义感，进而降低个人的生活质量、整体健康水平以及免疫水平；相反地，拥有更强的意义感能够帮助个体减少压力带来的消极影响，甚至与更长的寿命具有高度相关。

本章还介绍了许多常用的意义干预方法，以及在团辅中可以使用的干预活动以及方案。正如前文所说的，意义是没有标准答案的，意义干预是一个既可以简单也可以复杂的心理训练方法，过度地追求干预方法的"正确性"或许会降低活动的适用性与效果，因此希望读者能够从个人的目标出发，灵活地选择合适的干预方法来开展活动。

思考题

1. 如何区分世俗意义和普遍意义？

2. 结合自身经历思考一下，哪些情景下你的压力水平会随着意义感而发生变化呢？

3. 你有哪些世俗意义？如果没有，头脑风暴你的 12 个世俗意义。

4. 你赞同维克多·弗兰克尔提出的三种获得意义的途径吗？你现在做的哪些事情符合这三条途径？

5. 想象一下，当你沮丧的朋友问你："人生的意义是什么呢？"你会怎么回答他/她呢？

参考文献

[1] 列夫·托尔斯泰. 伊凡·伊里奇之死 [M]. 杭州：浙江出版集团数字传媒有限公司，2018.

[2] 维克多·弗兰克尔. 活出生命的意义 [M]. 北京：华夏出版社，2010.

[3] RYAN R M, DECI E L. On happiness and human potentials: A review of research on hedonic and eudaimonic well-being [J]. Annual Review of Psychology, 2001, 52(1): 141–166.

[4] WONG P T P. Meaning therapy: An integrative and positive existential psychotherapy [J]. Journal of Contemporary Psychotherapy, 2010, 40(2): 85–93.

[5]　BAUMEISTER R F. Meanings of life [M]. New York: Guilford Press, 1991.

[6]　CRUMBAUGH J C, MAHOLICK L T. An experimental study in existentialism: The psychometric approach to Frankl's concept of noogenic neurosis [J]. Journal of Clinical Psychology, 1964, 20(2): 200−207.

[7]　FRANKL V E. The doctor and the soul [M]. New York: Random House, 1986.

[8]　TONGEREN D R V, HILL P C, KRAUSE N, et al. The Mediating Role of Meaning in the Association between Stress and Health [J]. Annals of Behavioral Medicine, 2017, 51(5): 775−781.

[9]　HEINTZELMAN S J, KING L A. Life is pretty meaningful [J]. American Psychologist, 2014, 69(6): 561−574.

[10]　VOS J, CRAIG M, COOPER M. Existential therapies: A meta−analysis of their effects on psychological outcomes [J]. Journal of Consulting and Clinical Psychology, 2015, 83(1): 115−128.

[11]　VOS J, VITALI D. The effects of psychological meaning−centered therapies on quality of life and psychological stress: A meta−analysis [J]. Palliative & Supportive Care, 2018, 16(5): 608−632.

[12]　KRAUSE N. Evaluating the Stress−Buffering Function of Meaning in Life Among Older People [J]. Journal of Aging and Health, 2007, 19: 792−812.

[13]　STEGER M F, FRAZIER P, KALER M. The Meaning in Life Questionnaire : Assessing the Presence of and Search for Meaning in Life [J]. Journal of Counseling Psychology, 2006, 53(1): 80−93.

[14]　BOWER J E, KEMENY M E, TAYLOR S E, et al. Finding positive meaning and its association with natural killer cell cytotoxicity among participants in a bereavement−related disclosure intervention [J]. Annals of Behavioral Medicine, 2003, 25(2): 146−155.

[15]　KRAUSE N. Meaning in life and mortality [J]. Journals of Gerontology Series B: Psychological Sciences and Social Sciences, 2009, 64(4): 517−527.

[16]　BREITBART W, GIBSON C, POPPITO S R, et al. Psychotherapeutic interventions at the end of life: a focus on meaning and spirituality [J]. The Canadian Journal of Psychiatry, 2004, 49(6): 366−372.

[17]　GREENSTEIN M, BREITBART W. Cancer and the experience of meaning: A group psychotherapy program for people with cancer [J]. American Journal of Psychotherapy, 2000, 54(4): 486−500.

[18]　LEE V. A meaning−making intervention for cancer patients - Procedure manual [M]. Unpublished manuscript McGill University, Montreal, Canada, 2004.

[19] ANDO M, MORITA T, OKAMOTO T, et al. One-week Short-Term Life Review interview can improve spiritual well-being of terminally ill cancer patients [J]. Psycho-Oncology: Journal of the Psychological, Social and Behavioral Dimensions of Cancer, 2008, 17(9): 885-890.

[20] PARKS A C, SCHUELLER S M, ACACIA C. The Wiley-Blackwell Handbook of Positive Psychological Interventions [M]. The Wiley-Blackwell Handbook of Positive Psychological Interventions, 2014.

[21] WONG P T. From logotherapy to meaning-centered counseling and therapy [M] // The Human Quest for Meaning: Theories, Research, and Applications. London: Routledge, 2013: 665-694.

[22] BATTISTA J, ALMOND R. The development of meaning in life [J]. Psychiatry, 1973, 36(4): 409-427.

[23] REKER G T, WONG P T. Aging as an individual process: Toward a theory of personal meaning [M] // BirrenJE, BengtsonVL. Emergent theories of aging. New York: Springer, 1988.

[24] HEINE S J, PROULX T, VOHS K D. The meaning maintenance model: On the coherence of social motivations [J]. Personality and Social Psychology Review, 2006, 10(2): 88-110.

[25] RYFF C D, SINGER B. The contours of positive human health [J]. Psychological Inquiry, 1998, 9(1): 1-28.

[26] MCKNIGHT P E, KASHDAN T B. Purpose in life as a system that creates and sustains health and well-being: An integrative, testable theory [J]. Review of General Psychology, 2009, 13(3): 242-251.

[27] SCHWARTZ S J, KURTINES W M, MONTGOMERY M J. A comparison of two approaches for facilitating identity exploration processes in emerging adults: An exploratory study [J]. Journal of Adolescent Research, 2005, 20(3): 309-345.

[28] 米哈里·契克森米哈赖. 生命的心流 [M]. 北京：中信出版社，2009.

[29] WATERMAN A S, SCHWARTZ S J, GOLDBACHER E, et al. Predicting the subjective experience of intrinsic motivation: The roles of self-determination, the balance of challenges and skills, and self-realization values [J]. Personality and Social Psychology Bulletin, 2003, 29(11): 1447-1458.

[30] BAUER J J, MCADAMS D P, PALS J L. Narrative identity and eudaimonic well-being [J]. Journal of Happiness Studies, 2008, 9(1): 81-104.

[31] STEGER M, BUNDICK M, YEAGER D. Understanding and promoting meaning in life during adolescence [J]. Encyclopedia of Adolescence, 2012: 1666-1677.

[32] HABERMAS T, BLUCK S. Getting a life: the emergence of the life story in adolescence [J]. Psychological Bulletin, 2000, 126(5): 748–769.

[33] MCADAMS D P. The stories we live by: Personal myths and the making of the self [M]. New York: Guilford Press, 1993.

[34] DIK B J, DUFFY R D. Calling and vocation at work: Definitions and prospects for research and practice [J]. The Counseling Psychologist, 2009, 37(3): 424–450.

[35] DIK B J, STEGER M F, GIBSON A, et al. Make your work matter: Development and pilot evaluation of a purpose–centered career education intervention [J]. New Directions for Youth Development, 2011(132): 59–73.

[36] EMMONS R A. Personal strivings: An approach to personality and subjective well–being [J]. Journal of Personality and Social Psychology, 1986, 51(5): 1058.

[37] ANTONOVSKY A. Unraveling the mystery of health: How people manage stress and stay well [M]. New York: Jossey–Bass, 1987.

[38] RYFF C D. Psychological well–being in adult life [J]. Current Directions in Psychological Science, 1995, 4(4): 99–104.

[39] 邢占军，黄立清. Ryff 心理幸福感量表在我国城市居民中的试用研究 [J]. 临床心理学杂志，2004，12（3）：223，31–33.

本章附录

六周意义干预团辅方案

单元	名称	单元目标	活动内容及时间
一	初始人生意义	1. 初识人生的意义 2. 认识"意义"的意义 3. 世俗意义和普遍意义的区别	1. 热身活动：滚雪球 2. 主题活动：团队建设 3. 主题活动：参与干预的原因 4. 结束活动："我眼中的"人生意义"
二	认识普遍意义	1. 引发对于人生普遍意义的思考； 2. 认识到普遍意义的无法追求； 3. 从关注结果到关注过程	1. 热身活动：萝卜蹲 2. 主题活动：主题观影《太阳系的奇迹（第四集–生死之间）》 3. 主题活动：人生访谈 4. 主题活动：意义构建 5. 结束活动：我的生命宣言
三	认识世俗意义	1. 完成由普遍意义到世俗意义的转变； 2. 拓展世俗意义的范围。	1. 热身活动：解开千千结 2. 主题活动：漫画欣赏《人生的意义与甜甜圈》 3. 主题活动：世俗意义分享 4. 结束活动：人生海报

续 表

单元	名称	单元目标	活动内容及时间
四	品味与正念	1. 养成"此时此刻"的态度 2. 关注过程：正念 3. 享受世俗意义：品味	1. 热身活动：最陌生的人（10分钟） 2. 主题活动：主题观影《人生第一次（第3集）》（25分钟） 3. 主题活动：正念练习（15分钟） 4. 结束活动：品味小诗（10分钟）
五	认识生命的独特性	1. 回顾人生重要选择 2. 认识生命的独特性 3. 提升自我意义感	1. 热身活动：抢劫大拇指（10分钟） 2. 主题活动：生命线（25分钟） 3. 主题活动：人参与地瓜（20分钟） 4. 结束活动：重新认识自己（5分钟）
六	展望目标与未来	1. 了解并发现个人意义 2. 制定计划并引入行动 3. 展望未来	1.热身活动：手动操（10分钟） 2. 我的人生意义（15分钟） 3. 人生的12个目标＆描述自己的未来状态（30分钟） 4. 一件小事（5分钟）

第一次团辅 初始人生意义

单元	名称	单元目标	活动内容及时间
一	初始人生意义	1. 初识人生的意义 2.认识"意义"的意义 3. 世俗意义和普遍意义的区别	1. 热身活动：滚雪球 2. 主题活动：团队建设 3. 主题活动：参与干预的原因 4. 结束活动：我眼中的"人生意义"

活动1	滚雪球（10分钟）	
	单元目标	具体目标
方案目标	1. 初步相识 2. 练习沟通、合作 3. 建立信任、营造安全的小组	1. 营造轻松的气氛 2. 减少焦虑 3. 协助成员互相认识
具体操作	1. 团体领导者随机找位子坐下，按照团体小组围成圆圈 2. 从团体领导者右手边的人开始，每人用一句话介绍自己"我是来自××（专业）的××（特点）的××（名字）"，在说名字的时候伴随着手势 3. 逆时针旋转，第一个人说完以后，第二个人必须从第一个人开始介绍"我是坐在来自××（专业）的××（特点）的××（名字）的来自××（省份）的××（特点）的××（名字）"。可以采用手势进行提示 4. 第三个人到最后一个人都必须从第一个人开始讲起，这样使全组集中注意力，相互协助，建立团体凝聚力和氛围 总结：我们来自不同的专业，具有不同的背景，拥有独属于我们自己的名字，能够相聚于此的概率十分地小，但是它已经发生了	

活动2	团队建设（10分钟）	
方案目标	**单元目标**	**具体目标**
	1. 陈述意义干预团辅的目的 2. 建立安全的团体氛围 3. 订立团队契约、建立信任	1. 陈述意义干预团辅目的 2. 介绍团辅结构 3. 签订团体契约
具体操作	1. 意义干预团辅的目的：每个人对于生命的意义都有自己的理解，团辅提供一个平台，陪伴大家一起了解意义、创造意义和感受意义，通过成员间的交流和思想碰撞，一同探寻最适合自己的意义概念和人生目标 2. 团辅方案：我们将一起完成8次团辅，每周一次，每次大约持续1个小时。整个团辅持续8周时间。另外每次团辅结束，都需要大家完成相应的家庭作业，一起更好地探索意义 3. 因为我们会在团体中分享一些故事，或者是分享自己的私密看法，所以我们有一些团体契约是需要大家去共同遵守的：信任、真诚、保密、尊重、包容。（询问大家是否还有补充）→邀请大家站起来一起大声说一遍我们的团体契约	

活动3	主题活动：当你看到"意义干预"的时候，你想到了什么？（25分钟）	
方案目标	**单元目标**	**具体目标**
	1. 阐述参与团辅的期待 2. 通过分享对于意义的看法，互相产生联结	1. 共同讨论对于意义的看法，以及参加团辅的期待 2. 分享思考意义的困扰，如果有的话
具体操作	1. 分享：为什么参与意义干预团辅；当你看到"意义干预"的时候，你想到了什么？ 2. 总结：意义是一个宏大的问题，我们在一生中的某些时刻总会想起它。有的人会深陷其中，有的人则一闪而过。那些直视"意义"这个话题的人会不断陷入思考和烦恼中，但是也在不断认识意义的真谛；那些忽视或者没有意识到"意义"这个话题的人，往往是处在充满意义感的状态，因此"无意义感"从未成为烦扰自身的一个问题。既然你耐心阅读了本章，想必是对意义存在一定思考或者疑惑的 3. 总结（澄清期望）：意义干预团辅并不能够给予你们关于意义的答案，但是它是一趟旅程，能够帮助你们更深入地认识和发现意义	

活动4	主题活动：对你而言，人生的意义是——？（15分钟）	
方案目标	**单元目标**	**具体目标**
	引入意义的概念，认识到普遍意义和世俗意义的区别	1. 分享各自对于意义的定义 2. 了解普遍意义和世俗意义的区别
具体操作	1. 选词：对你而言，人生是—— 　　从以下的词汇中选择你觉得对于自己而言，最贴切的人生意义的描述：一场游戏，一个故事，一场悲剧，一场喜剧，一种使命，艺术，一次冒险，疾病，欲望，涅槃，利他主义，荣誉，学习，受苦，一次投资，各种关系，空虚……如果没有合适的，你也可以写下自己的其他观点 2. 分享自己选择的词汇并解释 3. 总结：人生的意义没有标准答案，事实上我们总能从人际关系、成就、体验等方面寻找到一定的意义，但是仍然有很多人会陷入沉思：这些又有什么意义呢？此时，其实已经不是在探寻意义了，而是在探寻意义的意义	

第二次团辅 认识普遍意义

单元	名称	单元目标	活动内容及时间
二	认识普遍意义	1. 引发对于人生普遍意义的思考 2. 认识到普遍意义的无法追求 3. 从关注结果到关注过程	1. 热身活动：萝卜蹲 2. 主题活动：主题观影《太阳系的奇迹（第四集-生死之间）》 3. 主题活动：人生访谈 4. 主题活动：意义构建 5. 结束活动：我的生命宣言

活动1	萝卜蹲（10分钟）	
	单元目标	具体目标
方案目标	热身活动，营造安全信任的氛围	1. 营造轻松的气氛 2. 加强成员之间的熟悉度
具体操作	1. 每人选择一个扭蛋 2. 团体所有成员围成一个圈，团体领导者站在中央 3. 先使用名字蹲，"XX 蹲，XX 蹲，XX 蹲完 AA 蹲" 4. 增加趣味性，使用扭蛋物蹲	

活动2	主题观影——《太阳系的奇迹（第四集-生死之间）》（15分钟）	
	单元目标	具体目标
方案目标	引发对于普遍意义的思考	1. 从更广阔的视野观察生命和生活 2. 引发对于普遍意义的思考 3. 触发"人生在世，到底有什么意义"的问题
具体操作	这部影片给了我们一个从更广阔的视角去看待生命的机会，同时也引发了我们从更高的层次去检视我们的生活 1. 团队讨论：看完这段影片，你的感受是什么？在思考什么问题？ 2. 团队讨论：人存在着有什么意义？我们区别于其他动物的地方在什么方面？	

活动3	探讨普遍意义以及其导致的虚无感（30分钟）	
	单元目标	具体目标
方案目标	1. 探讨普遍意义 2. 面对普遍意义背后可能的虚无	1. 认识普遍意义 2. 面对普遍意义背后可能的虚无 3. 虚无的"具体化"

续 表

活动3	探讨普遍意义以及其导致的虚无感（30分钟）
具体操作	围绕"人生有何意义"这一主题进行一次访谈 要求：访谈至少3个人，并作简单的访谈摘要 访谈可以询问的几个问题（也可以创新地问其他问题）： 1. 你可以尝试用几句话来概括人类存在的意义吗？（或：你来给生命的意义/人生的意义下个定义吧？） 2. 那么咱们看得更高一点，你觉得生命（人、其他动物、植物等等）的存在有什么意义呢？ 3. 对你来说，生命像什么？ 4. 你为什么不自杀？ 5. 如果有长生不老的机会，你愿意吗？为什么？ …… 团队讨论：如何看待不同的人对于人生或生命有不同的看法？你觉得有高于这些不同看法的一个最根本的看法吗？尝试归纳所有人的看法

活动4	我的生命宣言（5分钟）	
方案目标	**单元目标**	**具体目标**
	构建新的意义	重新构建从自我出发的新的意义
具体操作	1. 每个人在小卡片上写下自己的"生命宣言"，阐明自己对于自己生命的看法和要求 2. 团队成员交流体会，收获成长	

第三次团辅 拓展世俗意义

单元	名称	单元目标	活动内容及时间
三	认识世俗意义	1. 完成由普遍意义到世俗意义的转变 2. 拓展世俗意义的范围	1. 热身活动：解开千千结 2. 主题活动：漫画欣赏《人生的意义与甜甜圈》 3. 主题活动：世俗意义分享 4. 结束活动：人生海报

活动1	解开千千结（10分钟）	
方案目标	**单元目标**	**具体目标**
	1. 营造安全的氛围 2. 体会靠团队力量解决困难	团队合作，靠集体的力量解决困难，体会团队支持对个人的意义和重要性
具体操作	1. 指导者让每组成员手拉手成为一个圈，看清楚自己的左手和右手是谁，确认后松手，在圈内自由走动，指导者叫停，成员定格，位置不动，伸手拉左右手，从而形成许多结或扣，不能松手，但可以钻、跨、绕，要求成员设法解决难题，恢复到起始状态。练习时需要成员有耐心，互相配合，齐心协力。当排除困难、解决问题时，请成员分享活动的感受 2. 可增加大风吹游戏，惩罚措施使用才艺展示或者其他	

活动2	漫画欣赏——《人生的意义与甜甜圈》（20分钟）	
方案目标	**单元目标**	**具体目标**
	认识世俗意义	1. 引入世俗意义的概念 2. 认识世俗意义
具体操作	1. 共同欣赏漫画《甜甜圈》 2. 小组分享：向同组的另一个同学重述这个漫画的内容,分享你的感悟 甜甜圈不会永远存在，但是我们有机会去品尝它的美味。虽然在更宏大的层面我们的影响微不足道，但我们可以有力地改变我们身处的周遭世界。在艰难的现实下，我们仍然可以活着，享受这个世界的美好，这就是世俗的意义	

活动3	分享：世俗意义"红黑榜"（20分钟）	
方案目标	**单元目标**	**具体目标**
	拓展世俗意义的范围	1. 分享世俗意义 2. 拓展世俗意义的范围
具体操作	世俗意义"红黑榜"： 每个人进行一次头脑风暴，分别列出"活着真好"的十件事情和"人生虚度"的十件事情 头脑风暴后，小组成员相互讨论，评选出小组公认的"世俗意义红黑榜"，其中包括人生中最值得珍视的十件事和最"虚度人生"的十件事	

活动4	制作人生海报（10分钟）	
方案目标	**单元目标**	**具体目标**
	拓展世俗意义	1. 思考有哪些世俗意义 2. 对于世俗意义进行整合
具体操作	1. 想象你是"投胎入境处"的工作人员，现在要面向即将进入人世的人们制作一份宣传海报 2.要求：小组合作完成，内容丰富、形式多样，最好能够展现（你们认为）人间的美好、值得追求的东西，或者用图像的方式表现你对人生、生命的认识	

第四次团辅 品味与正念

单元	名称	单元目标	活动内容及时间
四	品味与正念	1. 养成"此时此刻"的态度 2. 关注过程：正念 3. 享受世俗意义：品味	1. 热身活动：最陌生的人（10分钟） 2. 主题活动：主题观影《人生第一次（第3集）》（25分钟） 3. 主题活动：正念练习（15分钟） 4. 结束活动：品味小诗（10分钟）

活动1	最陌生的人（10分钟）	
方案目标	**单元目标**	**具体目标**
	1. 营造安全的氛围 2. 促进成员间的相互了解	加深成员间的相互认识，增加团队凝聚力

续　表

活动1	最陌生的人（10分钟）
具体操作	1.要求每人选择一个自己最不熟悉的人，用手搭上对方的肩膀，后面的人跟着前面的人走 2.选定人以后，从最外圈开始向最内圈提问，每人可以提一个问题，被提问者回答问题

活动2	《人生第一次（第3集）》（25分钟）	
方案目标	单元目标	具体目标
	引发关于品味生活的思考	1.通过影片，激发热爱生活、品味人生的热情 2.为之后的写诗活动作铺垫
具体操作	播放影片。 影片中，老师带孩子们去采风，他们把树叶卷成一个筒，那个部分最让我感动。因为只有当我们把目光集中在某一个地方，用心去感受，才能体会到生命的美好。而我们现在，这样的机会却越来越少了。"会写诗的孩子不会砸玻璃"，其实，"会写诗的人也不会放弃生活"	

活动3	正念练习（15分钟）	
方案目标	单元目标	具体目标
	养成此时此刻的态度	1.练习正念 2.形成"此时此刻"的一种态度
具体操作	1.用音频指导，带领进行一次正念冥想 2.正念的"葡萄干"练习 吃一粒葡萄干正念的体验 （1）拿起。首先拿起一粒葡萄干，把它放在手掌上，或者夹在拇指与其他手指之间，注意观察它，想象自己是从火星来的，以前从来没有见过这个物体。 （2）观察。从容地观察，仔细地、全神贯注地盯着这粒葡萄干，让你的眼睛探索它每一个细节，关注突出的特点，比如色泽、凹陷的坑，褶皱和凸起，以及其他不同寻常的特征。 （3）触摸。把葡萄干拿在指尖把玩，感受它的质地，还可以闭上眼睛，以增强触觉的灵敏度。 （4）闻。把葡萄干放在鼻子下面，在每次吸气的时候，吸入它散发出来的芳香，注意在你闻味的时候，嘴巴和胃有没有产生任何有趣的感觉。 （5）放入口中。现在慢慢地把葡萄干放在嘴唇边，注意手和手臂如何准确地知道要把它放在什么位置，轻轻地把它放在嘴里面，不要咀嚼，首先注意一下它是如何进入嘴巴的。用几分钟体验一下它在嘴里面的感觉，用舌头去探索。 （6）品尝。当你准备好咀嚼它的时候，注意一下应该如何以及从哪里开始咀嚼，然后有意识地咬一到两口，看看会发生什么？体会随着你每一次的咀嚼它所产生的味道的变化，不要吞咽下去，注意嘴巴里面纯粹的味道和质地，并且时刻留心，随着葡萄干这个物体本身的变化，它的味道和质地会有什么样的改变。 （7）吞咽。当你认为可以吞咽下葡萄干的时候，看看自己能不能在第一时间觉察到吞咽意向，即使只是你吞咽之前经验性的意向。 （8）最后，看着葡萄干进入你的胃之后，还剩下什么感觉？然后体会一下，在完成了这次全神贯注的品尝练习后，全身有什么感觉？	

活动4	品味小诗（10分钟）	
方案目标	**单元目标**	**具体目标**
	品味过去，发现生命中的美好	1. 练习品味 2. 学会感受世俗意义
具体操作	1. 从手机相册中选取一张你觉得具有回忆价值的照片 2. 和同伴描述当时做了什么，你的感受怎样，现在看到这张照片你的感受如何 3. 在手机备忘录中插入这张照片并配小诗，截屏发送到小组新创建的品味日志中	

第五次团辅 认识生命的独特性

单元	名称	单元目标	活动内容及时间
五	认识生命的独特性	1. 回顾人生重要选择 2. 认识生命的独特性 3. 提升自我意义感	1. 热身活动：抢劫大拇指（10分钟） 2. 主题活动：生命线（25分钟） 3. 主题活动：人参与地瓜（20分钟） 4. 结束活动：重新认识自己（5分钟）

活动1	抢劫大拇指（10分钟）	
方案目标	**单元目标**	**具体目标**
	促进成员间的相互了解	建立成员间的相互认识，增加团队凝聚力
具体操作	1. 开始时小组需围成一个圈，每位成员把左手的大拇指抵在左侧组员的大拇指中 2. 游戏开始后，主持人会阅读一份材料。事先和大家约定，当主持人读到特定的字眼（如"一"字、"我"字等）时，每位成员要去抓右侧组员的大拇指，同时要让左手的大拇指逃过左侧组员的抓捕 3. 如果事先知道所有组员的姓名，可以将其姓名串成一段文字，并要求大家在听到组内任何一个人的名字后去抓他人的大拇指	

活动2	生命线（25分钟）	
方案目标	**单元目标**	**具体目标**
	1. 了解生命线 2. 思考过去的我和未来的我，制定未来的目标	对过去的我、现在的我、未来的我做评估和展望
具体操作	1. 团体指导说明练习内容，团队成员自行填写（采用生命线练习卡片） 2. 小组交流，相互展示自己的生命线和重大事件	

活动3	人参与地瓜（20分钟）	
方案目标	**单元目标**	**具体目标**
	强化生命的独特性这一观点	1. 认识到自我认同感和身份无关，而来自自我的态度 2. 回顾类似的经历，激发共鸣与重新反省

活动3	人参与地瓜（20分钟）
具体操作	1. 阅读漫画《人参和地瓜》，5分钟； 2. 讨论：① 从自己的人生角度来看，你觉得自己是漫画中的什么？② 在你的人生中，你有哪些角色？你的人生中有发生角色转变的时候吗？③ 如果有，它是怎么发生的？如果没有，你希望会有所改变吗？ 总结：我们在人生中对于自我的认识是动态变化的，当你从一个小城市进入大学时，当你从一个学霸变成学渣时，当你从平平无奇到光芒四射时……这些时刻会让你重新认识自己。它们无所谓好坏，都是生命的一部分，是属于自己的独特经历。

活动4	结束活动：重新认识自己（5分钟）	
方案目标	单元目标	具体目标
	1. 相互认识 2. 重新阐述观点 3. 建立信任安全的小组	1. 更加准确地认识自己 2. 分享第一次团辅的感受
具体操作	1. 所有成员围坐成一个大圈 2. 从带领者开始，顺时针，每一位成员轮流说出自我印象："我叫××，我喜欢……我不喜欢……我拥抱现在的我自己"	

第六次团辅 展望目标与未来

单元	名称	单元目标	活动内容及时间
六	展望目标与未来	1. 了解并发现个人意义 2. 制定计划并引入行动 3. 展望未来	1. 热身活动：手动操（10分钟） 2. 我的人生意义（15分钟） 3. 人生的12个目标&描述自己的未来状态（30分钟） 4. 一件小事（5分钟）

活动1	手动操（10分钟）	
方案目标	单元目标	具体目标
	活跃气氛	暖身，激发参与感
具体操作	1. 介绍手动操的规则 2. 团体成员一同进行	

活动2	我的人生意义（15分钟）	
方案目标	单元目标	具体目标
	明确个人的人生意义	1. 罗列个人觉得有意义的成分 2. 进行优先级排序
具体操作	1. 讨论：人生是——（《大问题》，10分钟） 2. 书写：对你而言，人生有意义的成分有哪些？（可以参考价值树）；讨论并分享 2. 思考：如果只能选择3个领域进行努力，你会如何取舍？	

活动3	人生的12个目标（30分钟）	
方案目标	**单元目标**	**具体目标**
	明确个人的人生意义	1. 罗列个人觉得有意义的成分 2. 进行优先级排序
具体操作	1. 介绍头脑风暴的原则：数量原则、种类原则、不评判原则，2分钟；头脑风暴：人生的12个目标，也可以超过12个，10分钟 2. 分享所列的目标，10分钟 3. 写信：描述未来的自己的状态，10分钟；分享，10分钟	

活动4	结束活动：一件小事（5分钟）	
方案目标	**单元目标**	**具体目标**
	1. 强化意义感 2. 引入行动	1. 增强团员间的互动 2. 激发行动
具体操作	根据对方的意义的排序，为左手边的成员设计一件今天可以进行的小事情	

第九章
形成自己的压力管理模式

作者：翁文其

引入

春秋时期，楚国有一位被封在叶县的县令非常喜欢龙，他的衣服、器皿上全都雕刻着各式各样的龙。天上的龙得知叶公好龙非常高兴，为了奖励这个可爱的"信徒"，龙决定飞到人间来拜访一下叶公。当叶公见到真的龙后，他吓得六神无主，转身就跑。

当我们学习到这里的时候，相信你已经较为系统地了解了关于压力的基础知识、应对压力以及预防压力的一些方法，相信你已经在学习压力管理方面取得了不错的进展。在应对压力方面，无论是自己进行实践体验还是教授他人都有了很好的理论基础，但正如上面的寓言故事一样，你一定也不希望学习到的压力管理的方法、技术成为"叶公的龙"，可瞻仰但无从实践。在本章，我们将一起试着开发属于不同个体的专属压力管理模式，将我们的所学致用。本章的主旨在于讨论如何在自我实践以及教学过程中更好地让自己/学生采取积极有效的压力管理行为，为了保证可读性，本章会以一个分享者的语气来进行讨论。

一、总结回顾

经过前八章的学习，我们已经收获了压力的基础知识、应对压力以及预防压力的一些方法。这些知识和方法有些可能让你收获良多，而有些也许并不完全适用于你。因此，这是一个绝佳的时机来整理、归纳你已经学到的诸多方法，并思考这些方法在你身上起效的机制。这一步骤不仅是巩固学习成果的必经之路，更是发展属于你的压力管理模式的必要条件。

在我们学习的方法中，根据方法的针对压力模式分为干预方法和预防方法。其中，干预方法主要针对急性的压力事件，它们有：正念觉察训练——通过有目的、停留在当下、不评价地训练我们的注意，来更加客观地觉察评估外部刺激、更平和地觉知自身情绪和想法、减少思维反刍、增加自我同情、增加反应暴露，从而引发放松反应；问题解决训练——来自以训练问题的定义与表述、备择方案的产出、决策、实现计划等四个核心解决问题能力为主要训练目标的一种结构化、短时高效的心理治疗方法（psychotherapy），该方法通过对问题的分析来辨析压力应对的自动化和非自动化通路，从而引导我们识别无效的压力应对习惯，接着通过系统化的问题解决模式建立更强的自我效能感并产生积极情绪；睡眠认知教育——通过结合失眠的认知行为疗法及正念减压干预中的关键内容，针对常见的睡眠困扰和不合理的认知进行的认知教育和行为训练，该方法试图通过矫正不合理的睡眠认知、培养卫生睡眠习惯来提升个体的睡眠质量，由于压力所导致的躯体表现往往会指向睡眠，该方法从睡眠问题入手，帮助调整个体的精神状态、帮助个体管理压力和情绪。

预防方法则帮助我们应对慢性压力，并帮助我们进行个人心理健康的维护，它们有：品味能力训练——通过培养品味能力，增加品味策略的使用并提升品味信念，对过去积极经历的记忆、当下正在进行的积极体验、未来的积极经历进行专注于愉悦感觉的体会，从而增强人们享受积极体验的能力，并长期产出积极情绪以应对慢性压力；优势训练——基于优势发挥给个体带来的众多积极影响，通过帮助个体更多地觉察、发展和使用自己的优势，以促进投入工作或学习等领域，增加成就，提高生活满意度和幸福感，从而调节压力对生活的负面影响；意义训练——以存在主义思想为指导，帮助个体体验生活中的意义感，通过促进理解、解决生活问题、创造心流体验、进行生命叙事等技术来引导发掘生命意义，帮助受压力困扰的个体获得生活的方向感、意义感和信念感，从而摆脱压力所带来的虚无感和消极情绪。

当然，上面这些概括的总结对于形成自己的压力管理方案是远远不够的，在自我实践或者教学的过程中，我们也应该敦促自己或者学生对不同的方法进行个性化的总结，这些总结包括但不限于在学习阶段个人对于不同方法的喜好程度、主观效果体验、起效或不起效的原因总结。为了让我们自己或者学生更高效地进行总结，我们可以使用或者借鉴表9-1"干预及预防方法个人总结表"。

表9-1　干预及预防方法个人总结表

		主要内容	起效机制	个人偏好		方法整体的有效性	实践该方法的愉悦度
				对我有效的部分	对我无效或效果甚微的部分	1～10分	1～10分
干预方法	正念觉察 问题解决训练 睡眠认知教育						
预防方法	品味能力训练 优势训练 意义训练						

二、思考问题

在我们总结回顾了学习到的方法之后，是时候整合、思考我们在本书开篇所谈到的压力基础知识了。在完成了方法的学习之后，我们可以开始试着去思考一个非常有趣的问题："我自身的压力是缘何而生？又缘何而散？"要回答这个问题，我们必须回溯之前讨论过的压力产生的过程以及基本的应对方式。我们每个人虽然都存在差异，但是仍然存在诸多共性。找到这些共性也是开发属于自己的压力管理模式的又一必要条件。

在经过关于压力的基础知识、应对方式的沉淀后，我们可以翻回前面的章节，并试着尽可能完备地回答以下问题：

（1）我在什么情况下容易感知到压力（压力源评估）？为什么这些情况会使我产生压力？

（2）我的常见压力的强度大小以及对我的影响（包括积极和消极影响）？

（3）我在研读本书之前尝试用的应对方法是？效果如何？

（4）我在学习过本书方法后采取的应对方法是？效果如何？

（5）为什么不同的方法都会对管理压力有效？它们的起效方式是相同的吗？

（6）为什么我对不同方法存在偏好？

在回答这些思考题时，我们无须立马给出答案，因为这些问题本来就是需要一些反思、整理和迭代的。在感到无从回答的时候，我们可以试着回顾一下学习的内容或笔记，并观察这些学习的内容在我们的生活中是如何表现的。当我们能够将一些知识和方法与实际情况联系起来时，相信这些思考题对我们而言也不再是笼统的、无从下手的难题。虽然这些问题的梳理可能需要一点时间，但也请尽量在开始下面的阅读前对这一部分思考得出一些初步的结论，因为这是我们了解自己、了解压力并试着找到属于自己的方法的捷径。

三、开发你的专属压力管理模式

在经历了八章的学习以及回顾思考后，我们终于来到了那个也许促使你翻开这本书的核心问题：我该如何应对我生活中的压力呢？在这一阶段，我们将结合前面所学的知识和方法，通过四个步骤来形成并不断迭代属于个人的压力管理模式。即使读者的目的在于学习如何教会学生开发自己的压力管理模式，作者也强烈推荐老师们先自行体验一次这个私人定制的过程，因为这个经历会使得老师在指导学生学习的过程中变得更加游刃有余。

在开始四步之前，我们仍有一些准备工作和原则需要明确。

首先，对压力管理模式进行私人定制的第一要义在于对症下药。这一过程就像医生挑选适合于病人病症的药物一样，我们所掌握的知识和方法也都有一定的适用性和局限性。例如，当我们面临急性的压力事件时，属于我们的压力管理模式便应该倾向于能够快速缓解压力困扰的干预模式；而当我们面对的是长期的慢性压力时，能够持续创造积极体验的预防模式就应该是我们压力管理模式的主旋律。因此，本章前一部分所提到的总结回顾的重要性再一次得到了体现：我们需要根据自身压力特点（短期 vs 长期，不同压力源以及压力的强度，可详见"思考问题"部分）来思考哪些方法能够有效达到减缓压力的目（不同方法的适用范围以及起效机制，详见"总结回顾"部分）。

其次，即使是有循证研究的方法也是可以被拆分的。在研究时，为了提高研究效率和严谨性，实验干预的方案往往是标准化的，其目的在于验证这个疗法的诸多方法是否可以有效影响该方法的潜在治疗因子，从而达到干预的效果。然而，我们在私人定制的过程中无须像随机对照实验那般考虑这种方案的可重复性和严谨性。由于每个方法都会在治疗因子上有重叠的部分和独有的部分，我们在设计个人方案的时候也可以从中挑出个人偏好的子方法，然后将不同方法中的子方法拼凑成个人的方案。举个例子，我们可以将正念训练中的呼吸训练和意义干预中的心流体验同时纳入个人的管理方案中，利用闲暇的时间交替进行训练；也可以将问题解决训练中的思路运用到睡眠调节中，从而更加高效地改善睡眠。一言以蔽之，将我们所学的方法灵活使用是形成适用于个人的管理模式的重要基础。

最后，个人的压力管理模式主旨应当是排解压力，而非制造压力。强调这一点对于初次体验者或者初学者至关重要，因为我们在制定计划方案的初期往往会对自己"非常自信"，并且表现出非常"上进要强"的态度。例如，一个受到肥胖困扰的个体可能在制定计划的伊始给自己添加诸如：每天跑步30分钟，晚上不吃主食，每周进行3～5次其他高强度的训练。这个方案往往并不是该个体的常规生活方式，并且这些任务对于该个体而言是非常具有挑战性的，因而这个"压力管理方案"也许并不能管理压力，而是在制造压力。那么，这个方案糟糕的可持续性也就可以不言而喻了。因此，在制定方案时需要牢记这个方案的主旨，切勿与之背道而驰。

（一）第一步：发掘你自身的压力管理优势

在制定计划的伊始，我们可以先停下来审视一下我们曾经应对压力的经验。虽然来求助本书的读者也许对自己的压力管理并不具有充足的信心，但是我们必须承认自己能读到此处说明我们自己的方法至少帮助我们支撑到了向外寻求帮助的这一阶段。如果在进行教学时，上面的话也非常有必要对学生们强调，因为发掘自身的优势永远是我们进行改变和优化的基础。在第一步中，有两个我们必须讨论的问题：

1.总结并保持我们自身的积极压力管理经验：因为需要对压力管理进行学习思考的个体往往对自己的原有模式不会非常自信，这会使我们对自己本来的优势、特点、积极经验视而不见。但我们必须认识到的是，在开始一项压力管理计划时，我们势必要做出很多行为习惯上的改变，而人总是惧怕改变（status quo bias）[1]。因此，在制定改变计划的时候，我们必须考虑是否需要保留一些原有的行为模式，从而使得这个计划不会直接面对"完全改变"给我们带来的不确定感和无助感。那么，我们就势必需要"取其精华，去其糟粕"。不仅如此，保留我们原有的成功模式也可以帮助我们更加快速地获得积极情绪体验的正反馈，从而顺利地开展计划的实施。

2.总结并逐渐去除我们自身的消极管理经验：我们也需要思考一些我们在面对压力时的消极应对策略。例如，暴饮暴食、逃避、拖延等行为。这些消极应对策略中的几项可能恰好是我们的原有方法，它们之所以被定义为消极的策略是因为它们往往只能暂时性缓解压力并在长期过程中给我们增添压力。虽然我们的压力管理方案旨在建立积极的压力应对习惯，但我们同时需要注意的是，我们不能逼迫自己在认识到这种问题后马上杜绝这些行为。相反，我们应该允许自己循序渐进地去除这些"坏习惯"。换言之，在计划开始初期，我们应该有意识地在小范围内保留这些"坏习惯"。这与我们在一些心理学书籍中所谈到的"走出舒适圈"并不完全相悖，因为停留在舒适圈一段时间是为了让我们持久并且安全地离开这些消极的舒适圈。

（二）第二步：结合自身情况制定计划

在制定一个遵循SMART原则（具体、可度量、可实现、相关联并且有时限）的行动计划之前（这一原则的详细介绍可见第四章"问题解决训练"），我们非常有必要去了解一下我们在制定和实施计划这两个时间点的差别。传统的心理学、经济学认为人都是基本理性的，即我们会在决策的过程中选择期望值更高的选项。但是，行为经济学在近年来一次又一次地挑战这个"理性人"的假说，即不断用实证研究向我们揭示人们在做决策时的非理性。在制定计划方面，我们也存在诸多非理性的决策过程。

"很多学生都有过这样的经历：第二天有早课（假定8：00上课），因为学生计划自己会很早起床并且悠闲地吃一顿早餐，所以设定了一个留给起床、洗漱、早餐等活动充足时间的闹钟（多为6：30左右）。而实际情况是，学生前一天晚上和室友玩得非常开心，她在12：45左右才上床，并且在将近1点的时候进入梦乡。第二天，因为只留给自己5个半小时的睡眠，她在听到闹钟响的时候毫不犹豫地摁掉了闹钟，并且继续维持睡眠。最后，当她重获清醒的时候，时钟已经指向了9：30。她懊悔不已，觉得自己是一个非常失败、无法执行自己计划的人，并因为糟糕的心情和自我评价，她那天都没有去上课。"

这个小故事向我们揭露了我们在制定计划时的两个非常重要的认知偏差：（1）我们在制定计划的时候往往没有考虑一些外界环境信息的变化。在设定闹钟的时候，学生往往会假定自己在非常"健康"的作息条件下进入睡眠，即11点前入睡，因此这个计划是可实现的，因为它保障了7个半小时的睡眠时间。但是实际情况是社交的快乐使得灰姑娘忘记了来接她的南瓜车，因而，这些外界因素打乱这个原本完美的行动计划。（2）制定计划的"我"和实施计划的"我"是不同的。人都是会随着时间和情景而变化的，在制定计划时，精神饱满的学生会认为早起上课是第一要务（first priority），因而这个计划是可行的，但是当只有不到6个小时睡眠的计划执行者听到闹钟响的时候，睡眠就变得格外难能可贵，因而这个关掉闹钟继续睡觉的决定也是情有可原的[2]。尽管如此，上述的例子也揭露了：糟糕的计划可能让我们与目标背道而驰，因此在制定计划时一定要避免过于草率的决定。

简而言之，在制定计划时我们有必要考虑制定和实施时环境和自我的变化，将这些可能的变化化作计划的提前量可以有效地保证计划的实施。例如，我们可以将早课的闹钟设定得尽量晚一些，以防止一些无法预估的情况打乱我们的计划。此外，我们也可以使用一些技巧来促使我们开始实施计划，这些技巧将在下一步"见诸行动"中进行阐述。

在了解了这些关于计划的认知偏误后，我们终于可以开始计划自己的方案了！在这一阶段我们需要认真地制定并且评估我们的方案。具体来说，我们需要通过列出每个可选子方案的优缺点来进行方案的甄选，这些子方案可以是我们所学方法的一部分，也可以是你已经在实践的个人诀窍。无论是自我体验抑或指导学生学习都需要引导自己或者学生思考优点和缺点、可行性和存在的阻碍，以及任何与备选方案相关的优点和挑战。从四个方面考虑优点和缺点通常很有帮助：符合长期目标，符合短期目标，对自身造成的影响，对他人/社会造成的影响。首先想出各个方案的优点很重要，多数有压力的个体会很容易地列出解决方案的缺点。如果先列出缺点的话，他们很有可能想不出来积极的方面。同时，我们上一阶段对于不同方法的综合分析也可以帮助我们进行思考和权衡。

决策分析的基本原则需要在罗列出优缺点后进行更加具体的思考，这一过程正如现实的绝大多数情况一样：每一个方案不会只由积极元素或消极元素构成。优点和缺点、好处和坏处、优势和劣势等划分实际上是一种人为构建的二分框架，不能真正代表人们决策的复杂过程。正因如此，尽管这种二分法是一种衡量每一种备选方案的相对优势的有用策略，但实际上把优点和缺点看作存在于促进与阻碍维度中会更有效。也就是说，每一种备选的方案仅仅相对于其他方案在某些方面增加价值或者减少价值。没有完全好的或者坏的解决方案，这样，在备选方案中做出选择的唯一有意义的方法是通过对比方案的综合得分，评估这些部分更大或是更小的促进或阻碍级别。

例如，一个有身材焦虑的女性可能需要在减少油脂的摄入和增加活动水平之间做出选择，以应对自己的压力。每种解决方案都有它自己的优势和劣势。每种方案在某一方面值得推荐，同样其也在一些方面构成挑战。每种方案都需要某种程度的努力，如资金的投入、时间的投入以及他人的帮助。只有通过比较每种方案的这些元素，我们才能基于其相对价值做出一个有意义的决定。这个过程其实就是我们在日常生活中的自然决策的过程。最后，有最多优点的方案可能没有被选择，有最多缺点的方案也许并没有被排除，但是有最大相对价值的方案会被保留。

有效的解决方案不仅解决问题，还要把对自己和他人的负面作用降到最低。正如问题解决训练中的头脑风暴一样，通过一种对自己或者学生进行开放式提问的方式引出对方案的评论是很有帮助的，比如"……的劣势是什么？"这就暗示必然有一些和每个解决方案相关的优点和缺点的成分。老师们应该避免这样的评价："你能想出……的优点和缺点吗？"这就导致学生选择退出这个过程。学生们应该被鼓励考虑每种备选方案会（1）对改善压力产生有意义的影响；（2）时间、努力、经济或者需要与他人合作方面的优势和劣势；（3）对朋友和家人造成积极的或者消极的影响。

在这个评估、甄选的过程中，最好让自己或学生们列出自己的方案优缺点清单。一般情况下，这一过程是需要个人独立完成的，但也有例外——有以下这种情况老师或者其他协助者可以提供信息：当制定计划的个体过分地忽略了消极的后果，无论是对他们自己或是其他人，这种后果应当是非常严重的。这当然包括对自己或他人造成明显的身体或情感上的伤害，可能包括人际冲突，比如与朋友或同学之间。

当每种备选方案的利与弊已经被列出来后，我们需要进行最终的比较、选择过程，以形成行动前的最终方案。我们可以通过对比方案的利与弊来完成此过程。理想情况下，选择的解决方案应该能完成之前设定的目标并带来最小的损害。一些初学者最初发现自己完成问题解决的这个阶段很难，反复思考可能的解决方案却不能做出选择，或者脱离了前一阶段所整理的学习总结的重要性。在个人实践或教学过程中应该时刻提醒回顾每一个压力应对方法的学习心得、自我优势以及利与弊，以帮助做出最后的评价。

评估阶段不能太匆忙。这个阶段代表着发展批判性思维技巧最重要的一步——也就是仔细权衡利弊以得出恰当的结论。我们可以询问自己／学生一个或者多个解决方案"这些方案的哪些……"或者"你希望实施其中的几个？"而方案制定者可能仍然只选择一种解决方案，但是他们至少允许选择超过一个方案。我们应该使用自己的常识判断选择的解决方案对目标是否有显著的作用。一方面我们不希望用不能处理的任务打击自己或学生，但是另一方面我们不想通过允许自己／学生选择难度过低且解决效果不好的方案来破坏自己／学生解决问题的成效和成就感。

同样地，老师需要强调根据是否可行来选择解决方案，尽管方案的可行性无疑是影响因素之一，选择解决方案最重要的指标仍然是它是否最大可能地达成目标。因此，最容易实现的方案不总是更好的解决方案，没有必要特意从其他方案中筛选出来。

（三）第三步：见诸行动

在开始这个步骤的讨论前，我们有必要明确一个非常重要的事实：见诸行动是一项非常具有挑战的任务，因为它意味着我们可能需要改变现有的行为模式，甚至打破我们原有的习惯，这都是与我们喜欢维持现状的共性相悖的。因此，在这一阶段一定要告诉自己或学生做出改变是极具挑战性的，并在表现不尽如人意的时候给予自己充足的同理心，这是完成挑战的关键。

在实施方案阶段，关于必要的行为和具体的日期、时间以及需要的材料还有需要他人的帮助等细节需要被一一罗列出来。这个步骤可以帮助我们确保我们精心挑选的"计划"转换成确切的行动。我们应该问自己或学生："哪些行为是需要做的？""它需要在哪里完成？""需要谁的参与？"以及"它需要如何来完成？"这一阶段与问题解决训练中的SMART原则的执行是类似的。

例如，一个学生选择请一个朋友周末出去吃饭，接下去要实施的步骤被列了出来：

（1）给一个朋友打电话／发微信（协商出去吃饭的时间地点）——从今晚开始。

（2）订好饭店——今晚开始。

（3）　提前完成作业——周五晚之前完成。

（4）　预约做发型——明天早上要做的第一件事情。

如果在自身实践或教学过程中遇到一些计划是行动者缺乏自信但想要完成的（大多数涉及社会交往方面），那么可以尝试将行动计划拆分得更加详细，诸如指明要说什么、坐在哪里、怎么表现，等等。必要时，也可以自己或者与学生预演一下可能的情况。这样做的原因是我们在做一个新的行动时往往因为对其陌生而退缩，而拆分为子步骤可以将陌生的行为分解为一件件我们有经验的且简单易行的步骤，预演则可以将这些子步骤串联起来，强化即将见诸行动的个体的效能感。

最后，我们总结了一些行动阶段的常见阻碍因素和几个可能的解决方案（详见表9-2）[3]。总体而言，做出改变本身就具有挑战，当我们处在压力状态下更为尤甚。除了我们在表中总结的几点外，我们还可以通过循序渐进的行动计划来推进见诸行动的过程。这种行动方法的原理是：我们总是喜欢维持现状，因此一些很小的改变显然比翻天覆地的变化更令人可以接受。我们永远也不能期待一个沉迷游戏的学生，一夜之间变为书不离手、熬夜学习并且持之以恒的学霸。要想改变是需要的一个漫长的过程的，因此，在这一阶段我们采用循序渐进、降低期待、持之以恒的原则来进行是必要的。

表9-2　行动阶段的常见阻碍因素和可能解决方案

行动阶段的阻碍因素	几个可能的解决方案
原有的不健康习惯	获得来自他人的鼓励和理解
缺乏动力	制定容易执行并且能够达成目标的计划
缺乏勇气去做出第一次尝试	得到来自家人、同学、师长的社会支持
难以持之以恒	与周围人进行有效的、相关的沟通和讨论
压力带来的情绪困扰	与同辈一起开始实践
压力事件对可支配时间的压缩	

（四）第四步：不断优化并持之以恒

最后一个阶段实际上在我们开始第三步"见诸行动"时便已经开始了。当我们正在努力或者已经完成一些阶段性的小目标时，记录这些实践的结果是非常重要的。首先，我们需要着重记录阶段性的成功经历，并表扬自己或学生所取得的任何进步。值得一提的是，在压力管理方面存在困难的学生可能选择性地只关注失败，正因如此，表扬即使很小的进步又不陷入一种让别人觉得刻意的尺度很重要。对于进步，说"干得好""我知道你可以做到"等就足够了。花时间讨论这些过程是很值得的，因为个体往往能够从成功中获得更多的动力和自信以驱动进一步的改变。另外，成功的经验和方法也可以被迁移到接下来的实践过程中。

当然，只关注成功而忽略失败是不现实的。尽管在实施计划的伊始有些方面完成得不尽如人意，我们也要将这些失败的经验记录下来。在实践过程中，我们应该向自己或学生传递这样的信息：虽然在实践中我们遇到了一些阻碍，但是我们也能看出我们解决问题的潜力，这样有助于促进形成一种积极地面对困难的取向。失败在实践中往往是非常具有价值的经历，因为失败常常带来关于问题更多的之前没有了解到的信息。方案没有奏效常常是由于我们在解决问题的时候没有掌握所有相关的信息。由于没有人在解决问题的初期能够真正掌握所有信息，失败是整个进程的一部分，是生活的一部分，事实上也是提高我们应对压力的能力的机会。

多尝试用有建设性的视角去看待我们遇到的挫折，这对于培养处于压力的个体的复原力（resilience，也被称为心理弹性）是不可或缺的。培养这种复原力对有压力的人来讲更加需要重视，因为压力事件和不良的情绪体验可能一次次冲垮我们刚刚建立起来的行动"阵线"，而只有拥有与之"持续斗争"的韧性，才可以最终形成长久的压力管理模式。此外，正如我们在形成模式的第一步"发掘你自身的压力管理优势"所提到的，在计划中融入一些我们本来的习惯或者偏好的方法可以有效增加我们在压力下的复原力，因为这个计划的一部分本身就处于我们的舒适区中，这使得我们的压力管理模式不会给我们本来就有压力的生活继续增加压力。

当我们在行动中遇到阻碍时，我们可以尝试使用以下的思考模式进行总结：

- 从这个情境中学到了哪些我们之前不太了解的东西？
- 当我们试着实施解决方案的时候究竟发生了什么？
- 目标需要被更清晰地定义吗？
- 这些目标会不会有点不切实际？
- 有没有新的困难产生？
- 实施这些步骤很难完成吗？如果是，为什么呢？
- 我们是否真的愿意致力于解决这个问题？

这些问题的答案将引导实施新的压力应对方式。如果问题仅仅由于太难而不能解决（常常由于没有充分掌握问题的来源），那么继续另一个问题或者修正目标来集中于我们能够控制的问题的方面，这也是合理的。一个必须明确的观点是，形成属于自己的压力管理模式的目标不是解决生活中的所有压力问题，而是试图去掌握并使用有效的压力应对技能和工具。为了达到这个目的，这个阶段的重点是通过对应对方案的实践来增加我们对生活的控制感，从而改变我们对压力的看法。由此来看，在形成压力管理模式的初期，是否完全解决压力的困扰便不是我们的第一要务了。

同时，必要的自我反馈也是必不可少的。有规律地回顾计划的完成情况后，我们可以评估我们对自己的努力和对情绪的改善情况的满意度。尤其是在计划开展的早期阶段，我们没有觉察到情绪的改善。在这种情况下，我们应该回顾自己/学生的方案并向自己/学生强调它们肯定没有恶化问题的解决，情绪的改善可能会稍微滞后一点，鼓励坚持下去很重要。当主观情绪有所改善的时候，我们应该利用这点再次指出有效的压力应对和达到一种积极的情绪状态之间的联系。

当我们看到自己或者学生们有了一些进展时，我们对自己或者学生们可以做出如下表述：

"很高兴看到你在压力应对中获得的进步，你对你做出的努力很满意，更重要的是，作为压力应对的努力的成果你的情绪看起来得到了改善。这仅仅显示了使用主动的压力应对方法解决问题的价值。随着你用一种富有成效的方式管理压力，你开始感觉更加能够把握自己的生活；你越感觉能够控制事物，你的情绪就越好。这是一个非常积极的循环。这正是压力管理模式起效的方式。祝贺你获得的进步！"

思考题

1. 尝试分析自己的压力（包括对压力以及压力源的感知，压力对自己的积极/消极影响）。

2. 学习至此，你希望用书中提到的哪些方法应对压力？

3. 这些你喜欢的或想要尝试的方法有什么特点？它们的起效方式是否相同？

4. 尝试制定为期一个月的压力管理方案，并评估这个方案的效果（自身压力是否减轻，心情是否变得愉悦，学习工作生活是否变得更加自在）。

5. 在实践过后还有哪些经验和体会？

参考文献

[1] SAMUELSON W, ZECKHAUSER R. Status quo bias in decision making [J]. Journal of Risk and Uncertainty, 1988, 1（1）: 7-59.

[2] ROHDE K. Planning or Doing? [M]. Rotterdam: ERIM, 2014.

[3] RIEGEL B, DUNBAR S B, FITZSIMONS D, et al. Self-care research: Where are we now? Where are we going? [J]. International Journal of Nursing Studies, 2019: 103402.